高 等 学 校 教 学 用 书

建 筑 设 计 基 础

（第二版）

王崇杰　崔艳秋　主编

中国建筑工业出版社

图书在版编目（CIP）数据

建筑设计基础/王崇杰，崔艳秋主编. —2版. —北京：
中国建筑工业出版社，2014.6（2023.5重印）
（高等学校教学用书）
ISBN 978-7-112-16706-7

Ⅰ.①建…　Ⅱ.①王…②崔…　Ⅲ.①建筑设计-高等学
校-教材　Ⅳ.①TU2

中国版本图书馆CIP数据核字（2014）第068857号

本书针对建筑类高校建筑工程管理、工程造价、物业管理、房地产经营与管理、环境工程等专业特点，根据普通高等教育培养目标要求，在未设置"建筑制图与识图"、"建筑材料"作为先修课程的基础上，使学生能够理解并灵活掌握建筑设计的有关知识。

本书根据现行国家规范、标准，系统地介绍了建筑设计的基本原理及方法。全书共分七章，包括建筑制图及识图、民用建筑设计、民用建筑构造、工业建筑设计与构造、建筑材料、建筑设备、建筑节能技术与设计等内容。

本书可作为高校建筑工程管理、物业管理、建筑电气与自动化、交通工程、市政工程、房地产经营与管理、建筑会计、环境艺术设计、采暖通风工程、给水排水工程、燃气工程、建筑机械与自动化以及与建筑业有关的法律、计算机、英语等专业的教学用书，也可作为建筑企业管理人员、工程技术人员的技术参考书。

高等学校教学用书
建筑设计基础
（第二版）
王崇杰　崔艳秋　主编

*

中国建筑工业出版社出版、发行（北京西郊百万庄）
各地新华书店、建筑书店经销
北京红光制版公司制版
北京建筑工业印刷厂印刷

*

开本：787×1092毫米　1/16　印张：20¼　字数：500千字
2014年7月第二版　2023年5月第二十六次印刷
定价：**39.00**元
ISBN 978-7-112-16706-7
（25474）

第 二 版 前 言

本书自 2002 年出版以来作为几十所高校多个专业的教材，深受广大读者欢迎。根据各院校使用者的建议，结合近几年高等教育教学改革的阶段性成果，作者对本书进行了修订再版工作。

本书的再版修订工作，对原有体系未作大的变动，重点是依据现行国家规范、标准更新了相关旧有内容；并针对某些重点知识新补充了一些图表和工程插图；另外，结合建筑业的最新发展，新增加了"建筑节能设计与技术"、"工程案例分析"等内容，培养学生绿色建筑的设计理念，开拓学生建筑设计的新思路、新方法。该书修订后主要内容为：第一章为建筑制图及识图；第二章为建筑设计；第三章为民用建筑构造；第四章为工业建筑设计和构造；第五章为建筑材料；第六章为建筑设备；第七章为建筑节能技术与设计。

本书在修订过程中由于工作变动等原因，部分原作者未能参与具体修订工作。全书由山东建筑大学的王崇杰教授、崔艳秋教授主编，各章节的修订编写执笔人为：第一章为崔艳秋教授、王亚平讲师；第二章为王崇杰教授；第三章为崔艳秋教授；第四章为吕树俭副教授；第五章为郑红副教授；第六章刁乃仁教授、王强教授；第七章为何文晶副教授。书中插图部分由彭云龙、孙楠、刘宇、赵娜等研究生绘制。

限于作者水平及时间较紧，书中不合宜之处，恳请读者批评指正。

第 一 版 前 言

随着我国高等教育的发展和适应建筑业的需要，在建筑类院校内设置的专业有所增加。根据普通高等教育培养目标的要求，各专业均应不同程度地掌握建筑工程设计的有关知识，目前除《房屋建筑学》适用于建筑结构工程专业，《建筑概论》适用于采暖通风、给排水专业外，其他专业目前尚无相应教材。因此，我们总结多年来从事本门课程的教学经验，经过多所院校专业教师的论证，并结合当前各专业教学特点、要求及课程时数编写出版了《建筑设计基础》。

本书内容组织分为六章：第一章为建筑制图及识图；第二章为建筑设计；第三章为民用建筑构造；第四章为工业建筑设计和构造；第五章为建筑材料；第六章为建筑设备。

本书主要适用于建筑管理工程、建筑会计、交通工程、环境工程、市政工程、环境艺术设计、房地产经营与管理以及建筑业有关的法律、计算机、英语等专业的教学。同时也可作为工程技术人员、企业管理人员的学习参考书。

本书由山东建筑工程学院王崇杰教授、崔艳秋副教授主编。其中第一章由济南大学的胡铭编写；第二章由山东建筑工程学院的王崇杰编写；第三章第一、二、三、四、五、六节由山东建筑工程学院的崔艳秋编写；第八节由赵雷编写；第四章由山东建筑工程学院的吕树俭编写；第五章由济南大学的王成林编写；第六章由山东建筑工程学院的刁乃仁编写。

本书在编写过程中曾经得到天津大学、同济大学、西安建筑科技大学等校教师的大力支持，在此表示感谢！

由于时间紧、能力所限，书中不妥之处，请批评指正。

目　录

第一章 建筑制图及识图

第一节 概 论

在工程图纸中，用于描述建筑物的艺术造型、外表形状、内部布置、结构构造的图纸，我们称为建筑制图。

一、建筑制图的作用及内容

建筑制图主要用于表达建筑工程设计，是施工建造的重要依据。通过对建筑制图的了解，培养学生的空间想象力，绘图及识图的能力。

图 1-1 所示别墅的建筑图为图 1-28、图 1-29。图 1-28 显示了别墅的各层平面及屋顶平面，图 1-29 显示了别墅的各立面和剖面图的情况，依此我们可以看到房屋的长度、宽度、高度、房间的布置及尺寸、楼层的高度、门窗位置等主要施工依据，但要建造这座建筑还远远不够，还需要了解以下内容：

（1）建筑要求：建筑各部分构配件（门、窗、屋面、地面、内外墙面、栏杆等）的具体做法，相互的联结关系，材料的详细情况等。

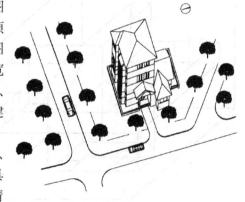

图 1-1 某别墅俯视图

（2）建筑环境情况：建筑的位置、朝向、地形、道路、基地标高等。

（3）结构情况：地基的处理方法，基础、楼板、楼梯、梁等构件的构造方法等。

（4）设备情况：室内给排水、电气、暖通、信息通信设备等的布置、安装情况等。

我们通常将这些表示建筑及其构配件的位置、构造及其做法的图称为图样。将图样绘制在绘图纸上，加上图标以指导施工的图，我们称为图纸。一套建筑图纸一般由建筑施工图、结构施工图、给排水施工图、暖通施工图、电气施工图等组成。

二、建筑制图的投影方法

在建筑制图中，我们通常应用画法几何中正投影的方法和规律、运用图形表达的方法将建筑物简化、抽象成最基本的几何形体，或基本几何形体的组合体，称为投影制图法。

如果在一个平面上绘制一个空间物体的图形，通常设一个投影面 V，用正投影的方法，从物体上各顶点向投影面 V 引垂直投射线，与投影面相交得到物体在投影面上的图形，这种图形称为投影。

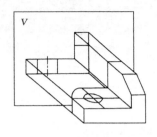

图1-2 投影和视图

（一）视图

在建筑制图中，通常假设观看者在投影面 V 前方的无限远处，正对投影面观看物体所得的结果。通过物体上各顶点的互相平行且垂直投影面的视线，与投影面交得的图形，称为视图（图1-2）。

任何一个物体在空间中通常是三维的，采用一个投影无法反映空间物体的形状、大小，因此在画法几何中，通常设三个互相垂直的投影面 H、V 和 W，以求得物体在三个投影面上的投影，分别称为水平投影、正面投影和侧面投影。将这三个投影面展平在 V 面所在的平面上，得到三面投影图，以此表达物体（图1-3）。为了更全面地反映物体，通常可在三面视图的基础上增添三个投影，称六面视图（即平面图、底平面图、左侧面图、右侧面图、正立图、背立图）。

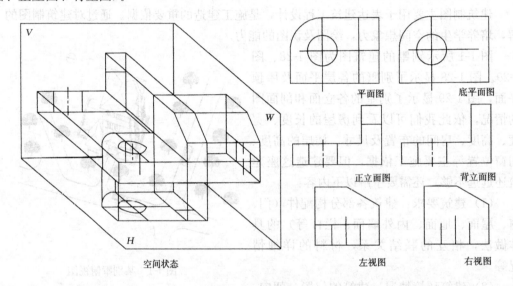

平面图　　　　　底平面图

正立面图　　　　　背立面图

左视图　　　　　右视图

空间状态

图1-3 三面视图

在建筑制图中，通常将水平投影、正面投影和侧面投影的视图，称为平面图、立面图。要完整表达建筑物的外貌，仅用这三个投影是不够的，通常还需要背面投影和另一侧面投影。平面图的称谓可用楼层或标高命名，如 X 层平面、XX 标高平面；立面图的称谓可用主次、方位或轴线命名，如正（背）立面、东（南、西、北……）立面、③-⑩立面。通常在各视图下部标示各视图图名。

图1-4 为某传达室的视图，包括平面图、四个立面、屋顶平面，以此六个视图基本上能反映出该建筑物形体关系。当然，为全面反映建筑物的特征，仅这六个视图是不够的，还需增加其他视图，具体内容见本章第三节。

有时，在建筑制图中运用基本视图无法表达清楚建筑物情况，也可采用特殊视图，如建筑展开图、斜视图、局部视图、旋转视图、镜像视图（因后四种视图在实际工程中应用较少，在这里就不加阐述了）。图1-5 所示建筑东南立面为一斜视图，西立面为一局部视图，为清晰表达环形建筑物或不规则建筑物立面，可加绘建筑展开图。

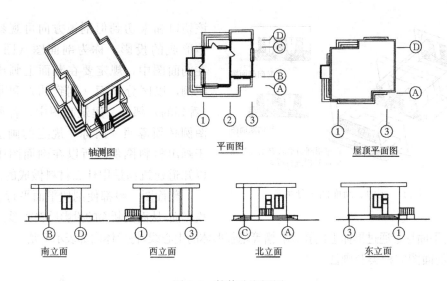

图 1-4 某传达室视图

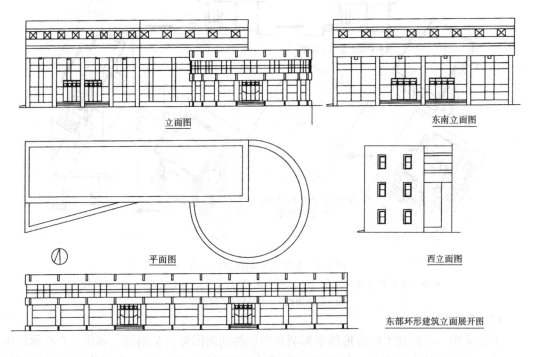

图 1-5 建筑特殊视图

（二）剖视图的表达

在绘制形体的投影时，形体上不可见的轮廓线在投影图上通常需用虚线表示。但对于内形复杂的物体，就很难客观地将物体内部形态描述清楚。以建筑为例，内部有墙体、走廊、楼梯、门窗、楼板、基础等，如果均用虚线来表示这些看不见的部分，必然形成图面虚实线交错，产生混乱和偏差。因此，通常假想将形体剖开，显露出其内部构造，使形体看不见的部分变成了看得见的部分，然后绘出这些内部构造的投影图，这样形成的图样称为剖面图。

形体剖开之后，即产生一个切口，该切口投影形成的图形，称为断面图（图 1-6）。

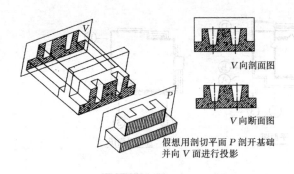

V向剖面图

V向断面图

假想用剖切平面 P 剖开基础
并向 V 面进行投影

图 1-6　剖面、断面图区分示意

该切口和未切到但剖视方向可观察到物体形成的投影，称为剖面图（图 1-6）。在剖面图中，规定要在断面上画出材料图例，以区分断面（剖到的）和非断面（看到的）部分。建筑制图中，各种材料图例必须遵照"国标"规定的画法。由于画出材料图例，所以在剖面图中还可以知道建筑物是用什么材料做成的。

剖面图一般都使剖切平面平行于基本投影面，从而使断面的投影反映实形。同时，要使剖切平面尽量通过形体上的孔、洞、槽等隐蔽形体的中心线，将形体内部表示清楚。

1. 剖面图的种类及画法

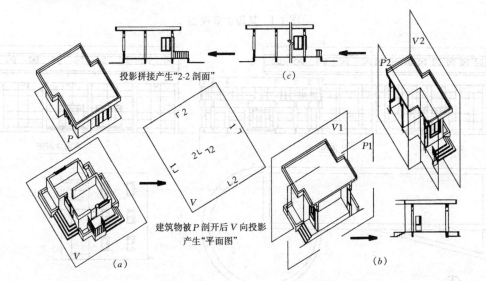

投影拼接产生"2-2 剖面"

建筑物被 P 剖开后 V 向投影产生"平面图"

图 1-7　某传达室剖切方法示意

(a) 用剖切面 P 将建筑物剖开；(b) 建筑物被 P1 剖开后 V1 向投影产生"1—1 剖面"；
(c) 建筑物被 P2 剖开后 V2 向投影

（1）全剖面

假想采用一个剖切平面将形体全部剖开产生的剖面图称为全剖面。如图 1-7 所示的房屋，为了表示它的内部布置，假想用一水平的剖切平面，通过门、窗洞将整幢房屋剖开（图 1-7a），绘出其整体的剖面图，形成房屋建筑图中的平面图；为表达房屋的结构布局，即梁、板、柱的相互关系，假想用一垂直的剖切平面，通过门、窗洞将整幢房屋剖开（图 1-7b），绘出剖面图，即房屋的剖面。

（2）阶梯剖面

为更清楚地反映形体的内部关系，也可将剖切平面转折成两个互相平行的平面，从形体需要表达的地方剖开，绘出剖面图的剖面称为阶梯剖面。如图 1-7 所示的房屋，如果只采用全剖面的形式剖切，无法反映房屋隔墙的情况，因此可采用阶梯剖切（或称转折剖切）的方式（图 1-7c）剖切，就全面反映出该房屋各房间的结构布置情况。阶梯剖面是由

4

两平行剖切面在转折处拼合而成的，在剖面图上规定不划分界线（图1-7c）。

（3）局部剖面

当建筑形体的外形比较复杂，完全剖开后就无法表示清楚它的外形时，可以保留原投影图的大部分，而只将局部地方画成剖面图，称为局部剖面。如图1-8为坡屋顶构造示意图，为清晰、明了、直观表达其各层构造，采用局部剖面图的形式表达。

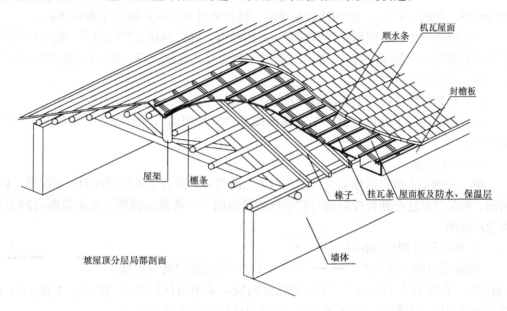

图1-8 坡屋顶构造示意

（4）半剖面

当建筑形体是左右对称或前后对称，而外形又比较复杂时，可以画出由半个外形正投影图和半个剖面图拼成的图形，以同时表示形体的外形和内部构造。这种剖面称为半剖面。例如图1-9所示的锥壳基础，因柱杯为正方形，正面投影与侧面投影相同，采用半正（或侧）面投影与半相应的剖面图的方式绘制。在半剖面图中，剖面图和投影图之间，规定用形体的对称中心线（细点画线）为分界线。当对称中心线是垂直时，半剖面画在投影图的右半边；当对称中心线是水平时，半剖面可以画在投影图的下半边。

2. 剖面图的标注

为方便读图，通常需用剖切符号将所绘剖面图的剖切位置和剖视方向及剖切编号在投影图上表示出来，以免产生混乱。对剖面图的标注方法有如下规定：

（1）剖切符号："⌐⌐"，长粗线为剖切位置线（长度为6～10mm），短粗线为剖视方向线（长度为4～6mm），投影方向即剖视方向，如剖视线画在剖切位置线的左面表示向左边投影。

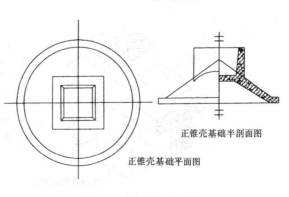

正锥壳基础半剖面图

正锥壳基础平面图

图1-9 锥壳基础半剖面

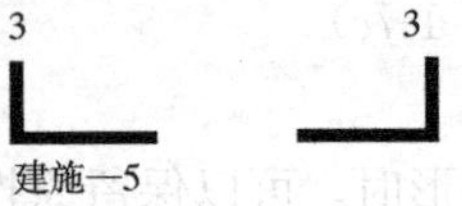

3　　　　　　3

建施—5

图1-10　剖切符号示意

剖切符号不宜与图面上的图线相接触，如图1-7（a）之平面图所示。

（2）剖切符号的编号，采用阿拉伯数字顺序编排（即由左至右，由下至上），注写在剖视方向线的端部。如剖切位置线必须转折时，如与其他图线发生混淆，应在转角的外侧加注于该符号相同的编号，如图1-7（c）；但图线较简单时，转折处可不标注，图1-7c即可不标。

（3）剖面图如与被剖切图样不在同一张图纸内，可在剖切位置线的另一侧注明其所在的图纸的图纸号，如图中的3-3剖切位置线下侧注写"建施—5"，即表示剖面图画在"建施"第5号图纸上（图1-10）。

（4）建筑制图中习惯上将剖切符号标注在底层平面中。

（5）剖面图的下方或一侧，注写该图图名"X-X剖面"，如"1-1"剖面、"2-2"剖面……。

（三）断面图

用一个剖切平面将形体剖开之后，形体上的截口，即截交线所围成的平面图形，称为断面。如果只把这个断面投影到与它平行的投影面上，所得的投影，表示出断面的实形，称为断面图。

1. 断面图的剖切与标注

断面图的剖切符号为"— —"（图1-11），只绘制剖切位置线

3　　　　　3

图1-11　断面符号示意

（粗实线，长度为6～10mm），不画剖视方向线，采用阿拉伯数字顺序编排（即由左至右，由下至上）。编号的注写位置表达剖视方向，编号相对于剖切线的位置即投影方向（如写在剖切位置线下侧，则表示向下投影；注写在左侧，表示向左投影）。与剖面图不同的是，断面图中的剖切平面不得转折。

2. 断面图的种类及画法

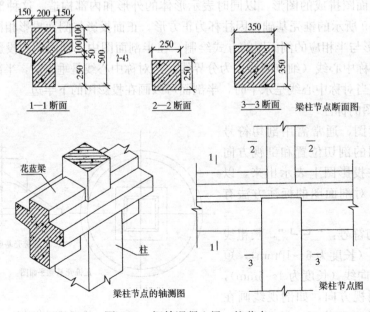

图1-12　钢筋混凝土梁、柱节点

（1）移出断面图

画在原来视图以外的断面图，称为移出断面图。

如图 1-12 是钢筋混凝土梁、柱节点的正立面图和断面图。绘制节点，仅取楼房中需重点表达的位置，其余位置可用折断符号截断，因此，本图中将柱上、下用折断符号截断、花篮梁左、右用折断符号截断。花篮梁的断面形状和尺寸，由移出断面图"1-1"表示。楼面上方柱的断面形状为正方形，由移出断面图"2-2"表示，尺寸为 250×250；楼面下方柱的断面形状也是正方形，由移出断面图"3-3"表示，尺寸为 350×350。由断面图中材料图例看出柱、梁的材料为钢筋混凝土。

当移出断面图是对称的，它的位置又紧靠原来视图而并无其他视图隔开，即断面图的对称轴线为剖切平面迹线的延长线时，也可省略剖切符号和编号，如图 1-13 所示。

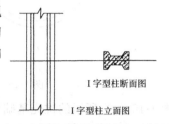

I 字型柱断面图

I 字型柱立面图

图 1-13　移出断面图示意

（2）重合断面图

重叠画在视图之内的断面图称为重合断面图。

如图 1-14（a）为一平放角钢，假想把切得的断面图形，绕铅直线从左向右旋转后，重合在视图内而成。为了表达明显，重合断面图轮廓线用细实线画出，原来视图中的轮廓线与重合断面图的图形重合时，视图中的轮廓线仍应完整画出，不应间断，角钢的断面部分画上钢材的图例。重合断面通常可省略任何标注。

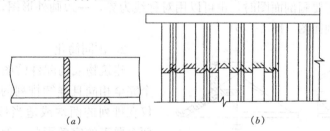

（a）　　　　　　　　　（b）

图 1-14　重合断面图表示

图 1-14（b）用重合断面图表示墙壁立面上部分装饰花纹的凹凸起伏情况，作为对比图中右边小部分未画出断面。

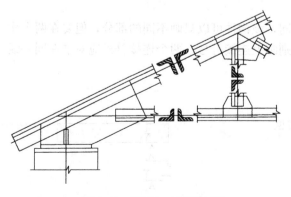

图 1-15　钢屋架中断断面图

（3）中断断面图

画长构件时，常把视图断开，并把断面图画在中间断开处，称为中断断面图。

图 1-15 为一钢屋架图，用各杆件的中断断面图表达了两根角钢的组合情况。

中断断面图直接画在视图内的中断位置处，因此也省略剖切符号等任何标注。

（四）简化画法

为了节省绘图时间，或由于绘图位置不够，建筑制图国家标准允许在必要时可以采用简化画法：

1. 对称简化

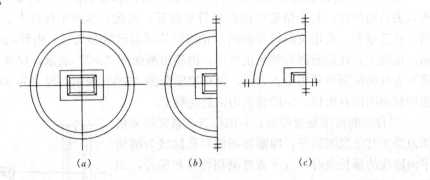

图 1-16　锥壳基础平面对称简化示意

如图 1-16 (a) 所示的锥壳基础平面图，因为它左右对称，可以只画左半部，在对称轴线的两端加上对称符号（图 1-16b）。又由于圆锥壳基础的平面图不仅左右对称，而且上下对称，因此还可以进一步简化，只画出其 1/4，但同时要增加一条水平的对称线和对称符号（图 1-16c）。

对称的图形画一半时，可以稍稍超出对称线之外，然后加上用细实线画出的折断线和波浪线，如图 1-17 (a) 的木屋架图。值得注意的是此时不得加对称符号。

对称的构件需要画剖面图时，也可以用对称线为界，一边画外形图，一边画剖面图。如前面提到的半剖面图（图 1-17b）。

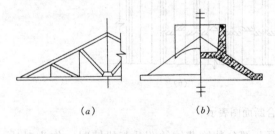

图 1-17　部分绘制示意

2. 雷同简化

建筑物或构配件的图形，如图上有多个完全相同且连续排列的构造要素，可以仅在排列的两端或适当位置画出其中一、两个要素的完整形状，然后画出其余要素的中心线或中心线交点，以确定它们的位置即可。如图 1-18 (a) 中擦泥板和图 1-18 (b) 混凝土地砖绘制。

3. 类似简化

一个构件如果与另一构件仅部分不相同，该构件可以只画不同的部分，但要在两个构件的相同部分与不同部分的分界线上，分别画上连接符号。两个连接符号应对准在同一线上（图 1-19）。

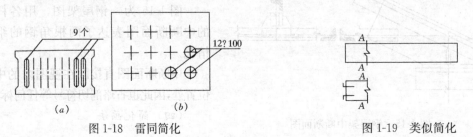

图 1-18　雷同简化　　　　　　　　　　　　　图 1-19　类似简化

4. 长件短画

较长的等断面的构件，或构件上有一段较长的等断面，可以假想将该构件折断其中间一部分，然后在断开处两侧加上折断线，如图1-20所示的屋架支撑简化。

三、视图选择

确定选择视图的数量以准确表达一个物体的方法，称为视图选择。选择视图时，要求能够用较少量的视图来完整和清晰地把物体表达出来。视图的选择与物体的形状有关及物体与投影面的相对位置有关。

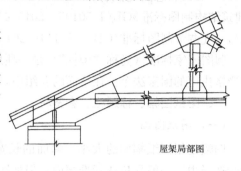

屋架局部图

图1-20 长件短画

（一）物体安放位置——物体对水平投影面的相对位置选择

（1）物体绘制与物体通常所处的位置应一致。例如一座房屋总是屋顶向上的（图1-4），台阶总是踏步面向上的，构配件则应尽可能按照安装后的位置安放，不要形状反常，增加识读困难。

（2）设备、构件绘制应按生产工艺及安装要求放置的物体。例如预应力混凝土桩、梁、柱等，在浇制时都是水平安置的。

（3）物体绘制应力求在水平方向平稳。例如锥体，应使底面呈水平位置安放。

（4）物体主要的特征平面平行于基本投影面，尽可能用有限的视图表达明确物体，合理地使用图幅。

（二）正立面图的选择——物体对各竖直的基本投影面的相对位置选择

（1）反映物体的主要面，如房屋的正面、主要出入口所在的面（图1-4）。

（2）反映出物体的形状特征，如图1-3所示，正立面图反映出物体的主要形状为 ⌐ 形。

（3）反映出物体较多的组成部分，尽量能反映物体，图中的虚线尽量较少出现（图1-5）。

（4）照顾到其他视图的选择，特殊形状应选特殊视图表达。

（5）合理使用图纸。

（三）视图数量选择——除了平面图和正立面图以外的其他视图选择

（1）根据组合体的各个基本几何体所需的视图，得出最后所需视图。

（2）尽量避免选用底面图。

（3）习惯上能肯定形状的物体均可以减少视图。

如要绘制一座建筑物，通常需绘制平面图（若为多层，原则上应各层均绘制，也可将相同楼层汇总表示）、立面图（过于简单的，可仅绘正立面和一个侧立面；形状复杂的可用特殊视图的方法表示）、剖面图（表现建筑物内部情况，表达方法见本节后部）这几个基本视图，除此，方案图还需绘透视图或轴测图（用直观的方法表达物体的空间状态，在这里就不加表述了，详细内容请查阅相关教材）；施工图还需绘节点详图、楼梯图等。

第二节　建　筑　制　图

房屋建筑制图是房屋建筑工程设计的重要技术资料，是施工建造的依据。为便于规划、建筑、结构、给排水、电气、暖通等专业的配合和技术交流，提高制图效率。住房和城乡建设部等国家有关部门于 2010 年重新修订颁布了《房屋建筑制图统一标准》GB/T 50001—2010、《总图制图标准》GB/T 50103—2010、《建筑制图标准》GB/T 50104—2010、《建筑结构制图标准》GB/T 50105—2010、《给排水制图标准》GB/T 50114—2010、《采暖通风与空气调节制图标准》GB/T 50114—2010 以及相应"条文说明"。

制图国家标准（简称"国标"）是一项所有工程人员在设计、施工、管理中必须遵守和严格执行的国家法令。在下面的介绍中，所有的规定都出自《房屋建筑制图统一标准》。

一、图纸图幅、标题栏、会签栏

（一）图纸图幅

图幅是指图纸幅面的大小。幅面的长宽之比为 $\sqrt{2}:1$，幅面及图框尺寸见表 1-1。在图纸选择中，一般尽量选标准幅面，但如图面不足，选上一号图纸又很不经济时，通常可将该号图纸的长边加长至长边的 1/2、1/3、1/4，但短边不得加长。同种专业图纸，一般不宜多于两种幅面，尽量选一种幅面及其加长系列。一般我们将以短边作垂直边的称为横式（图 1-21），以长边作垂直边的称为立式（图 1-22）。

幅面及图框尺寸（mm）   表 1-1

尺寸代号	幅面代号				
	A0	A1	A2	A3	A4
$b \times l$	841×1189	594×841	420×594	297×420	210×297
c	10			5	
a	25				

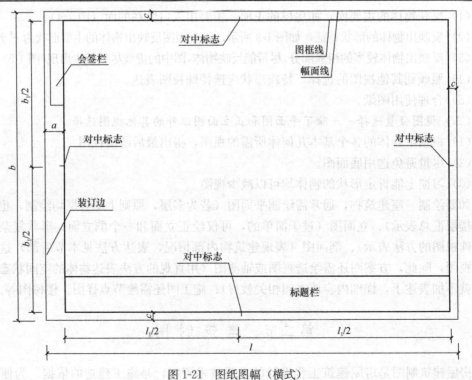

图 1-21 图纸图幅（横式）

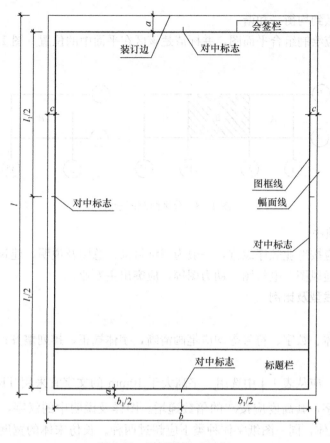

图 1-22　图纸图幅（立式）

（二）标题栏

在设计中，一般将设计单位名称、工程名称、图号、注册师签章、项目经理、签字区等放在图纸下部或右部，称为图纸标题栏，简称图标。尺寸 L1 为 30～50（表 1-2）。

（三）会签栏

各工种负责人签字用的表格，通常放在图纸的上端或右端（表 1-3）。尺寸 B2×L2 为 20 ×20（图 1-21）。

图纸标题栏　　　　　　　　　　　　　　　　　　　　　　表 1-2

设计单位名称	注册师盖章	项目经理	修改记录	工程名称区	图号区	签字区	会签栏

会　签　栏　　　　　　　　　　　　　　　　　　　　　　表 1-3

（专业）	（姓名）	（日期）

二、图的布置及编排顺序

（一）图的布置

图的布置要与浏览习惯一致，即从左至右，从上到下，内容宜按主次关系排列。应注意图面的美观，做到均衡、和谐。

如分区绘制应绘制组合平面图，并标清楚该区在平面中的位置（图 1-23）。

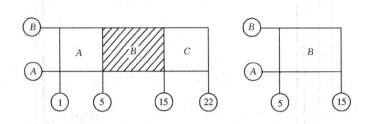

图 1-23　分区绘制图示意

（二）编排顺序

图纸的编排应按专业顺序编排，一般为图纸目录、总图及说明、建筑图、结构图、给水排水图、采暖通风图、电气图、动力图等，应突出主专业。

三、文字、线型及比例

（一）文字

图纸中的字体、数字、符号等均应笔画清晰，字体端正，排列整齐；标点符号必须清楚正确。

文字的字高，应从表 1-4 中选用。字高大于 10mm 的文字宜采用 TRUETYPE 字体，如需书写更大的字，其高度应按 $\sqrt{2}$ 的倍数递增。图样及说明中的汉字，宜采用长仿宋体（矢量字体）或黑体，同一图纸字体种类不应超过两种。长仿宋体的宽度与高度的关系应符合表 1-5 的规定，黑体字的宽度与高度应相同。汉字的简化字书写应符合国家有关汉字简化方案的规定。

图样及说明中的拉丁字母、阿拉伯数字与罗马数字，宜采用单线简体或 ROMAN 字体。拉丁字母、阿拉伯数字与罗马数字的书写规则，应符合表 1-6 的规定。

拉丁字母、阿拉伯数字与罗马数字的字高，不应小于 2.5mm。数量的数值注写，应采用正体阿拉伯数字。各种计量单位凡前面有量值的，均应采用国家颁布的单位符号注写。单位符号应采用正体字母。当注写的数字小于 1 时，应写出各位的"0"，小数点应采用圆点，齐基准线书写。

长仿宋汉字、拉丁字母、阿拉伯数字与罗马数字示例应符合国家现行标准《技术制图—字体》GB/T 14691 的有关规定。

<table>
<tr><td colspan="3">文字的字高（mm）</td><td>表 1-4</td></tr>
<tr><td>字体种类</td><td>中文矢量字体</td><td colspan="2">TRUETYPE 字体及非中文字体</td></tr>
<tr><td>字高</td><td>3.5、5、7、10、14、20</td><td colspan="2">3、4、6、8、10、14、20</td></tr>
</table>

长仿宋字字高关系（mm）　　　　　　　　　　　　　　　　　　　表 1-5

字高	20	14	10	7	5	3.5
字宽	14	10	7	5	3.5	2.5

拉丁字母、阿拉伯数字与罗马数字的书写规则　　　表 1-6

书写格式	字　体	窄字体
大写字母高度	h	h
小写字母高度（上下均无延伸）	$7/10h$	$10/14h$
小写字母伸出的头部或尾部	$3/10h$	$4/14h$
笔画宽度	$1/10h$	$1/14h$
字母间距	$2/10h$	$2/14h$
上下行基准线的最小间距	$15/10h$	$21/14h$
词间距	$6/10h$	$6/14h$

（二）线型

图线的宽度 b，宜从 1.4、1.0、0.7、0.5、0.35、0.25、0.18、0.13mm 线宽系列中选取。图线宽度不应小于 0.1mm。

线的线型、线宽及用途见表 1-7。

图　线　　　　表 1-7

名　称		线　型	线宽	一　般　用　途
实线	粗		b	主要可见轮廓线
	中粗		0.7b	可见轮廓线
	中		0.5b	可见轮廓线、尺寸线、变更云线
	细		0.25b	图例填充线、家具线
虚线	粗		b	见各有关专业制图标准
	中粗		0.7b	不可见轮廓线
	中		0.5b	不可见轮廓线、图例线
	细		0.25b	图例填充线、家具线
单点长画线	粗		b	见各有关专业制图标准
	中		0.5b	见各有关专业制图标准
	细		0.25b	中心线、对称线、轴线等
双点长画线	粗		b	见各有关专业制图标准
	中		0.5b	见各有关专业制图标准
	细		0.25b	假想轮廓线、成型前原始轮廓线
折断线	细		0.25b	断开界线
波浪线	细		0.25b	断开界线

（三）比例

图样的比例应为图形与实物相对应的线型尺度之比；采用阿拉伯数字表示；通常一个图样应选用一种比例（根据专业不同，同一图样也可选两种比例），常用比例及可用比例见表 1-8。

绘图所用的比例　　　　表 1-8

常用比例	1∶1、1∶2、1∶5、1∶10、1∶20、1∶30、1∶50、1∶100、1∶150、1∶200、1∶500、1∶1000、1∶2000
可用比例	1∶3、1∶4、1∶6、1∶15、1∶25、1∶40、1∶60、1∶80、1∶250、1∶300、1∶400、1∶600、1∶5000、1∶10000、1∶20000、1∶50000、1∶100000、1∶200000

比例宜注写在图名的右侧，字的基准线应取平；比例的字高宜比图名的字高小一号或二号，如：

平面图 1:100 ⑥ 1:20

四、定位轴线

用于确定建筑物主要结构构件位置及其标志尺寸的基线称为定位轴线，是施工中放线的主要依据，在设计中必须准确表示出其位置及编号。

定位轴线编号中，通常横向用阿拉伯数字编号，即 1，2，3，4……，纵向用大写英语字母编号，即 A，B，C……。为避免与阿拉伯数字"0，1，2"混淆，不能用"O，I，Z"三个字母。定位轴线编号见表 1-9。

定位轴线的表示见图 1-24。

定位轴线编号 表 1-9

符 号	说 明	符 号	说 明
②/5 ③/A ①/0A	附加轴线	在 2 号轴线之后附加的第 2 根轴线 在 A 轴线之后附加的第 1 根轴线 在 A 轴线之前附加的第 1 根轴线	① 3,5,7…	详图中用于两根以上多根连续轴线
		①～⑮	通用详图的轴线，只画圆圈不注编号
①⑤	详图中用于两根轴线		详图中用于两根以上多轴线

五、符号

（一）详图索引及详图符号

图样中的某一局部或构件，如需另见详图，应以索引符号索引。索引符号是由直径为 8～10mm 的圆和水平直径组成，圆及水平直径应以细实线绘制，见表 1-10。

详图索引及详图符号 表 1-10

名称	符 号	说 明
详图的索引标志	——② 详图的编号 / 详图在本张图纸上 ——② 局部剖面详图的编号 / 剖面详图在本张图纸上	细实线单圆直径应为 10mm 详图在本张图纸上

名称	符　号	说　明
详图的索引标志	①/⑤ 详图的编号 / 详图所在的图纸编号 ①/⑤ 局部剖面详图的编号 / 剖面详图所在的图纸编号	详图不在本张图纸上
	J106 ①/⑤ 标准图册编号 / 详图的编号 / 详图所在的图纸编号	标准详图
详图的标志	② 详图的编号	粗实线单圆直径应为14mm 被索引的在本张图纸上
	②/③ 详图的编号 / 被索引的图纸编号	被索引的不在本张图纸上

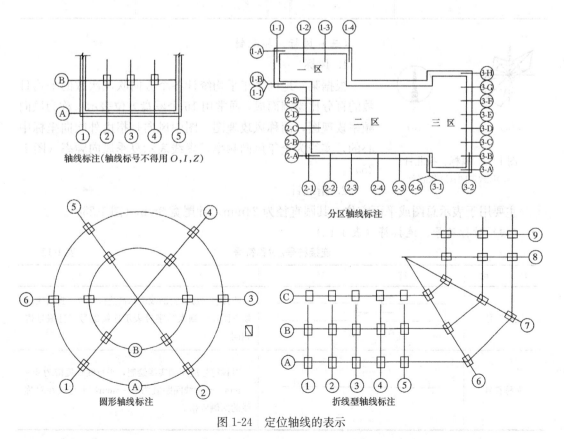

图 1-24　定位轴线的表示

15

详图符号以粗实线绘制，直径为索引14mm（表2-7）；零件、钢筋、杆件、设备等的编号直径以5mm～6mm的细实线圆表示，同一图样应保持一致，其编号应用阿拉伯数字按顺序编写。消火栓、配电箱、管井等的索引符号，直径以4mm～6mm为宜。

（二）引出线

引出线主要是对于图纸某些部分的说明。其表达形式见表1-11。

引出线的表达 表1-11

符 号	说 明	符 号	说 明
文字说明 / 文字说明 / ①/④	某处引出线	文字说明（多层构造）	多层构造引出线
文字说明 / 文字说明	同时引出几个相同部分引出线	文字说明（多层管道）	多层管道引出线

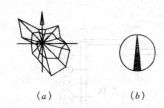

图1-25 风标、指北针
(a)风玫瑰图；(b)指北针

（三）风标、指北针

1. 风标

根据某一地区多年平均统计各个方向吹风次数的平均日数的百分比绘制而成，通常用16个罗盘方位表示，称为风向频率玫瑰图，简称风玫瑰图。图中风向是指由外吹向坐标中心的，实线为全年风向频率，虚线表示夏季风向频率（图1-25a）。

2. 指北针

主要用于表示总图或平面方位。其圆直径为24mm，针尾宽3mm（图1-25b）。

（四）对称符号、连接符（表1-12）

连接符号/对称符号 表1-12

名 称	符 号	说 明
连接符号	A ∣ A / A ∣ A	连接符号应用折断线表示需连接部位，折断线两端靠图样一侧大写字母表示连接编号，且编号需相同
对称符号	―⊣⊢―	对称符号应用细实线绘制，平行线长度应为6～10mm。平行线间距宜为2～3mm，平行线在对称线的两侧应相等

六、尺寸

(一) 尺寸 (表1-13)

尺 寸 的 表 达　　　　　　　　　　　　　　　　　　　表 1-13

图　　例	说　　明	图　　例	说　　明
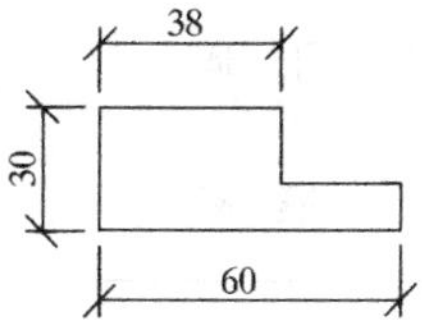	尺寸数字应写在尺寸线的中间。在水平尺寸线上的应从左到右写在尺寸线上方。在铅直尺寸线上的,从下到上写在尺寸线上方	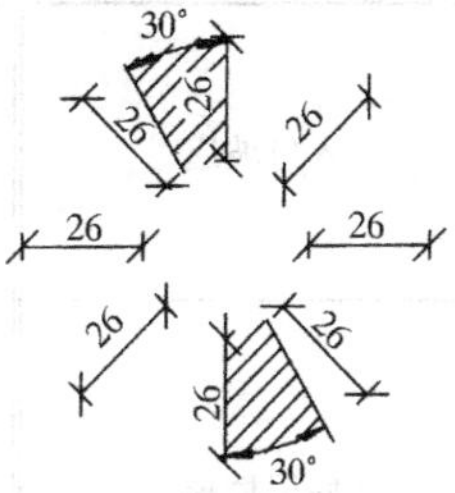	尺寸线倾斜时数字的方向应便于阅读,尽量避免在斜线范围内注写尺寸
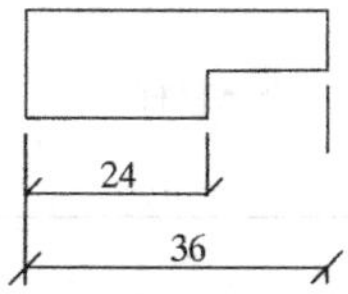	长尺寸在外,短尺寸在内	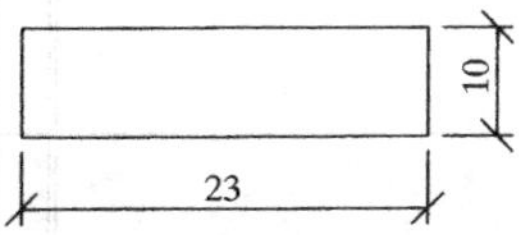	同一张图纸内尺寸数字应大小一致
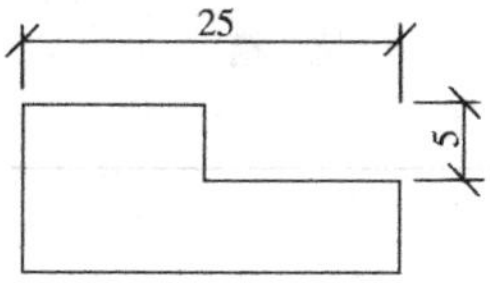	不能用尺寸界线作为尺寸线	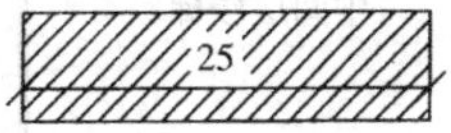	在断面图中写数字处,应留空不画断面线
		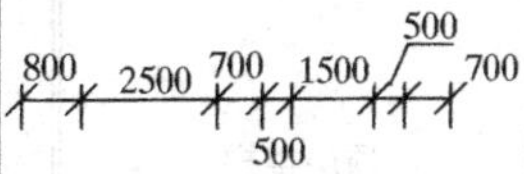	两尺寸界线之间比较窄时,尺寸数字可注在尺寸界线外侧,或上下错开,或用引出线引出再标注
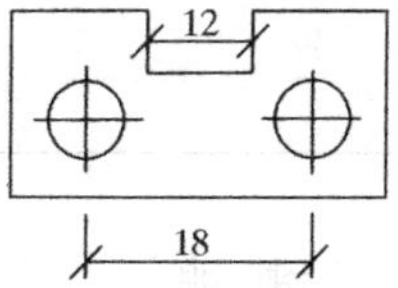	轮廓线,中心线可以为尺寸界线,但不能用作尺寸线	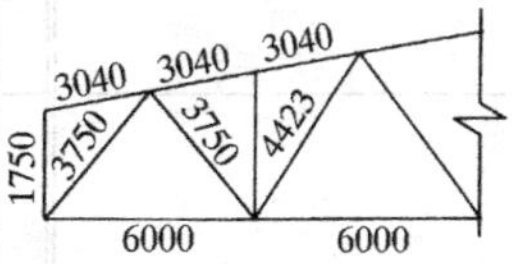	桁架式结构的单线图,宜将尺寸直接注在杆件的一侧

(二) 标高 (表1-14)

标 高 的 表 达　　　　　　　　　　　　　　　　　　　表 1-14

符　　号	说　　明	符　　号	说　　明
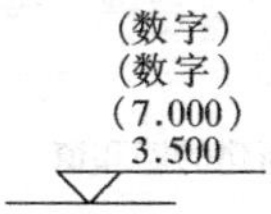 (数字) (数字) (7.000) 3.500	用于多层标注	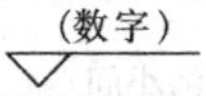 (数字)	楼地面平面图上的标高符号
(数字) (数字)	用于左边标注	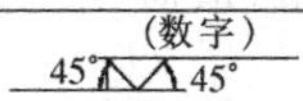 (数字) 45° 45°	立面图,剖面图上的标高符号(用于其他处的形状大小与此相同)
(数字)	用于特殊情况标注	(数字) (数字)	用于右边标注
		143.00	室外整平标高
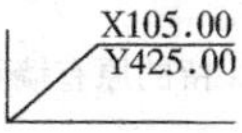 X105.00 Y425.00	测量标高	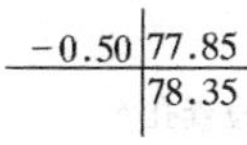 −0.50 │77.85 │78.35	方格网交叉点标高 施工高度 │ 设计标高 　　　　 │ 原地标高
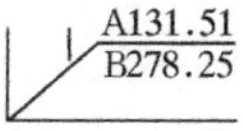 A131.51 B278.25	施工标高		施工高度:“+”表示填方, “一”表示挖方

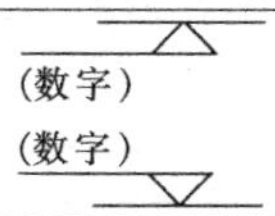

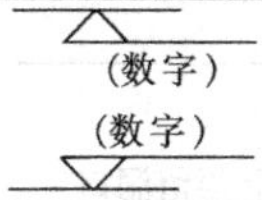

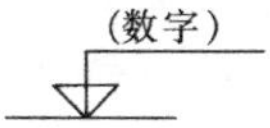

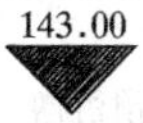

17

七、常用图例

（一）建筑图常用图例（表1-15 、表1-16）

图　例	名　称	图　例	名　称
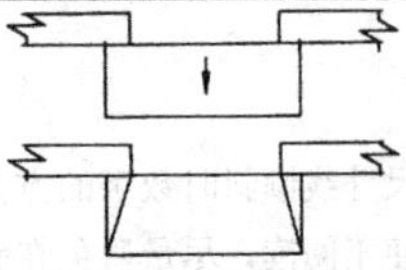	入口坡道	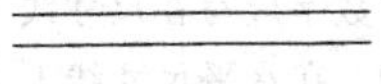 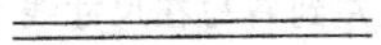	土　墙 隔　断
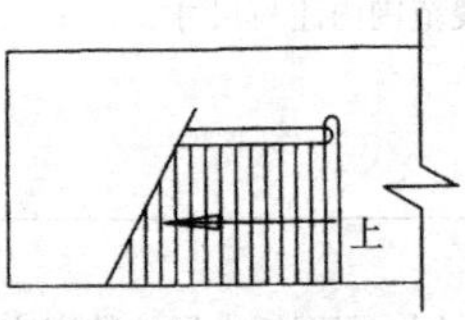	底层楼梯	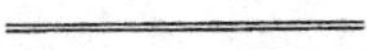 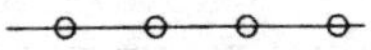	非金属栏杆 金属栏杆
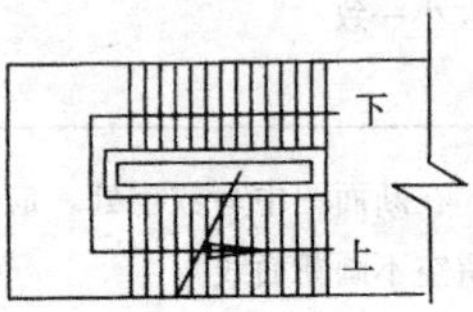	中间层楼梯	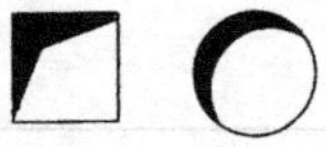 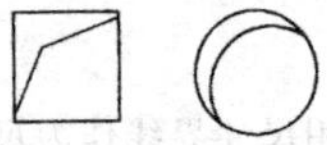	孔　洞 坑　槽
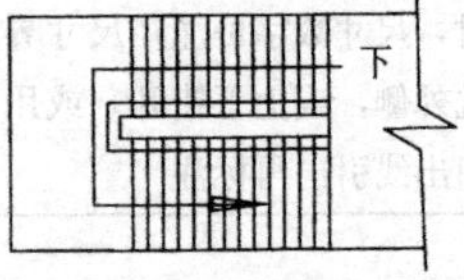	顶层楼梯	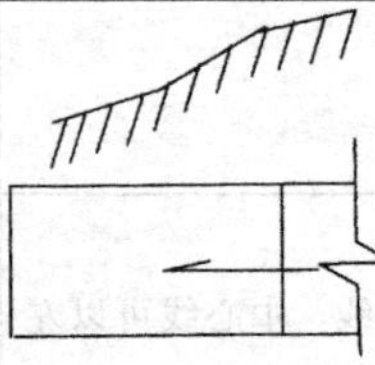	坡　道
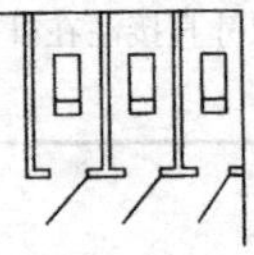	厕所间	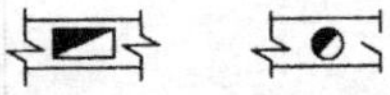 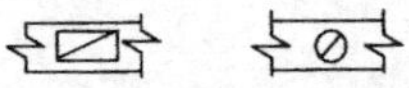	烟　道 通风道
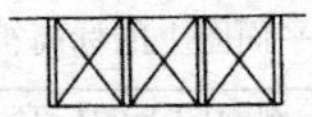	淋浴小间	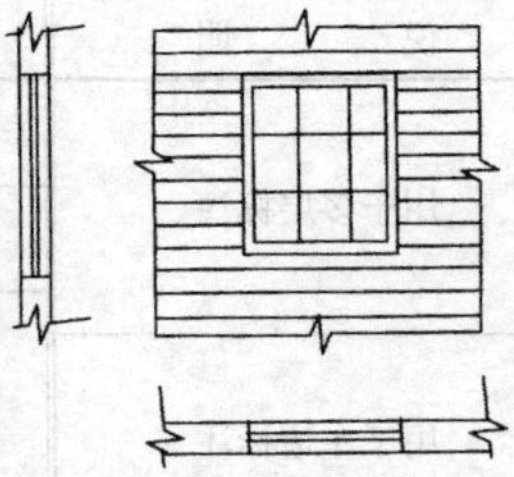	新建的墙和窗
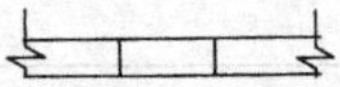 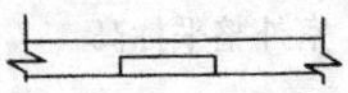	墙上预留洞口 墙上预留槽		
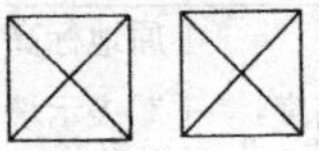	检查孔 地面检查孔　吊顶检查孔	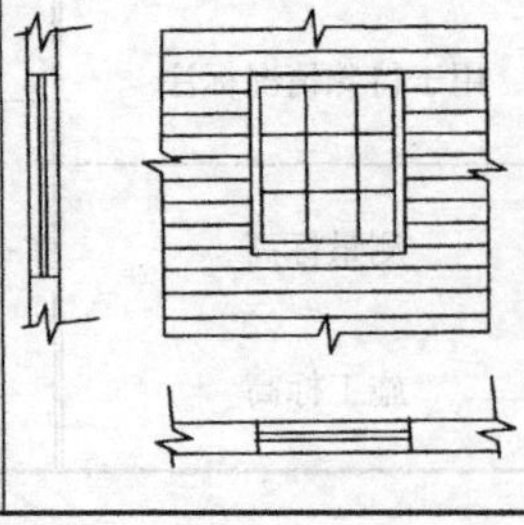	改建时保留的原有墙和窗

18

图　例	名　称	图　例	名　称
	应拆除的墙		空门洞
			单扇门
	在原有墙或楼板上新开的洞		单扇双面弹簧门
			双扇门
	在原有洞旁放大的洞		对开折门
			双扇双面弹簧门
	在原有墙或楼板上全部填塞的洞		单层固定窗
			单层外开上悬窗
	在原有墙或楼板上局部填塞的洞		单层中悬窗
			单层外开平开窗
	墙外推拉门		高窗
	墙内推拉门		

（二）总平面常用图例（表 1-17）

总图常用图例　　　　　　　　　　　　　　　　　　　表 1-17

图　例	名　　称	图　例	名　　称
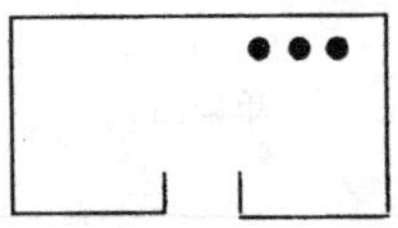	新设计的建筑物 右上角以点数表示层数	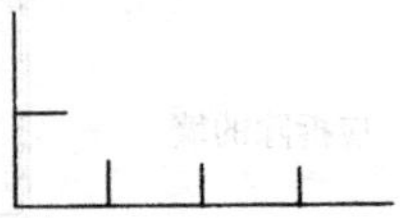	围墙 表示砖、混凝土及金属材料围墙
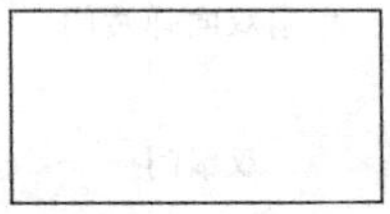	原有的建筑物		围墙 表示镀锌铁丝网，篱笆等围墙
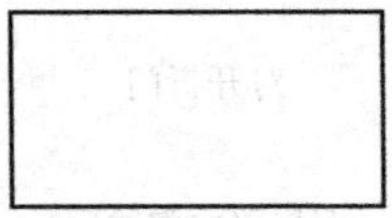	计划扩建的建筑物或预留地	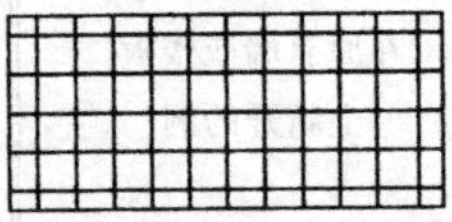	铺砌场地
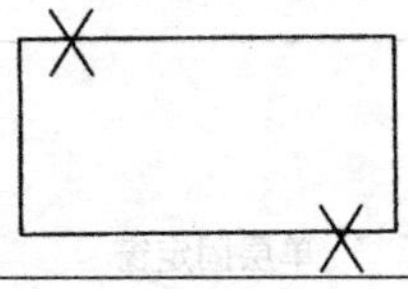	要拆除的建筑物	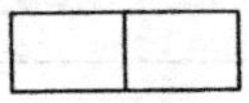 	雨水井 消火栓井
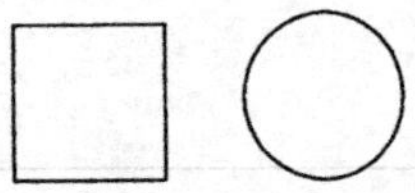	地下建筑物或构建物	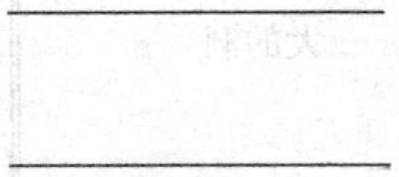	原有的道路
	散状材料 露天堆场	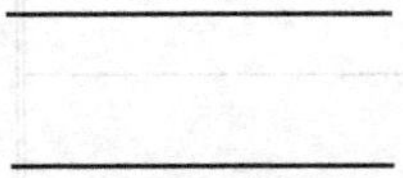	计划的道路
	其他材料露天堆场或露天作业场	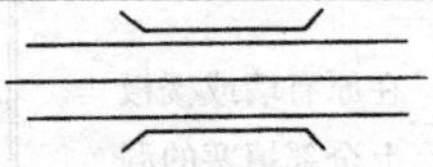 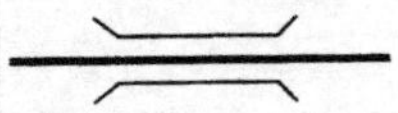	公路桥 铁路桥
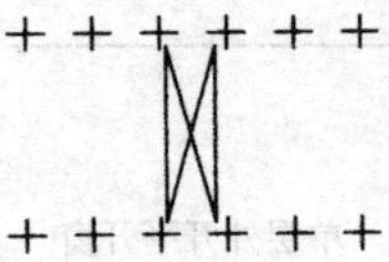	露天桥式吊车	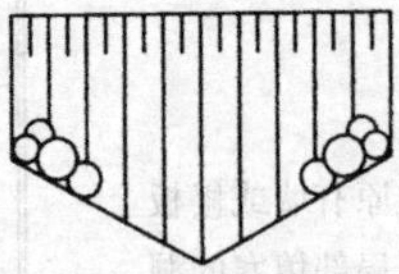	护坡
	龙门吊车	代号	管线
		代号	架空电力\电讯线
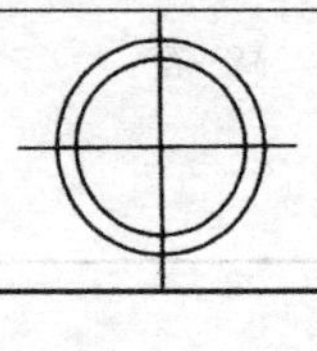	烟囱		绿化

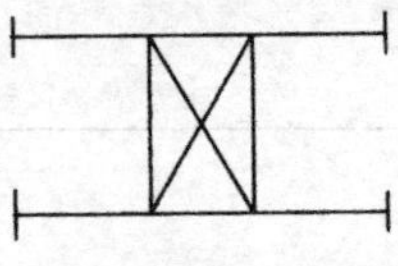

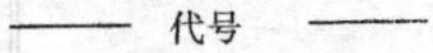

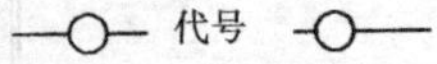

20

（三）建筑材料常用图例（表1-18）

建筑材料常用图例   表 1-18

图　　例	名　　称	图　　例	名　　称
	自然土壤	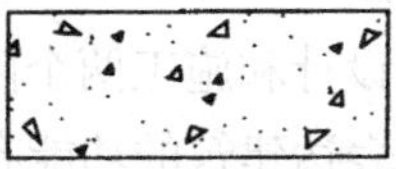	混凝土
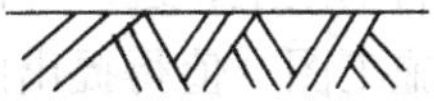	素土夯实	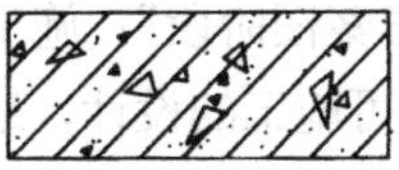	钢筋混凝土
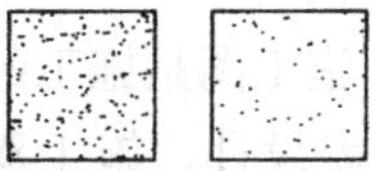	砂 灰土 粉刷材料	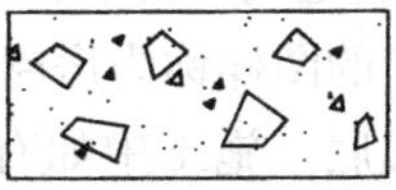	毛石混凝土
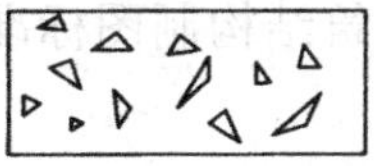	砂 砾石 碎砖三合土	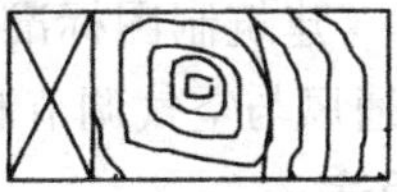	木材
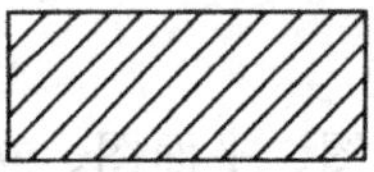	石料 包括岩层及贴面，铺地等石材	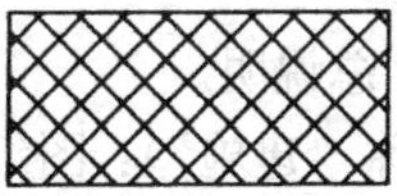	多孔材料或耐火砖
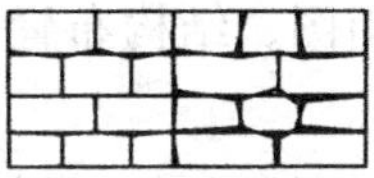	方整砖 条石	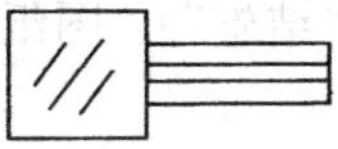	玻璃
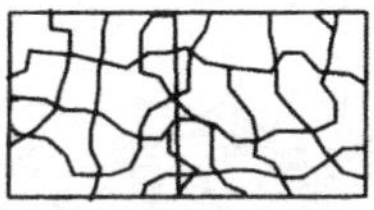	毛石	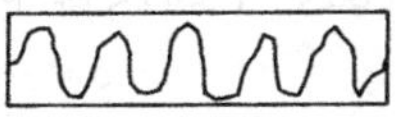	纤维材料或人造板
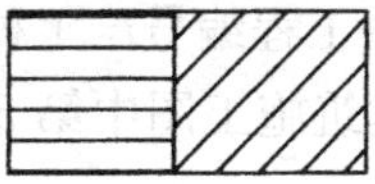	普通砖 硬质砖	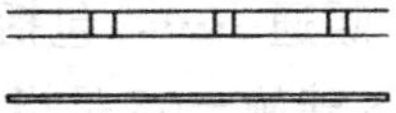	防水材料或防潮层
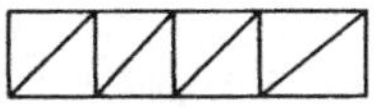	非承重的空心砖	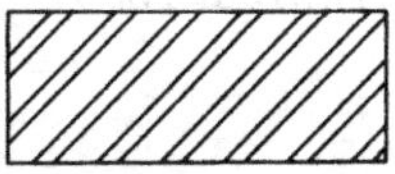	金属
	瓷砖或类似材料 包括面砖，马赛克及各种铺地砖	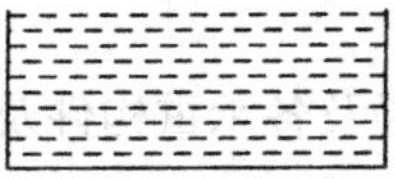	水

第三节 建 筑 识 图

一、建筑施工图的作用

房屋的建造，通常经过设计和施工两个阶段，其中设计分为初步设计和施工图设计。初步设计先提出可行性方案，表达建筑的功能布局、立面处理、概算情况等，通常包括建筑总平面图，房屋的平面、立面、剖面图，相关技术及构造说明，主要经济技术指标等（有时视要求需绘表现图），俗称"方案图阶段"；施工图设计主要是在初步设计的基础上，进一步协调的各工种关系，完善成为可施工的设计，通常包括建筑、结构、设备施工图。值得提出的是，如果工程规模较大、比较复杂时，通常介于初步设计和施工图设计阶段之间，需加入技术设计阶段，用于解决各工种之间的技术协调问题，俗称"方案图扩初阶段"。

用于指导房屋建筑施工的图样称为房屋建筑施工图，简称施工图。施工图是施工的依据，施工前一般需作工程交底，施工中如有材料、设备或设计问题，需设计、施工双方协商解决，设计方需作图纸变更，施工方也应有相应记录。施工图的绘制必须严格遵守《房屋建筑制图统一标准》、《建筑制图标准》、《总图制图标准》、《建筑结构制图标准》、《给排水制图标准》、《采暖通风与空气调节制图标准》的要求。

二、施工图的内容及用途

（一）施工图的内容

（1）图纸总目录及设计总说明。

（2）建筑施工图（简称"建施"）：图纸目录、设计说明、总平面图、平面图、立面图、剖面图及构造详图等。

（3）结构施工图（简称"结施"）：图纸目录、设计说明、基础平面图、结构布置图、材料表及结构构件详图等。

（4）设备施工图（简称"设施"）：给排水、电气、暖通等各专业的图纸目录、设计安装说明、总平面图管网布置图、平面设备布置图、系统图及安装详图等。

（二）施工图的用途

1. 图纸总目录及设计总说明

图纸总目录是指项目总目录的编制情况，可独立编制，也可一并编制。目录顺序为建筑、结构、给排水、电气、暖通……，包括序号、名称、图名编号（由工程编号－工种名称－图纸编号组成，如9918建施－05是指1999年的第18个工程的建筑施工图中第5页图，其中工程编号没有统一规定，由设计院自行编写）、备注等。

设计总说明对于整个工程情况的说明，包括：工程的组成、基地情况、建筑物标高定位以及其他必要说明等。

2. 建筑施工图

表达建筑环境定位、外部形状、内部布局、建筑构造及内外装修等内容。

3. 结构施工图

表达房屋结构总体布局及各承重构件及支撑或联系构件的形状、大小、材料、构造等内容。

4. 设备施工图

表达建筑设备管网、线路的布局，系统的配置、安装工艺情况以及室内外管网、线路的衔接等。

三、建筑施工图的读取

（一）总平面

建筑总平面是在建筑地域上空向地面投影所形成的水平投影图，它表明了建筑地域内自然环境和规划设计状况，表示建筑的总体布局。建筑总平面图即是建筑及其配套设施工定位、土方施工及施工现场布置的依据，也是规划设计水暖电等专业工程总平面和管线绘制的依据。建筑总平面图通常称"总平面图"。

1. 总平面图的内容

（1）基地环境状况：包括地理位置、用地范围、地形、原有建筑物、构筑物、道路和管网等。

（2）新建（扩建、改建）区域的总体布置：新建建筑物、构筑物、道路、广场、绿化区域布置及建筑物的层数（用"·"表示，有几个"·"表示几层）等。

（3）新建工程在建筑地域内的位置根据不同情况，通常有两种处理：

小型工程或在已建建筑群中的新建工程，通常根据地域内和邻近的永久固定设施（建筑物、道路等）为依据，引出其相对位置。

对于项目繁多、规模较大的大型工程，为了保证放线的准确性，通常采用坐标方格网来确定位置。坐标方格网分为测量坐标网和施工坐标网两种形式。坐标原点为建筑地域测区内任意选的一个控制点（由工程设计前期工作工程勘测阶段中所作的测量结果提供）。如图 1-26 中 X、Y 坐标轴形成的网格称测量坐标网，A、B 坐标轴形成的网格称施工坐标网，其中两坐标网的夹角通过计算取得（通常施工坐标网中的轴线应与主要建筑物的基本轴线平行）。在总平面中，施工坐标网用细线表示，测量坐标网用细十字交叉线表示。当测量坐标网与施工坐标网重合时，取测量坐标网即可。

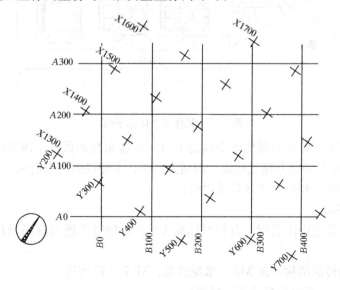

图 1-26　坐标网格

（4）新建建筑物的有关尺寸：首层（底层）室内地面、室外整平地面、室外整平地面和道路的绝对标高及新建建筑物、构筑物、道路、场地（绿地）等有关距离尺寸（标高、距离以"m"为单位，小数点后两位）。

（5）新建建筑物的朝向方位：标注指北针和风标。

2. 识读总平面图

（1）由设计说明了解建设依据及工程说明（工程规模、投资、主要经济技术指标、用地范围以及有关环境条件资料等），建筑物位置确定的有关事项，总体标高和水准引测点，补充图例（国标未予以规定的自用图例）等。

（2）了解工程的名称，已建、预建建筑物名称及位置。

（3）通过图例，了解建筑物与环境关系及布局。

（4）了解建筑地域情况、地形状态以及欲建建筑物基地放线标高。

（5）通过风标及指北针了解项目位置、朝向及风向。

（6）了解欲建建筑物的高度及面积。

（7）了解欲建建筑物周围附属设施（如道路、绿化、围墙等）的布置及要求。

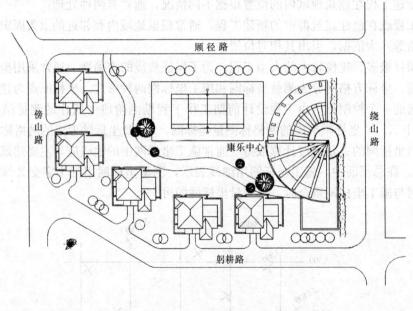

图 1-27　某住宅小区总平面

如图 1-27 所示，该图为某住宅小区总平面。小区东高西低，小溪从山上流下。小区内有别墅和康乐中心两部分建筑构成。四周为道路，主导风向为东南风。

以下为图 1-27 中别墅之建筑设计说明：

建筑设计说明

1. 本工程为卧龙山庄别墅，其相对标高±0.000 相对于绝对标高及位置见规划专业图纸。

2. 本工程为砖混结构，由 M2.5 水泥砂浆、Mu7.5 砖砌筑。

3. 建筑做法：（室内装修另见装修图）

①内墙：LJ102 内墙 7，外罩白色立邦漆两遍。

②外墙：LJ102 外墙 7，采用红绿石子 3：7，大面积施工前需做小样。

③地面：LJ102 地 5。

④楼面：LJ102 楼 2。

⑤屋面：LJ102 屋 3。

⑥顶棚：LJ102 棚 5（一、二层），棚 16（三层）。

4. 墙柱拉接：沿墙高每 500mm 设 2φ6 拉结钢筋，每边深入墙内 1000mm。

5. 施工时应注意专业配合，如有专业冲突，需协商设计人员处理。

6. 做装修前必须先做小样，经设计人员认可后方可实施。

（二）平面图

建筑平面图是指从建筑物窗台以上、门窗过梁以下水平剖切俯视投影图。它表明了建筑的平面形状、基本功能布局、墙柱布置、门窗类型、建筑材料等情况，是建筑施工放线、墙体砌筑、门窗安装、室内装修等施工的主要依据。

原则上建筑物各层均需绘制平面图，通常可用楼层或标高命名，称为"XX 层平面图"、"XX 标高平面"。但如楼层中有布局相同者，可用同一个平面表示，称为"XX 标准层平面图"。如某酒店共 18 层，其中 4～10 层平面相同，12～17 层平面相同，则该酒店共需绘制 7 个平面图，名称分别为 1 层平面、2 层平面、3 层平面、4～10 层标准层平面、11 层平面、12～17 层标准层平面、18 层平面。

当建筑物左右对称时，可将不同的两层平面左、右各绘一半，拼在一起，中间用对称符号分界。

顶棚平面主要表现室内顶棚构造或图案，通常是建筑上部水平剖切仰视投影图。

1. 平面图的内容

（1）基本情况

包括定位轴线、房间布局（应用文字或编号标示出房间的功能）、墙（柱）布置、楼梯及方向示意、室外设施（如台阶、坡道、花坛、散水等）、门窗及其编号（门用"M－xx"表示、窗用"C－xx"表示、门连窗用"MC－xx"）、室内固定设施（隔板、吊柜、洗水池、小便槽、通风道、烟道、管道井等）、建筑材料（图样比例较大，如大于 1：100 时，墙体可不绘材料符号，留白或涂红表示，混凝土柱涂黑表示；比例较小时，需绘制材料符号）等情况。

（2）必要尺寸（单位"mm"）、标高（单位"m"）

通常标注三道尺寸线，分别是：内道为门窗洞口尺寸线，中道为轴线间尺寸线，外道为建筑总开间（长向）、进深（宽向）尺寸线。其他细部（如台阶、坡道、花坛、内部墙垛、门窗等）尺寸线可在其轮廓线标注。

通常需标注本层中不同位置的标高，如楼层、阳台、楼梯休息平台、水房、卫生间、平台、台阶等。

（3）指北针、剖切符号、详图索引、详图剖切符号

通常在首层（或称一层）平面应绘制指北针（如工程中已绘制总平面图，可不绘）、剖切符号。详图索引、详图剖切符号在需要索引的相应位置绘制。

（4）门窗表

主要用于统计门窗的名称、编号、尺寸、数量、做法等的表格。其中能直接引用标准

图形式、做法的可直接引用；形式不同、做法一致的另绘制图样且注明尺寸，做法可写"仿或参 XX 图"；做法特殊的应予以说明。

表 1-19 为图 1-27 中别墅的全部门窗。门窗位置见图 1-28 别墅平面图。

门 窗 表 表 1-19

名称	编号	洞口尺寸（m×m）		数量	所选图集	图集编号	备 注
		长	宽				
门	M-1	900	2000	12	L89J602	M0920	
	M-2	800	2000	6	L89J602	M0820	
	M-3	900	2400	1	L89J602	M0924	
	M-4	1500	2600	1	L89J602	M1526	
窗	C-1	1800	1500	4	L89J602	TC1815	
	C-2	1500	1500	3	L89J602	TC1515	
	C-3	1200	1500	4	L89J602	TC1215	
	C-4	1000	1000	3	L89J602	TC1010	
	C-5	1000	600	2	L89J602	TC1006	
	C-6	1200	1200	4	L89J602	TC1212	
	C-7	2750	7350	1	L89J602		玻璃幕墙
门连窗	MC-1	2100	2400	1	L89J602	MC2124	
	MC-2	1500	2400	2	L89J602	MC1524	

（5）屋顶平面

标示屋顶平面形状、屋面坡度、排水方向、雨水管布置、檐口情况、烟筒、上人孔、通气孔等。

（6）局部放大

如鉴于平面比例较小，未标示清楚的内容可索引放大，称为局部放大图。

2. 识读平面

（1）由建筑设计说明了解建设物的标高如何定位、结构形式、砌筑方式、材料标号的选择，建筑做法具体说明，必要构造要求（如墙体埋件、墙柱连接、墙身防潮、孔洞设置等）的做法，新材料、新技术的应用，异常情况处理（如设计与现场情况有出入、装修前样板间处理、专业管网碰撞处理等）等。

（2）了解图纸名称、各层平面名称，基本平面功能特征。

（3）了解建筑物的朝向，出入口位置及做法。

（4）了解建筑物的定位轴线、建筑物及房间尺寸，不同位置标高等情况。

（5）查找索引符号，了解其不同细部构造做法。

（6）了解屋面布置情况、排水情况以及特殊构造。

（7）关注定位轴线，配合识读建筑物立面，了解建筑空间造型。

（8）关注剖切符号，配合识读建筑物剖面，了解建筑结构形式。

图 1-28 为图 1-27 中别墅之平面图，各楼层平面分别交代了各房间的功能、门窗编号（尺寸见表 1-19 门窗表）、楼层标高、固定设施等；屋顶平面因采用的是坡屋顶自由排水，故没绘制雨水口情况。

（三）立面图

建筑立面图是指建筑物立面的正投影图，它表示建筑物的外形，是建筑施工高度控制

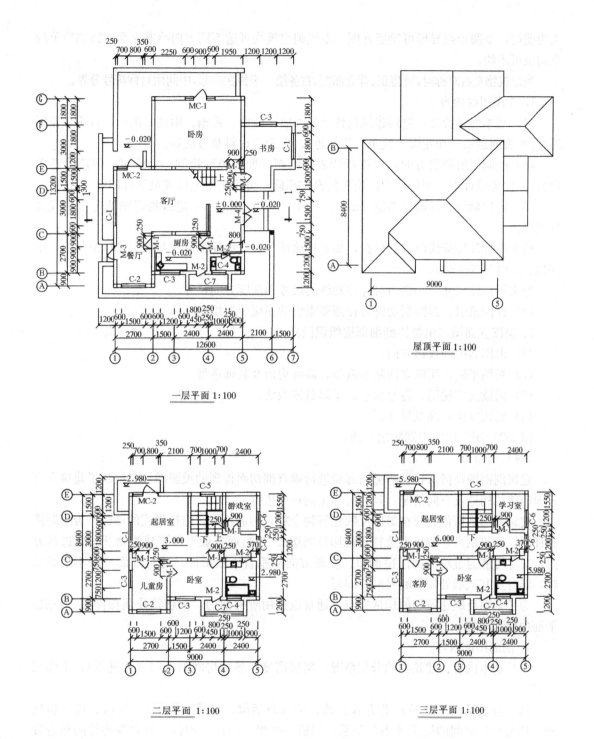

图 1-28　别墅平面图

和外墙装修的依据。

原则上建筑物各立面均需绘制，通常立面图的称谓可用主次（即以有建筑主入口的立面确定为正面）、方位（即建筑物朝向）或轴线命名，如正（背）立面、东（南、西、北……）立面、③-⑩立面。其数量和形式的选择以最能反映建筑物立面情况，并能指导施工为前提，如圆形或异形可绘展开图，不规则建筑物可选不同方向绘制立面，特别简单的立面也可不绘。

当建筑物左右对称时，可将正、背立面左、右各绘一半拼在一起，中间用对称符号分界。

1. 立面图的内容

（1）基本外观特征：包括建筑构件（如外墙、门窗、挑檐、雨棚、阳台、台阶、花坛等）、外表面造型（如花饰、线条、构架等）、色彩、材料及做法等。

（2）绘制门窗开启方向：可选择代表性绘制（即同类可绘制一个即可，但应注意美观），如住宅设计中，因各层相应位置门窗均相同，可绘制最上排或最下排即可。

（3）定位轴线、标高（单位"m"）、尺寸（单位"mm"）：建筑物两端的定位轴线及其编号。

通常需标注特征线位置的标高，如室外地坪、入口地坪、窗底与顶、檐口顶与底、雨篷顶、阳台顶等的标高。

通常不标注尺寸，必要时可标注轴线间尺寸和高度方向尺寸。

（4）详图索引、详图剖切符号在需要索引的相应位置绘制。

2. 识读立面图（由整体到细部逐级识读）

（1）由图名明确投影方向。

（2）对照平面，明确立面基本造型、局部构造及装饰造型。

（3）阅读文字说明、符号标示，了解具体做法。

（4）阅读立面标高及尺寸。

图 1-29 为图 1-27 中别墅之立面。

（四）剖面图

建筑剖面图是指从建筑物适当部位进行垂直剖切而得到的投影图，它反映了建筑垂直方向的建筑构造及空间情况，是建筑施工的重要依据。

建筑剖面剖切位置应在最能反映建筑物全貌、构造特征、结构形式的部位（若绘制楼梯详图，建筑剖面一般可不选择在楼梯处剖切）。投影面一般平行于建筑物开间或进深方向，并尽可能通过墙体的门窗洞口，投影方向应垂直于投影面。建筑剖面一般不绘制基础，墙身从基础墙处用折断号断开即可。

为了全面反映建筑物的构造特点，通常也选用阶梯剖切，剖切符号须在首层（一层）平面中标示清楚。

1. 剖面图的内容

（1）基本内容：建筑物的分层情况，楼层高度，各种房间的开间（或进深）、走廊尺度等。

（2）建筑结构形式及构造方式：墙、梁（包括梁、过梁、圈梁）、楼板、柱（包括柱、构造柱）之间的搭接及相互关系，门窗、挑檐、雨篷、阳台、台阶等构件的构造方式等。

（3）定位轴线、标高（单位"m"）、尺寸（单位"mm"）：建筑物两端的定位轴线及其编号。

通常需标注各楼层标高，室内外地坪标高，窗台及窗顶标高，檐口顶部、雨篷顶部、阳台顶部标高。

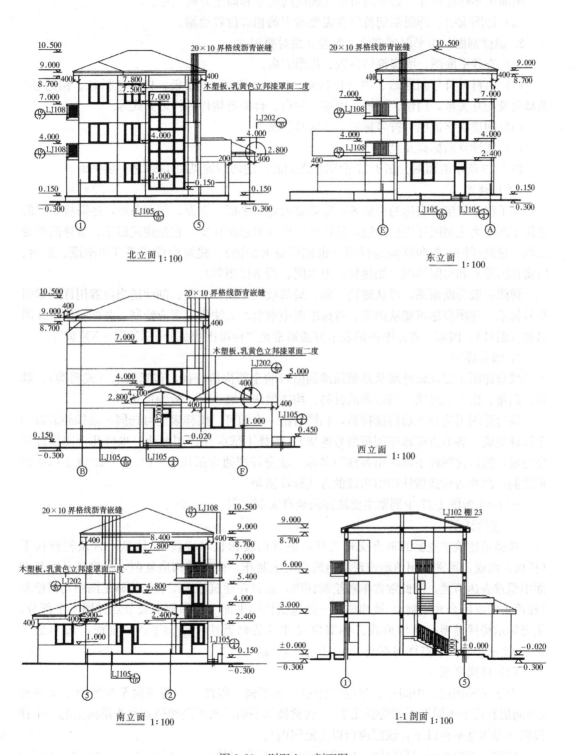

图 1-29 别墅立、剖面图

图面可不标注尺寸，必要时可标注轴线间尺寸和高度方向尺寸。

（4）详图索引、详图剖切符号在需要索引的相应位置绘制。

2. 识读剖面：由平面到剖面，参考立面对照识读。

（1）查找平面图，明确剖切位置、投影方向。

（2）由材料符号判断墙、梁（包括梁、过梁、圈梁）、楼板、柱（包括柱、构造柱）类型以及相互关系，门窗、挑檐、雨篷、阳台、台阶等构件的构造方式等。

（3）阅读文字说明、符号标示，了解具体做法。

（4）阅读立面标高及尺寸。

图 1-29 所示剖面图为图 1-27 中别墅之剖面。剖切位置见图 1-28 之一层平面。

（五）详图

为了将建筑细部表达的更清晰，除必要的建筑平面、立面、剖面图外，还需将必要的建筑细部用大比例图样进行绘制，这样的图样称为建筑详图。它是建筑施工、装修的重要依据。建筑详图一般包括墙身详图（也称墙身大剖图）、建筑构件详图（如雨篷、阳台、门窗详图等）和房间详图（如楼梯、卫生间、厨房详图等）。

详图一般为断面图，可从建筑平面、局部放大平面、立面、剖面适当位置用详图索引符号标示。详图应尽可能从国家、省标准图中索引，无法索引者应绘制，并标示清楚详图名称（编号）。国家、省标准图的表示方法通常是"标准图集编号—XX 图—XX 页"。

1. 墙身详图

墙身详图主要反映外墙从基础顶部到檐口的全部构造特征，包括散水（或明沟）、勒角、踢角、窗台、过梁、檐口等的材料、构造做法及墙、梁、板的连接。

墙身详图可绘制外墙特征构造，相同者绘一个即可。图样表达可选同一轴线外墙以一个图样完成（各节点应顺序用折断号连接），图样下部应注详图名称；也可几个图样以顺序完成，然后在图样下部注出各详图名称。墙身详图通常采用 1：10、1：20 或 1：50 比例绘制，图样各构造做法用引出线的方式标注清楚。

图 1-30 为图 1-27 中别墅主要墙体的墙身大剖详图。

2. 楼梯详图

楼梯是建筑中主要的垂直交通工具，通常由楼梯板（梯段）、休息平台及栏杆扶手（栏板）组成，通常采用预制或现浇钢筋混凝土制作。由于其构造复杂，在建筑平面和剖面中很难表达清楚，因此常常单独绘制详图，而且在建筑施工图和结构施工图中均需绘制（较简单的也可合并绘制）。楼梯详图一般包括楼梯平面、楼梯剖面及节点详图三个部分，主要标示楼梯类型、结构形式、各部位尺寸及装修做法。楼梯平面、剖面一般不低于 1：50 比例绘制，节点详图不低于 1：10 比例绘制。

（1）楼梯平面

由于楼梯底层、中间层、顶层的标示方法不同，因此，一座楼房至少需绘三个平面（中间层有几个不同平面就绘制几个）。通常楼梯平面的水平剖切位置在本层向上的一个梯段内（即休息平台以下，该层窗台以上范围内）。

楼梯平面应标示定位轴线（楼梯间墙体）、标高（楼地层、休息平台）、示意（上行与下行箭头、起步线）、尺寸（楼梯间开间与进深、休息平台宽度、梯段长度）、踏步阶数、详图索引等。

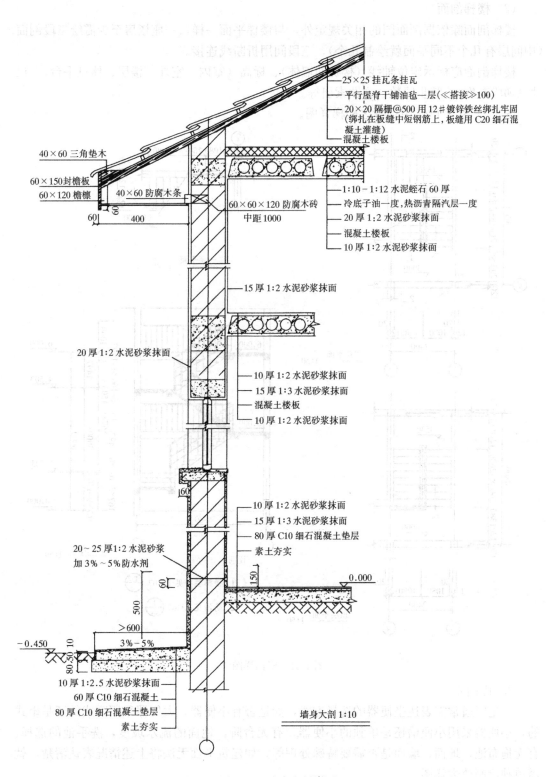

25×25 挂瓦条挂瓦
平行屋脊干铺油毡一层(≪搭接≫100)
20×20 隔栅@500 用 12# 镀锌铁丝绑扎牢固
(绑扎在板缝中短钢筋上,板缝用 C20 细石混凝土灌缝)
混凝土楼板

40×60 三角垫木

60×150 封檐板
60×120 檐檩
40×60 防腐木条
60×60×120 防腐木砖
中距 1000

1:10-1:12 水泥蛭石 60 厚
冷底子油一度,热沥青隔汽层一度
20 厚 1:2 水泥砂浆抹面
混凝土楼板
10 厚 1:2 水泥砂浆抹面

15 厚 1:2 水泥砂浆抹面

20 厚 1:2 水泥砂浆抹面

10 厚 1:2 水泥砂浆抹面
15 厚 1:3 水泥砂浆抹面
混凝土楼板
10 厚 1:2 水泥砂浆抹面

10 厚 1:2 水泥砂浆抹面
15 厚 1:3 水泥砂浆抹面
80 厚 C10 细石混凝土垫层
素土夯实

20～25 厚 1:2 水泥砂浆
加 3%～5% 防水剂

0.000

150

60

500

>600
3%-5%

-0.450
80-50 10
-0.450

10 厚 1:2.5 水泥砂浆抹面
60 厚 C10 细石混凝土
80 厚 C10 细石混凝土垫层
素土夯实

墙身大剖 1:10

图 1-30 墙身大剖详图

（2）楼梯剖面

楼梯剖面除依据剖面图的相关规定外，与楼梯平面一样，一座楼房至少需绘三段剖面（中间层有几个不同平面就绘制几个），三段间用折断线连接。

楼梯剖面应标示定位轴线（楼梯间墙体）、标高（室内、室外、楼层、休息平台）、尺寸（梯段高度）、踏步阶数、详图索引等。

图 1-31 为图 1-27 中别墅之楼梯详图。

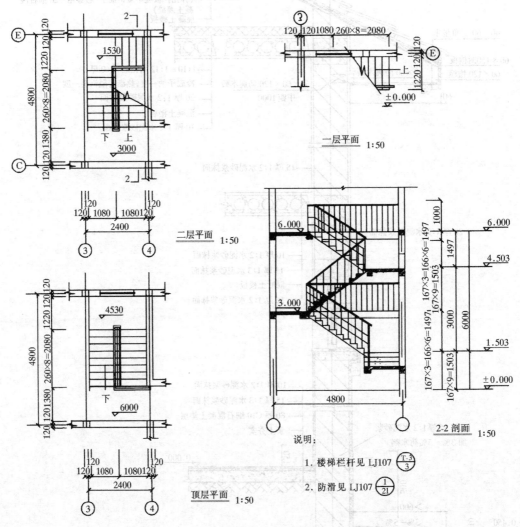

图 1-31　楼梯详图

3. 卫生间

卫生间通常需表达坐便器的选择方式，如是否有小便器，大便器采用蹲式的还是坐式的，小便器采用小便槽还是单独的小便器，有无台阶，地面的流水坡度，洗手池的选择，有无拖布池，地面、墙面是否需要特殊处理等。如建筑平面无法将上述情况表达清楚，就需单独绘制放大详图。

图 1-32 为图 1-27 中别墅二、三层（图 1-28）卫生间放大详图。

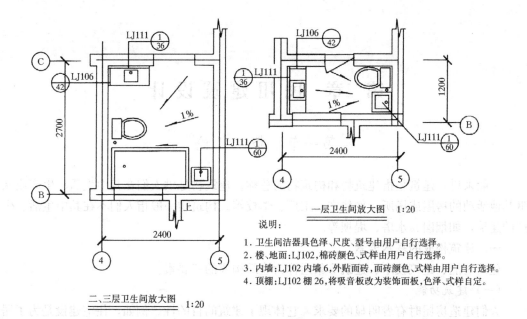

一层卫生间放大图　1:20

说明：

1. 卫生间洁器具色泽、尺度、型号由用户自行选择。
2. 楼、地面：LJ102，棉砖颜色、式样由用户自行选择。
3. 内墙：LJ102内墙6，外贴面砖，面砖颜色、式样由用户自行选择。
4. 顶棚：LJ102棚26，将吸音板改为装饰面板，色泽、式样自定。

二、三层卫生间放大图　1:20

图 1-32　卫生间详图

第二章 民用建筑设计

第一节 概 论

一般来讲，建筑是指建筑物和构筑物的总称。建筑物是供人们在其中生活、生产或从事其他活动的房屋或场所，如住宅、工厂、学校等。构筑物一般指人们不在其中生活、生产的建筑，如烟囱、水塔、堤坝等。

一、建筑构成的基本要素

建筑功能、建筑技术、建筑形象通称为建筑构成的三要素。

（一）建筑功能

人们建造房屋时有着明显的要求，它体现了建筑的目的性。例如，住宅建设是为了居住的需要，建设工厂是为了生产的需要，影剧院则是文化生活的需要。因此，满足人们对各类建筑不同的使用要求，即为建筑功能要求。但建筑功能要求随着人类社会的发展和人们物质文化水平的提高而有着不同的内容。

（二）建筑技术

建筑技术包括建筑结构、建筑材料、建筑设备和建筑施工等内容。材料和结构是建筑物的骨架，建筑设备是建筑物满足某种要求的技术条件，施工是保证建筑物实施的重要手段。随着科学技术的不断发展，各种新材料、新结构、新设备的不断出现和施工工艺的不断提高，新的建筑形式不断涌现，同时也满足了人们不同的功能要求。

（三）建筑形象

建筑形象是建筑物内外观感的具体体现，它包括建筑体形、立面形式、建筑色彩、材料质感等内容。良好的建筑形象给人们以艺术的感染力，如庄严雄伟、朴素大方、简洁明快、生动活泼等不同的感觉。建筑形象因功能要求以及社会、民族、地域的不同而不同，从而表现出绚丽多彩的建筑风格和建筑特色。

建筑功能、建筑技术、建筑形象三者是辩证统一不可分割的整体。一般情况下，建筑功能起着主导作用，它是房屋建造的目的；建筑技术是达到这一目的的手段，但同时又有制约和促进作用；而建筑形象则是建筑功能、建筑技术与建筑艺术的综合表现。总之，在一个优秀的建筑作品中，这三者是和谐统一的。

二、民用建筑的分类和分级

建筑物按照它的使用性质，通常可分为生产性建筑和非生产性建筑。工业建筑、农业建筑是生产性建筑，民用建筑是属于非生产性建筑的范畴。

（一）按民用建筑的使用功能分类

1. 居住建筑

主要是提供人们生活起居用的建筑物，如住宅、宿舍、公寓等。

2. 公共建筑

主要是指提供人们进行各种社会活动的建筑物，如行政办公建筑、文教建筑、托幼建筑、科研建筑、医疗建筑、商业建筑、观览建筑、体育建筑、旅馆建筑、交通建筑、通讯建筑、园林建筑、纪念性建筑等。

（二）按民用建筑的规模分类

1. 大量性建筑

指单体建筑规模不大，但兴建数量多、分布广的建筑，如住宅、学校、普通办公楼、商店、医院等。

2. 大型性建筑

指建筑规模大、耗资多、在一个地区有较大影响的建筑，如大型火车站、航空港、大型体育馆、大型展览馆、大会堂等。

（三）按民用建筑的层数分类

1. 住宅建筑

（1）低层住宅：1～3层。

（2）多层住宅：4～6层。

（3）中高层住宅：7～9层。

（4）高层住宅：≥10层。

2. 其他民用建筑

（1）单层建筑：建筑层数为1层的。

（2）多层建筑：指建筑高度不大于24m的非单层建筑，一般为2～6层。

（3）高层建筑：指建筑高度大于24m的非单层建筑。

（4）超高层建筑：指建筑高度大于100m的高层建筑。

（四）按建筑物的使用年限分级

建筑物的设计使用年限主要依据建筑物的重要性和规模来划分等级的，作为基本建设投资的依据，见表2-1。

设计使用年限分类 　　　　　　　　　　　　　　　　表2-1

类　别	设计使用年限（年）	示　例
1	5	临时性建筑
2	25	易于替换结构构件的建筑
3	50	普通建筑和构筑物
4	100	纪念性建筑和特别重要的建筑

（五）按建筑物的耐火程度分级

建筑物的耐火等级是根据构件的燃烧性能和耐火极限来确定的，共分为四级，各级建筑物构件的燃烧性能和耐火极限不应低于表2-2的规定。

建筑物构件的燃烧性能和耐火极限 h 　　　　　　　表2-2

构　件　名　称		耐　火　等　级			
		一级	二级	三级	四级
墙	防火墙	不燃烧体 3.00	不燃烧体 3.00	不燃烧体 3.00	不燃烧体 3.00

构件名称		耐火等级			
		一级	二级	三级	四级
墙	承重墙	不燃烧体 3.00	不燃烧体 2.50	不燃烧体 2.00	难燃烧体 0.50
	非承重外墙	不燃烧体 1.00	不燃烧体 1.00	不燃烧体 0.50	燃烧体
	楼梯间的墙、电梯井墙、住宅 单元之间的墙、住宅分户墙	不燃烧体 2.00	不燃烧体 2.00	不燃烧体 1.50	难燃烧体 0.50
	疏散走道两侧的隔墙	不燃烧体 1.00	不燃烧体 1.00	不燃烧体 0.50	难燃烧体 0.25
	房间隔墙	不燃烧体 0.75	不燃烧体 0.50	不燃烧体 0.50	难燃烧体 0.25
柱		不燃烧体 3.00	不燃烧体 2.50	不燃烧体 2.00	难燃烧体 0.50
梁		不燃烧体 2.00	不燃烧体 1.50	不燃烧体 1.00	难燃烧体 0.50
楼板		不燃烧体 1.50	不燃烧体 1.00	不燃烧体 0.50	燃烧体
屋顶承重构件		不燃烧体 1.50	不燃烧体 1.00	燃烧体	燃烧体
疏散楼梯		不燃烧体 1.50	不燃烧体 1.00	不燃烧体 0.50	燃烧体
吊顶（包括吊顶格栅）		不燃烧体 0.25	不燃烧体 0.25	不燃烧体 0.15	燃烧体

1. 构件的燃烧性能

按建筑构件在空气中遇火时的不同反应，将燃烧性能分为三类。

（1）非燃烧体。用非燃烧材料制成的构件，如砖、石、钢筋混凝土、金属等。

（2）难燃烧体。用难燃烧材料制成的构件，或用燃烧材料制成，而用非燃烧材料做保温层的构件，如水泥石棉板、板条抹灰等。

（3）燃烧体。用燃烧材料制成的构件，如木材、胶合板等。

2. 构件的耐火极限

对任一建筑构件，按时间—温度曲线进行耐火实验，从受到火的作用起，到失去支持能力，或完整性被破坏，或失去隔火作用为止的这段时间，称为耐火极限，用小时（h）表示。

三、建筑设计的内容和程序

（一）设计内容

建筑设计是建筑工程设计的一部分，建筑工程设计是指设计一个建筑物或一个建筑群体所要做的全部工作，它包括建筑设计、结构设计、设备设计等三个方面的主要内容。

1. 建筑设计

建筑设计在整个民用建筑工程设计中起着主导和"龙头"的作用，一般是由建筑师来完成。它主要是根据业主提供的设计任务书，在满足总体规划的前提下，对基地环境、建筑功能、结构施工、建筑设备、建筑经济和建筑美观等方面做全面的分析，并与有关专业进行协调，在此基础上提出建筑设计方案，再将这一方案逐步深化到指导施工的建筑设计施工图。

2. 结构设计

这是完成建筑工程的"骨架"，它包括选择结构方案、确定结构类型、进行结构计算和构件设计，最后，绘出结构施工图。它是由结构工程师来完成。

3. 设备设计

它包括给水排水、采暖通风、电气照明、通讯、燃气、动力、网络等专业的设计，确定其方案类型、设备选型和相应的智能化设计，并完成施工图设计。它是由各有关专业的工程师来完成。

以上几个专业的工作，构成了建筑工程设计的主要内容，是一个既有明确分工，又需密切配合的整体。

（二）设计程序

1. 设计前的准备工作

在进行建筑设计前，应结合设计任务书的要求认真地分析，调查研究，收集必要的设计基础资料，做到心中有数。

（1）熟悉设计任务书或可行性研究报告

它是由业主提供，作为建设单位的设计依据之一。它包括建设项目的用途、目的、规模；建筑项目总投资及土建、装修、设备、室外工程等投资分配；各类房间面积、装修标准；供水、供电、采暖空调、消防、通讯、电视、网络等方面的要求；建设基地的范围及周边环境；项目建设进度计划和设计期限等。

设计人员在了解设计任务书和可行性研究报告时，要对照国家有关规范规定、定额指标，校核有关内容，可根据情况向有关部门提出补充内容和修改建议。

（2）调查研究、搜集有关设计资料

通过查阅资料、参观、走访等形式，调查同类建筑在使用中出现的情况，通过分析和研究，总结经验，吸取教训；要进行现场踏勘，深入了解基地的周围环境以及当地传统的建筑形式、文化背景、风土人情等，作为建筑设计的参考和借鉴；了解当地建筑材料的特性、价格、规格和施工单位的技术力量、施工条件等；搜集有关国家、行业、地区对该类型建设项目的规范、条例、规定；全面了解该地区的气象、地形、地质、水文资料等。

2. 设计阶段的划分

建筑工程设计一般分为初步设计和施工图设计两个阶段，技术复杂的建设项目，可以按照初步设计、技术设计和施工图设计三个阶段进行。

（1）初步设计

设计人员根据设计任务书的要求，在掌握调查研究资料的基础上，综合考虑建筑功能、技术条件、建筑形象等因素，提出设计方案，并征得建设单位同意，然后报城建管理部门批准后，确定为实施方案。

初步设计一般包括设计说明书、设计图纸、主要设备材料表和工程概算四部分。

设计说明书的内容包括设计指导思想及主要依据；建筑结构方案特点及材料装修标准；主要技术经济指标和建筑设备等系统的说明。

设计图纸主要包括建筑总平面图、各层平面图、剖面图、立面图等。根据工程性质，必要时可绘制透视效果图或制作模型。

主要材料及设备表要写明主要材料和设备的名称、规格、数量及有关要求。

工程概算书主要是建筑物投资估算及单位消耗量。

对于有些做技术设计的工程，待初步设计批准后即可进行。它是初步设计阶段的深化和完善，也是各工种协调，最后定案的阶段。技术设计阶段的文件和图纸与初步设计阶段大致相同，但每一部分要求更具体、详细。对于有特殊要求的建筑物，各专业还要编制相应的专篇加以说明，如防火专篇、环保专篇、节能专篇等。

（2）施工图设计

施工图设计是建筑设计的最后阶段，是在有关主管部门审批同意后的初步设计（或技术设计）基础上进行的，是设计单位提交给建设单位的最终成果，是施工单位进行施工的依据。

施工图设计的内容包括建筑、结构、水电、采暖、空调通风、电视、网络、楼宇自控等工种的设计图纸以及相应的说明书和全部工程的预算书。

建筑设计施工图的全部内容包括详细的建筑说明、总平面图、各层平面图、剖面图、立面图、构造详图等。要求各种图纸全面具体、准确无误、满足施工要求。

除完成上述图纸外，建筑设计人员还需将有关声学、热工、视线要求、安全疏散等方面的计算书，作为技术文件归档，以备查用。

四、建筑设计的依据

（一）空间尺度的要求

建筑物是由许多类型不同的空间组成，每一个空间都有各自的使用目的，而达到这一目的每个空间都必须具有恰当的尺寸和适宜的空间尺度。

1. 人体尺度及人体活动的空间尺度

人体尺度及人体活动的空间尺度是房间平面和空间设计的主要依据之一。走廊的宽度、门洞的大小、楼梯的踏步、窗台的高度、家具设备的尺寸等，都是由人体尺度及人体活动所需要的空间尺度决定的。据有关资料表明，我国中等成年男子的平均身高为

1678mm，女子为 1570mm（图 2-1）。

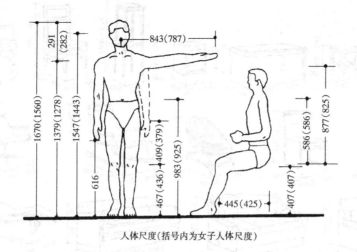

人体尺度(括号内为女子人体尺度)

人体活动所需要的空间尺度

图 2-1 人体尺度和人体活动所需要的空间尺度

2. 家具、设备要求的空间尺度

家具与设备是人们生活、工作的必需品。因此，在进行建筑空间设计时，既要考虑到家具、设备的尺寸，还要考虑到人们在使用家具和设备时，在它们周围必要的活动空间。常见家具与设备尺寸见图 2-2。

（二）自然条件的影响

建筑物处于自然界之中，自然条件对建筑设计有着很大的影响，进行建筑设计时，必须对自然条件有充分的了解，它包括以下几个方面。

1. 气象条件

图 2-2　常用家具与设备尺寸

气象条件包括建筑物所在地区的温度、湿度、日照、雨雪、风向等内容。例如，炎热地区的建筑物应考虑隔热、通风，建筑形式开敞空透；寒冷地区应保温防寒，建筑形式比较封闭。建筑日照是决定建筑物间距的主要因素；降雨量的大小决定着屋面形式和构造设计；风向是城市规划和总平面设计的重要依据。

表示某一地区风向频率的统计，通常用风向玫瑰图表示，它是用 16 个罗盘方位，根据某一地区多年平均统计各个方向吹风次数的平均日数的百分数，按比例绘制而成。玫瑰图上的风向是指从地区外吹向地区中心的。图 2-3 是我国部分城市的风向玫瑰图。

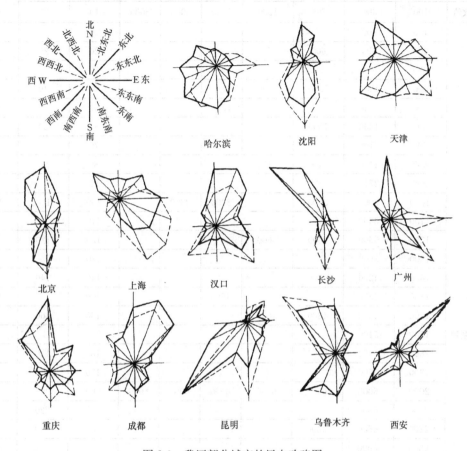

图 2-3　我国部分城市的风向玫瑰图

2. 地形、地质及地震烈度

建筑物基地地形的平缓和起伏、地质构成、土壤特性、地基承载力的大小等对建筑物的体形组合、构造处理、结构类型、基础做法都有着明显的影响。

地震烈度表示地面及房屋遭受地震破坏的程度。一次地震的发生，在不同的地区烈度的大小是不一样的，一般距离地震中心区越近，地震烈度越大，破坏也越大。地震烈度一般划分为 12 度。根据我国《建筑抗震设计规范》GBJ 11—89 中的规定，烈度在 6 度以下时，地震对建筑物影响较小，一般可不考虑抗震措施。9 度以上地区，地震破坏力较大，一般应尽量避免在该地区建造房屋。地震烈度在 6 度、7 度、8 度、9 度地区均需要进行抗震设计，具体某一地区地震烈度的大小，可参阅《中国地震烈度区规划图》。

3. 水文条件

水文条件是指地下水的性质和地下水位的高低。它直接影响到建筑物的基础和地下室，一般是根据地下水的性质，决定基础是否做防腐处理；根据地下水位的高低，决定基础及地下室的防潮与防水构造措施等。

常用模数系列（单位：mm）　　　　　　　　　　　　　　　表 2-3

模数名称	基本模数	扩大模数						分模数		
模数基数	1M	3M	6M	12M	15M	30M	60M	$\frac{1}{10}$M	$\frac{1}{5}$M	$\frac{1}{2}$M
基数数值	100	300	600	1200	1500	3000	6000	10	20	50
模数系列	100	300						10		
	200	600	600					20	20	
	300	900						30		
	400	1200	1200	1200				40	40	
	500	1500			1500			50		50
	600	1800	1800					60	60	
	700	2100						70		
	800	2400	2400	2400				80	80	
	900	2700						90		
	1000	3000	3000		3000	3000		100	100	100
	1100	3300						110		
	1200	3600	3600	3600				120	120	
	1300	3900						130		
	1400	4200	4200					140	140	
	1500	4500			4500			150		150
	1600	4800	4800	4800				160	160	
	1700	5100						170		
	1800	5400	5400					180	180	
	1900	5700						190		
	2000	6000	6000	6000	6000	6000	6000	200	200	200
	2100	6300						220		
	2200	6600	6600					240		
	2300	6900								250
	2400	7200	7200	7200				260		
	2500	7500			7500			280		
	2600		7800					300		300
	2700		8400	8400				320		
	2800		9000		9000	9000		340		
	2900		9600	9600						350
	3000				10500			360		
	3100			10800				380		
	3200			12000	12000	12000	12000	400		400
	3300				15000					
应用范围	主要用于建筑物层高、门窗洞口和构配件截面	1. 主要用于建筑物的开间、进深或跨度、层高、构配件截面尺寸和门窗洞口等处； 2. 扩大模数 30M 数列按 3000mm 进级，其幅度可增至 360 M；60M 数列按 6000mm 进级，其幅度可增至 360 M						1. 主要用于缝隙、构造节点和构配件截面等处； 2. 分模数 $\frac{1}{2}$ M 数列按 50 mm 进级，其幅度可增至 10 M		

（三）建筑模数与模数制

建筑模数和模数制是建筑设计人员必须掌握的一个基本概念。它的意义与目的是，使不同的材料、不同形式和不同制造方法的建筑构配件符合模数，并具有较大的通用性和互换性，达到实现工业化建筑制品、建筑构配件大规模生产和加快建设速度、提高施工效率、节省投资的目的。

在我国现行的《建筑模数协调统一标准》GBJ 2—86 中规定：我国采用基本模数的数值为 100mm，其符号为 M，即 1M 等于 100mm。整个建筑物的各部分以及建筑组合件的模数化尺寸，应是基本模数的倍数，见表 2-3。

除此之外，由国家有关部门颁发的建筑设计规范是建筑设计人员必须遵守的通则和依据，如《民用建筑设计通则》JGJ 37—87、《中小学校建筑设计规范》GBJ 99—86、《住宅建筑设计规范》GBJ 96—86、《高层民用建筑防火设计规范》GBJ 45—95 等。

第二节　建筑平面设计

建筑平面设计要解决建筑物中各个房间平面设计和房间之间的组合设计等问题。

进行平面设计时，根据功能的要求，确定房间合理的面积、形状以及门窗的设置；满足采光、通风以及特殊的要求；妥善处理各种房间之间的关系，做到平面组合合理、功能分区明确。

由于民用建筑类型繁多，建筑物中各个房间的设计与要求也不相同，但从平面的使用性质分析，可归纳为主要使用房间、辅助使用房间和交通联系房间。

主要使用房间是建筑物的主要组成部分，如学校中的教室、实验室，住宅中的起居室、卧室，商店中的营业厅，体育馆中的比赛大厅等。

辅助使用房间是为了主要使用房间的使用要求而设置的，与主要使用房间相比，属于建筑物的次要部分，如住宅中的卫生间、厨房，公共建筑中的厕所、储藏室、设备用房等。

交通联系房间是建筑物各房间之间、楼层之间、室内外之间联系的空间，如建筑物中的走廊、楼梯、电梯、门厅等。

图 2-4 是某中学教学楼平面。各类教室、实验室、办公室是主要使用房间，厕所、仓库是辅助使用房间，走廊、门厅、楼梯是交通联系房间。通过各类房间合理的设计和组合，形成了一个完整的平面设计。

一、主要使用房间平面设计

（一）房间的面积、形状和尺寸

由于房间使用功能的千差万别，对房间的面积、形状和尺寸也有不同的使用要求。因此，设计适宜的房间面积、选择合理的平面形状、确定恰当的比例尺寸是房间平面设计中要解决的首要问题。

1. 房间的面积

决定房间面积的因素有三个方面：一是房间人数及人们使用所需面积；二是房间内家具、设备所占面积；三是交通面积（图 2-5）。

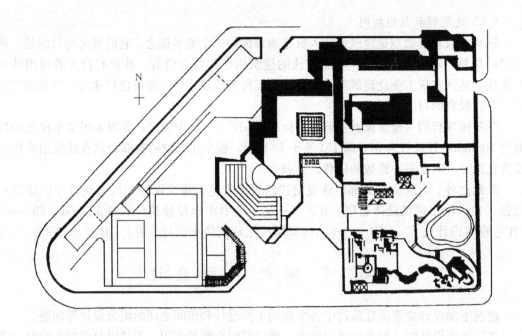

图 2-4　某中学总平面图

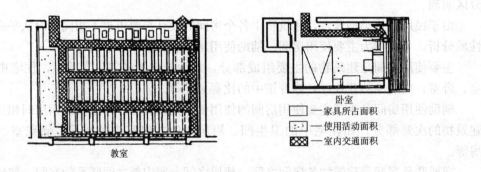

卧室

☐——家具所占面积
⸽——使用活动面积
▨——室内交通面积

教室

图 2-5　房间的面积分析

（1）房间人数的确定

确定房间人数要根据房间的使用功能和相应的建筑标准。房间的人数决定着室内家具与设备的多少，决定着交通面积的大小。如设计一个教室，首先必须知道教室的规模，即教室容纳的人数，我国有关规范中做了规定，小学的普通教室每班 45 人，中学的普通教室每班 50 人，以此人数确定课桌椅的数量。又如设计观众厅的面积，通常也是根据它所容纳的人数，小型观众厅 300～800 座，中型 801～1200 座，大型 1201～1600 座，特大型 1600 座以上。

在设计工作中，房间人数及相应面积的确定，还要根据国家有关规范规定的面积定额指标，结合工程实际情况进行设计，表 2-4 是部分民用建筑房间面积的定额参考指标。

在具体工作中遇到一些因活动人数不固定，家具设备布置灵活性较大的房间，如商店、展览馆等，就需要设计人员从实际出发，对有些类似的建筑进行调查，分析总结出合适的房间面积规模。

44

项 目 建筑类型	房间名称	面积定额（m²/人）	备 注
中小学	普通教室	1～1.2	小学取下限
办公楼	一般办公室	3.5	不包括走廊
办公楼	会议室	0.5	无会议桌
办公楼	会议室	2.3	有会议桌
铁路旅客站	普通候车室	1.1～1.3	
图书馆	普通阅览室	1.8～2.5	4～6座双面阅览桌

（2）家具设备及人们使用活动面积

为了满足人们对房间的使用要求，要对家具设备进行合理的布置，如教室中的课桌椅、讲台布置，卧室中的床、衣橱布置，卫生间中的洗面盆、浴盆、大便器布置等。与此同时，还要考虑人们使用这些家具设备时所需要的活动面积。图 2-6 是教室课桌椅的几种布置形式和人的活动面积。图 2-7 是起居室内沙发组成会客区域所需要的房间面积。图 2-8是人在卧室使用衣橱时所需要的活动区域面积。

（3）房间的交通面积

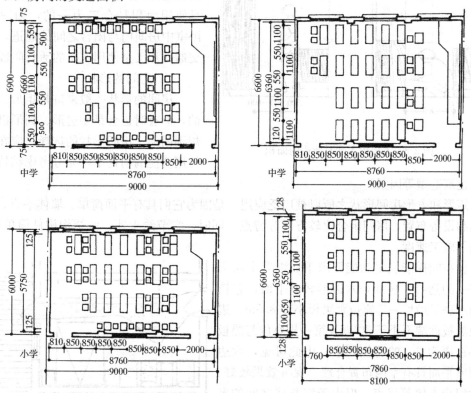

图 2-6 教室课桌椅的布置

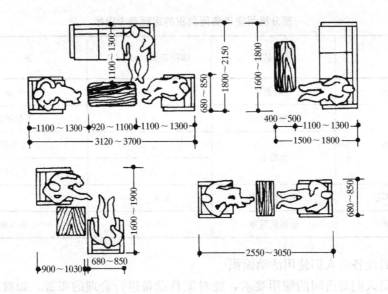

图 2-7 沙发布置所需面积

房间内的交通面积是指连接各个使用区域的面积，如教室中的第一排课桌椅距讲台的距离 2000mm；课桌行与行之间的距离，小学 500～550 mm，中学 550～600 mm；最后一排距后墙距离大于 600 mm 等均为教室的交通面积。但有的房间交通面积和家具使用面积是合二为一的，如图 2-9，卧室中房间门与阳台之间的通道，既是交通面积又是使用衣橱的活动区域。

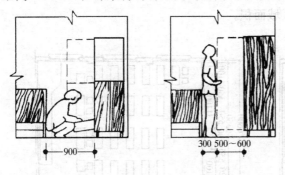

图 2-8　人使用衣橱时所需的面积

2. 房间的形状

房间的形状一般来讲是矩形、方形的，但有时也会是多边形、圆形以及不规则图形。房间形状的选择，应在满足使用功能的前提下，充分考虑结构、施工、建筑造型等因素。

矩形和方形房间形状之所以被广泛应用，是因为它们具有平面简单、墙体平直、便于家具和设备布置，房间组合比较方便等特点。同时，它节约土地，使结构构件简单统一，加快了施工速度。

但在同样能满足功能要求下，矩形平面不是惟一的选择。例如，六边形教室平面，它较好的解决了最后一排座位距黑板小于 8.5m、边桌距黑板远端不小于 30°以及第一排座位与黑板最小距离为 2m 的功能要求。由此可见，六边形教室平面具有室内布置合理、视听效果较好、平面组合方便等优点，但由于墙与墙之间的夹角不是直角，使构件不能完全统一，施工比较

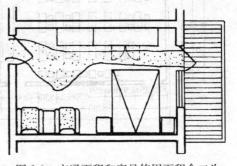

图 2-9　交通面积和家具使用面积合二为一

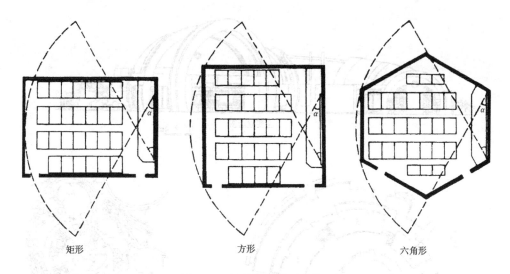

图 2-10　几种教室平面形状

矩形　　　　　　　　　　方形　　　　　　　　　　六角形

麻烦。图 2-10 是在满足视听条件下的几种教室平面形状。

对于一些同样形状的房间平面，往往在功能上有特殊要求，如影剧院平面形状常为钟形、扇形和六角形。这些平面都有各自的特点，如钟形平面加强对后排声音的反射；扇形平面使声音均匀的分散到大厅的各个区域；六角形平面增加了视听良好区域的面积（图 2-11）。又如圆形的杂技场满足动物和杂技演员跑弧线的需要，同时具有良好的视线条件；圆形体育场则满足观众多，易于疏散的要求。

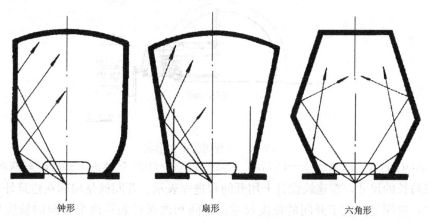

钟形　　　　　　　　　　扇形　　　　　　　　　　六角形

图 2-11　观众厅的平面形状

另外，一些建筑采取不规则的平面形状，其立意往往是结合环境，形成丰富的空间效果，如图 2-12。

应当指出的是，在设计过程中，那些不顾使用功能、周围环境、结构形式等因素，片面追求形式的标新立异的作法是不可取的。房间的形状应满足适用、合理、经济、美观的要求。

3. 房间的尺寸

确定房间尺寸是使房间设计的内容进一步量化，对于民用建筑常用的矩形平面来讲就

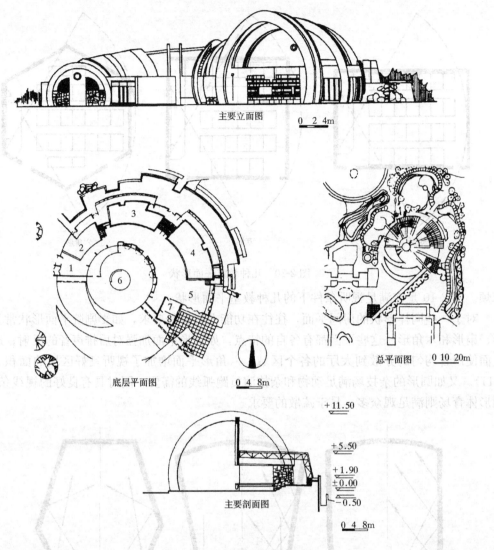

主要立面图 0 2 4m

底层平面图 0 4 8m

总平面图 0 10 20m

主要剖面图 0 4 8m

+11.50

+5.50

+1.90

±0.00

-0.50

图 2-12　不规则的平面形状

1—出口门厅；2—母子猫舍；3—青年猫舍；4—成年猫舍；5—门厅；6—水池；7—值班；8—售票

是确定宽与长的尺寸，在建筑设计上用开间和进深表示。开间就是房间在建筑外立面上所占的宽度，进深是垂直于开间的深度尺寸。开间和进深是表示两个方向的轴线尺寸。以240mm 厚砖墙为例，开间、进深的轴线一般设在墙厚方向中心线位置上，此时开间、进深的尺寸是房间的净尺寸加上墙的厚度（图 2-13）。

　　在实际工程中，开间、进深尺寸的确定要考虑到柱的位置、墙体的厚度以及上下层墙体厚度变化和结构、施工等因素。这些都需在工程实践中逐步加以掌握。

　　下面以卧室、病房和教室为例说明确定房间尺寸的方法。

　　作为住宅的主卧室，一般情况下是设一个双人床，但为了增加它的适应性，确定房间尺寸时按设置一个双人床和一个单人床来考虑。首先确定开间尺寸，如果床是顺着开间方向布置，那么开间尺寸最小则为床的长度加上一扇门的宽度，另外再加上结构厚度，开间尺寸最不得小于 3.3m。进深方向如将大小床横竖布置，两床之间设有床头柜，再加上

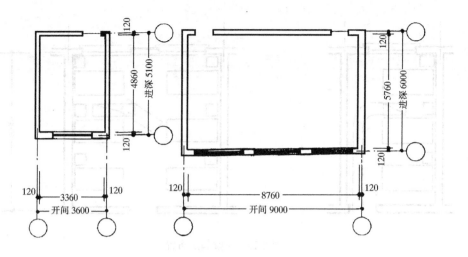

图 2-13 居室、教室开间、进深举例

结构厚度，那么进深方向的最小尺寸不得小于 4.2m（图 2-14）。

次要卧室按布置一个单人床和写字台考虑即可。

从家具布置方式我们可以得到次要卧室开间与进深的最小尺寸。

住宅设计中卧室的常见尺寸为：

主卧室开间：3.3m、3.6m、3.9m，进深：4.2m、4.5m、4.8m、5.1m 等。

次卧室开间：2.7m、3.0m，进深：3.3m、3.6m、3.9m、4.2 m 等。

对于病房的设计，我国有关规范中规定，病床的排列应平行于采光窗墙面。单排一般不超过 3 床，双排一般不超过 6 床，特殊情况下不得超过 8 床。平行两床的净距不小于 0.8m，靠墙病床床沿与墙面的净距不小于 1.10m。双排病床（床端），通道净宽不应小于 1.40m，病房门应直接开向走道，不应通过其他用房进入病房，病房门净宽不得小于 1.10m。根据这些要求，3 人病床的开间与进深最小尺寸为 3600mm×6000mm，6 人病床的一般开间与进深尺寸为 5700mm×6000mm，其布置方法如图 2-15 所示。

教室的开间、进深尺寸是根据课桌椅的布置方式以及室内满足通行和视听的需要来确定的。常见的中小学教室的开间为 9.0m（3 个 3.0m 开间组合）、9.3m（2 个 3.0m 开间和 1 个 3.3m 开间组合），进深方向为 6.0m、6.3m、6.6m。

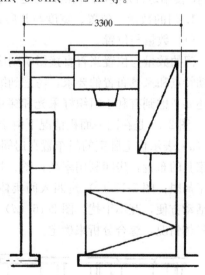

图 2-14　主卧室的平面布置

确定房间的尺寸还要满足采光、通风等要求。特别是单侧采光的房间，如房间进深过大，会使远离采光面一侧，出现照度不够的情况，这个问题要结合房间层高和开窗高度一起考虑。

结构布置的合理性和符合建筑统一模数制的要求，也是确定房间尺寸的依据之一。目

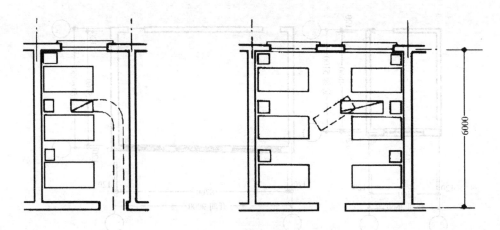

图 2-15　医院病房布置

前常采用的墙承重体系和框架结构体系中板的经济跨度在 4m 左右，钢筋混凝土梁经济跨度在 9m 左右。因此在设计过程中要考虑到梁板布置，尽量统一开间尺寸，减少构件类型，使结构布置经济合理，符合建筑模数提高建筑的工业化水平。

（二）房间的门窗设置

门的主要作用是供人出入和联系不同使用空间，有时也兼采光和通风。窗的主要功能是采光和通风，有时也要根据立面的需要决定它的位置与形式。因此，一个房间平面设计考虑是否周到，使用是否方便，门窗的设置是一个重要的因素，要进行综合的考虑，反复推敲。

1. 门的数量、位置、宽度与开启方式

（1）数量与位置

门的数量与位置当否直接影响到房间的使用功能。确定门的位置时要考虑到室内人流活动特点和家具布置的要求，考虑到缩短交通路线，争取室内有较完整的空间和墙面，同时还要考虑到有利于组织好采光和穿堂风。

图 2-16 是在同一面积情况下由于房间门的位置不同，出现了不同的使用效果。图 2-16（a）表示住宅卧室的门布置在房间一角，使房间有比较完整的使用空间和墙面，有利于家具的布置，房间利用率高；图 2-16（b）表示门布置在房间墙中间，使家具的布置受到了局限；图 2-16（c）是四人间集体宿舍，将门布置在墙的中间，有利于床位的摆设，且活动方便，互不干扰；图 2-16（d）布置干扰大，使用不便。所以，门的合理布置要根据具体情况，综合分析来确定。

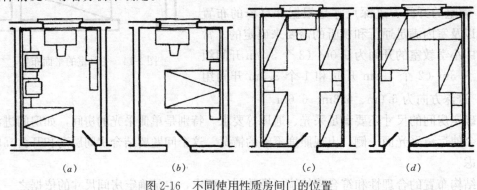

| (a) | (b) | (c) | (d) |

图 2-16　不同使用性质房间门的位置

当一个房间有两个或两个以上门时，门与门之间的交通联系必然给房间的使用带来影响，这时既要考虑缩短交通路线，又要考虑家具布置灵活。图12-17是套间门的位置设置比较，其中，图2-17（a）、（c）房间内的穿行面积过大，影响房间家具摆设和使用，图2-17（b）、（d）房间内交通面积较短，家具设置灵活。

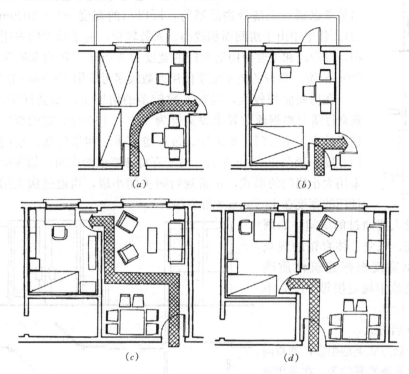

图 2-17 套间门的位置比较

当房间人数较多时，门的设计除了要满足数量的要求以外，还要强调门均匀布置。图 2-18 是影剧院观众厅疏散门和实验室门的布置示意。

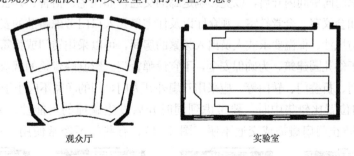

观众厅　　　　　　　　　　　实验室

图 2-18 观众厅疏散门和实验室门的布置示意

防火规范中规定，当一个房间面积超过 $60m^2$，且人数超过 50 人时，门的数量要有 2 个，并分设在房间两端，以利于疏散。位于走道尽端的房间（托儿所、幼儿园除外）内由最远一点到房间门口的直线距离不超过 14m，且人数不超过 80 人时，可设一个向外开启的门，但门的净宽不应小于 1.4m。

剧院、电影院、礼堂的观众厅安全出口的数目均不应小于 2 个，且每个安全出口的平均疏散人数不应超过 250 人。

（2）宽度

门的宽度一般是由人流多少和搬运家具设备时所需要的宽度来确定。单股人流通行最小宽度一般根据人体尺寸定为550~600mm，所以门的最小宽度为600~700mm，如住宅中的卫生间门等。大多数房间的门是考虑到一人携带物品通行，所以门的宽度900~1000mm（图2-19）。住宅中由于房间面积较小、人数较少，为了减少门占用的使用面积，分户门和主要使用房间门的宽度为900mm，阳台和厨房的门可用800mm宽，学校的教室由于使用人数较多可采用1000mm宽度的门。

图 2-19　住宅门的宽度

在房间面积较大，通行人数较多的情况下，如会议室、大教室、观众厅等可根据疏散要求设宽度为1200~1800mm宽的双扇门。作为建筑的主要出入门，如大厅、过厅也有采用四扇门或多扇门的，一扇门宽度一般在900mm左右。对于有特殊要求的房间，如医院的病房可采用大小扇门的形式，正常通行时关闭小扇，当通过病人用车时，保证门的宽度在1300mm（图2-20）。

有大量人流通过的房间，如剧院、电影院、礼堂、体育馆的观众厅，门的总宽度根据建筑性质确定，国家规范中规定按每100人不小于0.6m计算。

（3）开启方式

门的开启方式类型很多，如双向自由门以及普通平开门等，在民用建筑中用得最普遍的是平开门。平开门分外开和内开两种，对于人数较少的

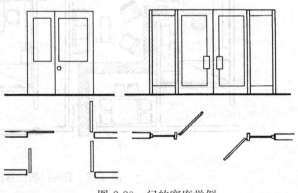

图 2-20　门的宽度举例

房间，一般要求门向房间内开启，以免影响走廊的交通，如住宅、宿舍、办公室等门使用人数较多的房间，如会议室、合堂教室、观众厅以及住宅单元入口门考虑疏散的安全，门应开向疏散方向。对有防风沙、保温要求或人员出入频繁的房间，可以采用转门或弹簧门。我国有关规范还规定，对于幼儿园建筑，为确保安全，不宜设弹簧门。影剧院建筑的观众厅疏散门严禁用推拉门、卷帘门、折叠门、转门等，应采用双扇外开大门，门的净宽不应小于1.4m。

当房间门位置比较集中时，要考虑到同时开启发生碰撞的可能性，要协调好几个门的开启方向，防止门扇碰撞或交通不便（图2-21）。有些门不经常使用，在开启时有遮挡

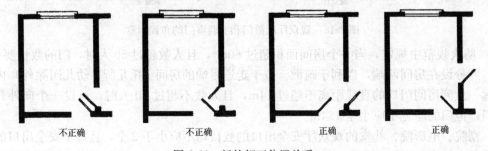

不正确　　　　　不正确　　　　　正确　　　　　正确

图 2-21　门的相互位置关系

是允许的（图 2-22）。

2. 房间采光和通风要求

（1）采光

民用建筑一般情况下应具有良好的天然采光，采光效果主要取决于窗的大小和位置。

由于房间使用性质不同，对采光要求也不同，通常用窗地面积比来衡量采光的效果。窗地面积比是指窗洞口面积与房间地板面积之比，不同使用性质的房间采光面积比在规范中已有规定（表 2-5）。

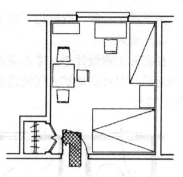

图 2-22　不经常使用的门可以遮挡

房间的窗地比和采光系数最低值　　　　　　　　　　　　　表 2-5

建筑类型	房间名称	采光等级	采光系数最低值（%）	窗地比
住宅	卧室、起居室（厅）、书房	IV	1	1/7
学校	教室、阶梯教室、实验室、报告厅	III	2	1/5
办公楼	设计室、绘图室	II	3	1/3.5
	办公室、会议室、视屏工作室	III	2	1/5
医院	诊室、药房、治疗室、化验室	III	2	1/5
	候诊室、挂号处、病房、医护办公室	IV	1	1/7
图书馆	阅览室、开架书库	III	2	1/5
	目录室、陈列室	IV	1	1/7

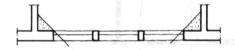

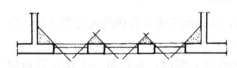

图 2-23　教室的采光

在具体设计工作中，除了要满足上述要求外，还要结合具体情况来确定窗的面积，如南方炎热地区，要考虑到通风要求，窗口面积可适当扩大；寒冷地区从建筑节能的角度分析，为防止冬季室内热量从窗口散失过多，不宜开大窗。此外，窗的位置、室外遮挡情况以及建筑立面要求等都对开窗大小有直接的影响。

窗的位置要使房间进入的光线均匀和内部家具布置方便。学校中的教室采光窗应位于学生的左侧，窗间墙的宽度不应大于 1200mm，以保证室内光线均匀。黑板处窗间墙要大于 1000mm，避免黑板上产生眩光（图 2-23）。

一般情况下，房间窗的位置居中是比较适宜的，但对有的房间要考虑到室内使用性质，有时将窗户偏于一侧，反而使室内布置更方便实用。图 2-24 是住宅中小卧室窗的布

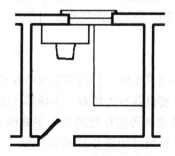

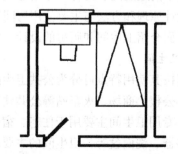

图 2-24　小卧室窗的布置

置，窗子偏于一侧，既避免了床上有过强光线，又改善了书桌的采光条件。

(2) 通风

在实际工程设计中，考虑采光的同时也要考虑到窗对房间的通风作用，组织好室内良好的通风，尽可能地扩大气流通过室内的主要活动区域，一般是将门窗位置统一进行设计（图 2-25）。

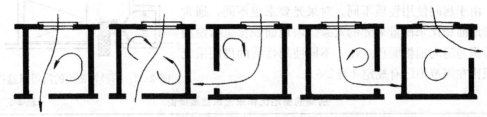

图 2-25　房间的通风示意图

为了不影响房间的家具布置和使用，经常借助于高窗来解决室内通风问题。图 2-26 是学校教室的通风示意图。当不设高窗时，教室内局部区域通风不好，形成空气涡流现

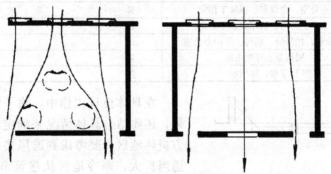

图 2-26　教室利用高窗通风

象。在走廊一侧设高窗通风，使室内各处空气通畅，这一点在南方炎热地区尤为重要。高窗一般在人的视线之上，教室高窗距地面在 2m 左右。

窗户设计对室内的采光、通风都起着决定性的作用，同时，它还是一个建筑装饰构件。建筑造型、风格往往也要通过窗户的位置和形式加以体现，所以在进行窗户设计时，既要充分考虑到它的实用性，还要重视它的美观性。

二、辅助使用房间平面设计

建筑物的使用性质不同，辅助房间的内容和形式也不同，如学校中的公共卫生间、贮藏室，住宅中的卫生间、厨房，旅馆建筑中的公共盥洗室、浴室都属于辅助房间。这类房间的平面设计原理和方法与主要使用房间基本相同，但因它的特殊使用性质，还有些具体的要求。下面介绍卫生间和厨房的设计。

（一）卫生间

卫生间按其使用特点可分为公共卫生间和专用卫生间。公共卫生间亦称厕所，主要用于学校、办公楼、商场、火车站等公共建筑，主要设备有大便器、小便器（池）、洗面盆、污水池等。专用卫生间主要用于住宅、宿舍、敬老院等居住建筑中，主要设备有大便器、浴盆、淋浴器、洗面盆等。卫生间的主要设备规格尺寸如图 2-27 所示。

在了解卫生间各种设备规格尺寸的基础上还需掌握人们使用时所需的基本尺度，从

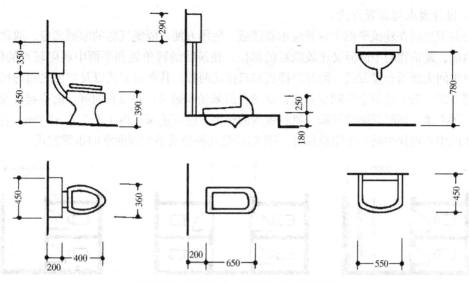

图 2-27 卫生间的主要设备其规格尺寸

而确定卫生间的面积。

1. 设备的选择与数量

公共卫生间内的卫生设备数量参考表　　　　　　　　　　表 2-6

建筑类型	男大便器（人/个）	男小便器（人/个）	女大便器（人/个）	洗面或盆龙头（人/个）	男女比例	备注
中小学	40	40	25	100	1：1	小学数量应稍多
办公楼	40	30	20	40	3：1～5：1	
影剧院	75	35	50	140	2：1	
火车站	80	80	50	150	2：1	
门诊部	100	50	50	150	1：1	
托幼	5～10		5～10	2～5	1：1	

注：一个小便器折合 0.6m 长小便槽。

大便器有蹲式和坐式两种，可根据建筑标准和使用习惯选用。使用人数较多的建筑，如车站、学校、医院、办公楼等，多选用蹲式大便器，它使用方便、便于清洁。标准较高，使用人数少，如宾馆、住宅、敬老院卫生间则宜采用坐式大便器。在公共建筑中考虑到残疾人的需要也应设坐式大便器。

小便器有小便斗和小便槽两种。应根据人数、对象以及建筑的标准选用小便器，如中小学校由于人数较多，使用时间比较集中，宜选用小便槽，而办公建筑则可选小便斗。污水池通常是为打扫清洁卫生而设，它和洗面盆一般设在卫生间的前室。

公共卫生间内的卫生设备数量可参考表 2-6 进行设置。

根据人体活动所需空间的需要，单独设置一个大便器的卫生间最小使用面积为 900mm×1200mm，内开门时则需 900mm×1400mm（图 2-28）。

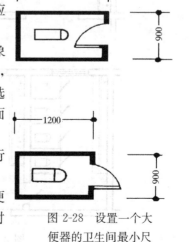

图 2-28　设置一个大便器的卫生间最小尺

2. 设计要求与布置方式

公共卫生间在建筑平面中位置应本着隐蔽、使用方便、隔绝气味的原则确定。通常设在走道两端、建筑物的中部但又比较隐蔽的部位、建筑物的转角处和平面中朝向较差的位置。公共卫生间大便器布置方式一般有单排式和双排式两种，其布置方式以及它们之间的尺寸要求如图 2-29。公共建筑卫生间应具有良好的自然采光和通风，并设有前室。前室起着安设洗面盆、污水池，同时起隔绝气味、遮挡视线的作用。前室进深不得小于 1.5~2.0m，它是这类卫生间中不可缺少的一个组成部分。图 2-30 是几种公共卫生间前室的布置方式。

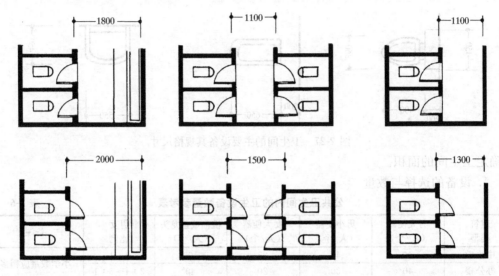

图 2-29　公共卫生间大便器的布置

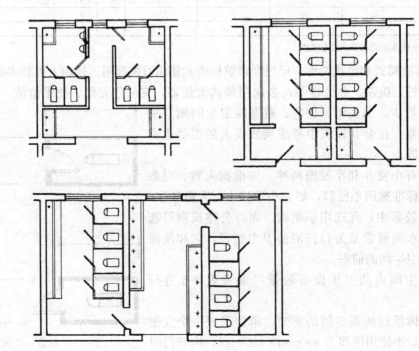

图 2-30　公共卫生间前室的布置方式

56

住宅中的卫生间可以间接采光或人工照明，但需设通风设施。卫生间可与厨房毗邻，以节约管道，不宜设在卧室、起居室和厨房的上层。如必须设置时，其下水管道及存水弯不得在室内外露，并应用可靠的防水、消声和便于检修的措施。卫生间的布置方式如图2-31所示。

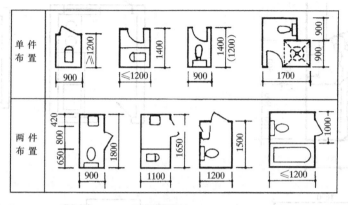

平面布置

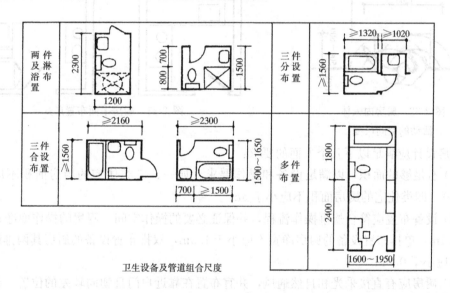

卫生设备及管道组合尺度

图 2-31　住宅卫生间的布置方式

各种类型的卫生间均要严密防水、防渗漏，并选择不吸水、不吸污、耐腐蚀、易于清洗防滑的墙面和地面材料。室内标高要略低于走道标高，并应有不小于0.5%的坡道坡向地漏。

（二）厨房

这里是指住宅、公寓内每户的专用厨房。厨房主要供烹调之用，面积较大的厨房可兼作餐室。随着住宅标准和人们生活水平的不断提高，对厨房的设计要求也不断赋予新的内容。

厨房内主要设备有灶台、洗涤池、案台、固定式碗橱（或搁板、壁柜）、冰箱及排烟装置。

厨房在平面组合上尽量靠外墙布置，通常布置在次要朝向，要求有天然采光和自然通风条件。其家具布置与设计要符合操作流程和使用特点，各种设备的设置与高度应符合加工操作的流线需要，符合人体活动的空间尺度（图2-32）。

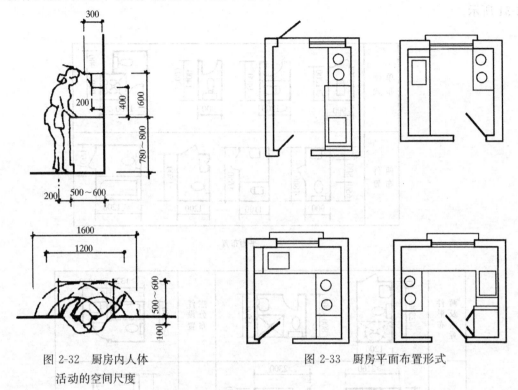

图 2-32　厨房内人体
活动的空间尺度

图 2-33　厨房平面布置形式

厨房设计应满足以下几个方面的要求：

（1）有足够的面积，以满足设备和操作要求。如一、二类住宅的厨房面积不应小于4m²，三、四类住宅的厨房面积不应小于5m²。

（2）设备布置应符合炊事操作流程，并保证必要的操作空间。厨房的操作面净长不应小于2.1m，单排布置设备的厨房净宽不应小于1.5m，双排布置设备的厨房其两排设备的净距不应小于0.9m。

（3）厨房应有直接采光和自然通风，并宜布置在靠近户门且朝向较差的位置。厨房的窗地比不应小于1/7，通风开口面积不应小于房间地面面积的1/10，并不得小于0.60m²。

厨房平面布置形式一般有单排、双排、「形、U形几种。单排布置的长度在1800mm左右；双排则将水池、炉灶和操作台布置在两侧，此种形式常用于厨房外设服务阳台的情况；「形和U形布置操作较方便，平面利用率高（图2-33）。

三、交通联系部分平面设计

建筑物的各使用房间之间以及与室外的联系在水平和垂直方向是通过走道、楼梯、电梯、门厅等来实现的，因此将走道、楼梯、电梯、门厅等称为建筑物的交通联系部分。

（一）走道

走道也称走廊，是水平交通空间，起着水平联系各个房间及满足其他功能的作用。走道按使用性质不同又分为交通型和综合型两种类型。

交通型是指走道完全是为交通而设置的，这类走道内一般不再兼有其他的使用要求。如办公楼、旅馆等建筑的走道。

综合型走道是在满足正常的交通情况下，根据建筑的性质，在走道内安排其他的使用功能，如学校建筑的走道，要考虑到学生课间休息活动；医院门诊部走道要考虑到两侧或一侧兼作候诊之用（图2-34）；展览馆的展廊则应考虑布置陈列橱窗、展柜，满足边走边看的要求。

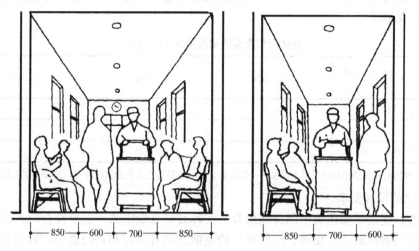

图 2-34　医院门诊部走道的宽度

在平面设计中走道的设计，要重点考虑走道宽度、长度、采光等问题。

1. 宽度设计要求

走道宽度要根据人流通行、走道的性质、安全疏散和空间感受等因素综合考虑。

走道宽度，一般根据人体尺度及人体活动所需空间尺寸确定，单股人流走道宽度净尺寸为900mm，两股人流宽在1100～1200mm，三股人流宽1500～1800mm。对于考虑有车辆通行和走道内有固定设备，以及房间门向走道一侧开启的情况，走道视具体情况加宽（图2-35）。一般民用建筑的走道宽度，有关规范中作了规定，如中小学校教学楼走道的净

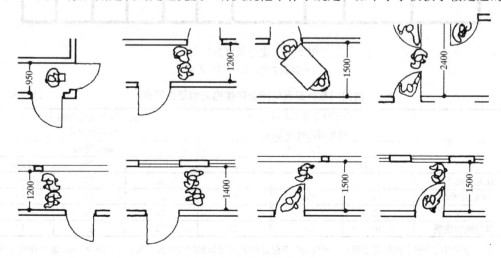

图 2-35　走道宽度的确定

宽度，当两侧布置房间时，不应小于 2100mm，当一侧布置房间时不应小于 1800mm；行政及教职工办公用房不应小于 1500mm；办公楼当走道长度小于 40m 单侧布置房间时，走道净宽不应小于 1300mm，双侧布置房间时不应小于 1400mm，当长度大于 40m 时，单侧布置房间走道净宽不应小于 1500mm，双侧布置房间不应小于 1800mm；医院建筑需利用走道单侧候诊时，走道净宽不应小于 2100mm，两侧候诊时，净宽不应小于 3000mm。

走道的宽度除满足上述要求外，从安全疏散的角度，防火规范还对走道的宽度作了明确的规定，见表 2-7。

楼梯门和走道的宽度指标（m/百人）　　　　表 2-7

耐火等级 层　数	一、二级	三级	四级
1、2 层	0.65	0.75	1.00
3 层	0.75	1.00	—
4 层	1.00	1.25	—

注：底层外门的总宽度应按该层以上最多的一层人数计算，不供楼上人员疏散的外门，可按本层人数计。

2. 长度的设计要求

走道的长度是根据建筑平面房间组合的实际需要来确定的，它要符合防火疏散的安全要求。房间门到疏散口（楼梯、门厅等）的疏散方向有单向和双向之分，双向疏散的走道称为普通走道，单向疏散的走道称为袋形走道（图 2-36）。这两种走道的长度根据建筑物的性质和耐火等级，规范中作了规定，见表 2-8。

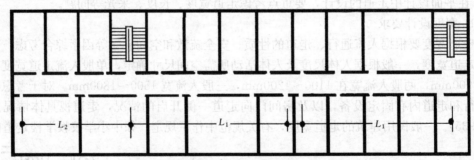

图 2-36　走道长度的控制
L_1—普通走道；L_2—袋形走道

房间门至外部出口或封闭楼梯间的最大距离　　　　表 2-8

名　称	位于两个外部出口或 楼梯间之间的房间 耐火等级			位于袋形走道两侧或 尽端的房间 耐火等级		
	一、二级	三级	四级	一、二级	三级	四级
托儿所幼儿园	25	20	—	20	15	—
医院疗养院	35	30	—	20	15	—
学校	35	30	25	22	20	—
其他民用建筑	40	35	25	22	20	15

注：如房间位于两个楼梯间之间时，房间的门至最近的非封闭楼梯间的距离应按表 2-6 减少 5m；如房间位于袋形走道两侧或尽端时，应按表 2-8 减少 2m。

表 2-8 既对走道长度作了规定，也是确定出入口和楼梯位置、数量的依据之一。

3. 采光的设计要求

为了使用安全、方便和减少走道的空间封闭感，一般走道应有直接的天然采光，采光面积比以不低于 1/10 为宜。

对于两侧布置房间的走道，常用的采光方式有：走道尽端开窗直接采光；利用门厅、过厅、开敞式楼梯间直接采光；在办公楼、学校建筑中常利用房间两侧高窗或门亮间接采光；在医院建筑中常利用开敞的候诊室和利用隔断分隔的护士站直接或间接采光（图 2-37）。

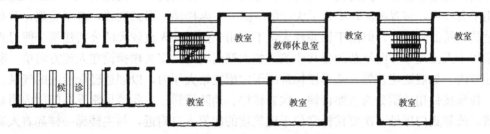

图 2-37 改善走道采光通风措施示意

（二）楼梯

楼梯是建筑中使用最普遍的垂直交通设施，它起着联系上下层空间和供人流疏散的作用，在设计过程中要妥善解决好楼梯的形式、位置、数量以及楼梯宽度、坡度等问题。

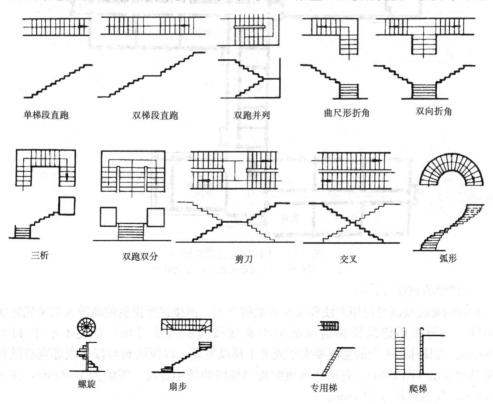

图 2-38 楼梯的常见形式

1. 楼梯的形式与位置

楼梯的常见形式有直跑楼梯、双跑楼梯和三跑楼梯，另外在一些有特殊要求的建筑与位置设置剪刀式楼梯、交叉式楼梯、圆形或弧形楼梯等（图 2-38）。

直跑楼梯上下方便，结构简单，常用于层高较低的建筑，同时也用于一些大型公共建筑，如体育馆、火车站、大会堂等，以满足人流疏散的要求和强调建筑物的庄重性，此时直跑楼梯的中部需加一段或几段平台。

双跑楼梯的常见形式是平行双跑式和 L 形双跑式，前者是民用建筑中最常采用的一种形式，通常布置在单独的楼梯间内，占地面积小，流线简洁，使用方便；L 形双跑楼梯常用于大厅内，布置灵活，丰富了大厅的空间。三跑楼梯，形式别致，造型美观，常布置在公共建筑的门厅内，但由于梯井较大，不宜用于高层和人流较大的公共建筑。剪刀式楼梯常用于人流疏导方向复杂的公共建筑，如大型商场内。交叉楼梯设在人流方向单一明确的建筑内，如展览建筑等。弧形楼梯常用于大型宾馆大厅内，以创造轻松活泼的气氛。

楼梯按使用性质分为主要楼梯、次要楼梯、消防楼梯。主要楼梯常设在门厅内明显的位置，或靠近门厅处。次要楼梯常位于建筑物的次要入口附近，与主楼梯一样起着人流疏散的作用。当建筑物内楼梯数量与位置未能满足防火疏散要求时，经常在建筑物的端部设室外开敞式疏散楼梯（图 2-39）。

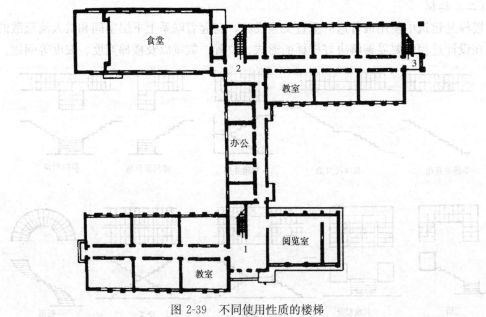

图 2-39　不同使用性质的楼梯
1—主要楼梯；2—次要楼梯；3—消防楼梯

2. 楼梯的宽度与数量

楼梯的宽度要满足使用方便和安全疏散的要求，由楼梯所担负的疏散人数来确定楼梯的宽度。一般民用建筑楼梯的疏散最小宽度按两股人流考虑，宽度不小于 1100～1400mm。楼梯休息平台的宽度要大于或等于梯段宽度，以便做到与楼梯段等宽疏散和搬运家具时方便（图 2-40）。高层建筑疏散楼梯梯段的最小宽度，医院为 1300mm，住宅为1100mm，其他建筑为 1200mm。

楼梯的数量及位置要符合走道内房间门至楼梯间最大距离限制的规定（表 2-8）。在

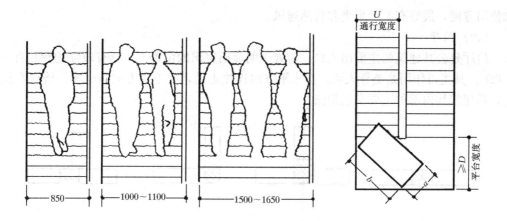

图 2-40 楼梯梯段及休息平台宽度

一般情况下，每一幢建筑均应设两个疏散楼梯，但对于使用人数较少或幼儿园、托儿所、医院以外的2、3层建筑，应当符合表2-9的要求时，也可设一个疏散楼梯。

设一个疏散楼梯的条件表 表2-9

耐火等级	层数	每层最大建筑面积 m²	人 数
一、二级	三层	500	第二层和第三层人数之和不超过 100 人
三级	三层	200	第二层和第三层人数之和不超过 50 人
四级	二层	200	第二层人数不超过 30 人

（三）电梯

电梯是高层建筑的主要垂直交通工具，对一些有特殊要求和标准较高的多层建筑也需设置电梯，如医院、宾馆、大型商场、办公楼、住宅等。

电梯按其使用性质可分为客梯、货梯、客货两用梯、病床梯、消防电梯等形式。

1. 电梯的位置与电梯间面积

电梯应布置在人流集中、位置明显的地方，如门厅、过厅等处。电梯前面应有足够的等候面积，且位置不应影响走道交通，以免造成拥挤。在电梯附近应设辅助楼梯。在需设多部电梯时，宜集中布置，形成电梯间，这样有利于提高电梯使用效率，节约面积和管理维修方便（图 2-41）。消防电梯应设不小于 6m² 的电梯间前室，与防烟楼梯间合用时，面积不应小于 10m²。消防电梯应靠近外墙，如有困难，在底层直通室外的距离不应大于 30m。

2. 电梯间的通风与采光

电梯井道自身无天然采光要求，可设在建筑物内部。在候梯厅区域，考虑到人流集中

图 2-41 电梯间的布置方式

63

和使用方便，最好有天然采光和自然通风。

（四）门厅

门厅是公共建筑的主要出入口，应处于明显而突出的位置上，具有较强的醒目性（图2-42）。其主要作用是疏导人流。在水平方向连接走道，在垂直方向与电梯、楼梯直接相连，是建筑物内部的主要交通枢纽。

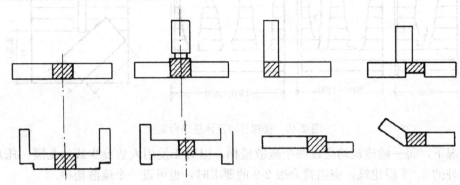

图 2-42　门厅在平面中的位置

门厅的形式从布局上可以分为两类，对称式和非对称式。对称式布置强调的是轴线的方向感，如用于学校、办公楼等建筑的门厅；非对称布置灵活多样，没有明显的轴线关系，常用于旅馆、医院、电影院等建筑（图2-43）。

门厅根据建筑性质不同还具有其他的功能，如医院中的门厅常设挂号、收费、取药、

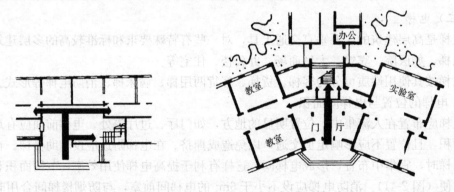

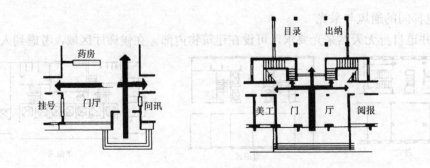

图 2-43　门厅的布置方式

咨询服务等空间。旅馆门厅有总服务台、小卖部、商务中心，并有休息、会客等区域。此外，门厅作为人们进入建筑首先到达和经过的地方，将给人们留下很深的印象。因此在空间处理上，办公、会堂建筑门厅要强调庄重大方，旅馆建筑门厅则要创造出温馨亲切的气氛。

门厅的面积要根据建筑物的使用性质、规模和标准等因素综合考虑，设计时要通过调研和参考同类面积定额指标来确定。表 2-10 是部分建筑门厅面积设计参考指标。

部分建筑门厅面积设计参考指标　　　　　　　　表 2-10

建筑名称	面积定额	备注	建筑名称	面积定额	备注
中小学校	0.06～0.08m²/每生		旅馆	0.2～0.5m²/床	
食堂	0.08～0.18m²/每座	包括洗手	电影院	0.13m²/每个观众	
城市综合医院	11 m²/每日百人次	包括衣帽和询问			

门厅设计时要满足以下要求

1. 良好的导向性

门厅是一个交通枢纽，同时也兼有其他的功能，这就要求门厅的交通组织简捷，空间的处理要有良好的导向性，即妥善解决好水平交通、垂直交通和各部分功能之间的关系（图 2-44）。图 2-44（a）是某学校建筑教学楼门厅内楼梯位置与形式的设计。宽敞的楼梯将主要人流直接引导到楼层，次要人流则通过走道连接底层房间。图 2-44（b）是某旅馆建筑的门厅设计，它有秩序且简捷地安排了各个方向的人流，使交通路线流畅、明确、互不交叉。

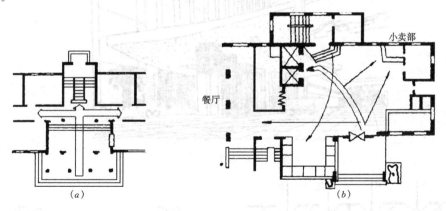

图 2-44　门厅的交通组织

2. 适宜的空间尺度

由于门厅较大、人流集中、功能较复杂等原因。门厅设计时要根据具体情况，解决好门厅面积与层高之间的比例关系，创造出适宜的空间尺度，避免空间的压抑感和保证大厅内有良好的通风与采光。图 2-45 是某剧院建筑利用两层层高，加大门厅净高，以保证大厅内使用人员有良好的精神感受。在现代旅馆设计中，还常用若干层高空间贯通、顶部采

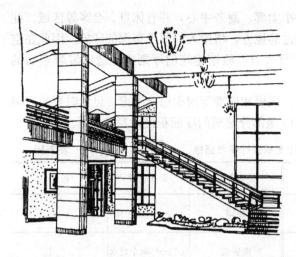

图 2-45 剧院利用两层层高，加大门厅净高

光的形式，达到丰富空间效果的目的。

此外，门厅的设计要考虑到室内外的过渡和防止雨雪飘入室内，一般在入口处设雨篷。考虑到严寒地区为了保温、防寒、防风的需要，在门厅入口设大于 1.5m 的门斗（图 2-46）。

四、建筑平面组合设计

建筑平面组合设计是将建筑物的单一房间平面通过一定的形式再连接成一个整体建筑的过程。如学校建筑中虽然教室、办公室、厕所、楼梯、走道等单一房间设计均能满足自身的使用要求，但由于它们之间的连接不当或位置不合理，就会造成功能分区上的混乱，出现人流交叉、相互干扰的状况。可见组合设计是建筑平面设计的重要内容。通过合理的组合设计要达到使用方便、造价经济、形象美观以及结合环境、改造环境的目的。

（一）影响组合设计的因素

影响平面组合设计的因素很多，如使用功能、物质技术、建筑艺术、经济条件、基地环境以及地方风俗等，在平面组合时要统一协调，综合考虑，不断调整修改，使之合理

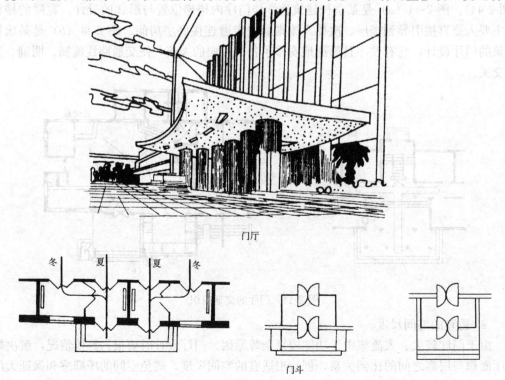

门厅

冬　夏　夏　冬

门斗

图 2-46　门厅及门斗示意

完善。

1. 使用功能

在进行平面组合设计时，首先要对建筑物进行功能分区。功能分区通常是借助于功能分析图来进行的。功能分析图一般以框图的形式表示建筑物各部分的功能和相互之间的联系，也可以说是建筑物平面关系的概括和总结，用以指导平面组合设计，使之达到设计合理的目的。

单元式住宅建筑，每户由起居室、卧室、厨房、餐厅、卫生间、方厅（走道）、阳台和贮藏室等空间组成，它们之间的功能及相互之间的联系如图 2-47 所示。在进行住宅设计时要结合功能分析图和设计要求进行平面组合设计。功能分析图是进行组合设计时借用的一种思路与方法，但不是平面图，借助于功能分析图可以创造出丰富多彩的平面组合形式。

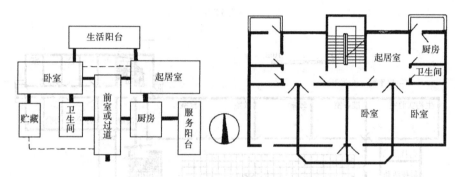

图 2-47　住宅功能分析图和平面图

在建筑物的房间较多、面积较大、使用功能比较复杂的情况下，通常根据各房间使用性质及联系密切程度进行区域划分，然后再进行组合设计。例如，学校建筑可以将普通教室、实验室、语音教室等组成教学活动区域，将行政办公室、教研室合并为办公区域，食堂、宿舍、锅炉房定为附属建筑区域。另外，校园内还有室外活动区域，这样就可以把较为复杂的各方面之间的关系用简单的功能分析图进行概括，便于分析和平面组合设计（图 2-48），在根据功能分析图进行组合设计时，还要根据具体设计要求，掌握以下几个原则。

（1）房间的主次关系

按组成建筑物的房间主次关系将房间进行平面组合，在住宅设计中，起居室、卧室是主要房间，厨房、卫生间、贮藏室是次要房间；商业建筑中营业厅是主要房间，库房、行政办公室和生活用房是次要房间；教学楼建筑中教室、实验室是主要房间，办公室、厕所则是次要房间。在平面组合上一般将主要房间放在比较好的朝向位置上，或安排在靠近主要出入口，并要求有良好的采光通风条件。图 2-49 是学校食堂平面。从图中可看出将餐厅位于人流和交通的主要位置上，将厨房、煤场放在次要位置上，使主次关系分明，使用方便。

（2）房间的内外联系

对有些公共建筑，从使用功能上分析，可以分为供内部使用和供外部使用两部分使用空间。如商店建筑，营业厅是供外部人员使用的，应位于主要沿街位置上，满足商业建筑

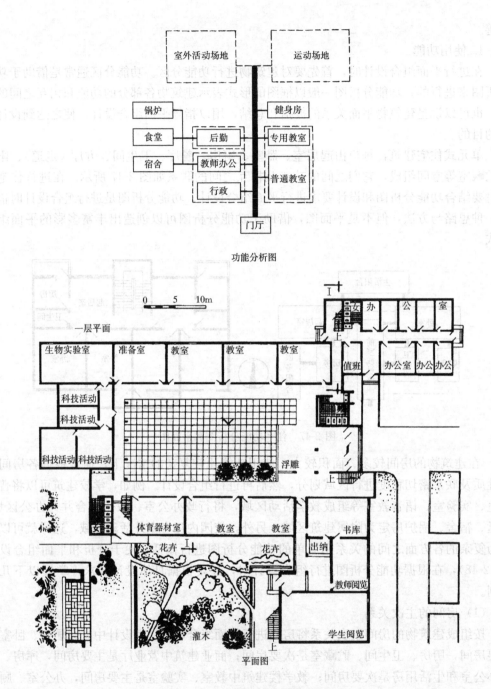

图 2-48 学校功能分析图和平面图

物醒目的特点和人流的需要；而库房、办公用房是供内部人员使用，位置可隐蔽些。图 2-50 是一小商店平面，它较好地解决了建筑物内外之间的关系问题。

（3）房间的联系与分隔

在建筑平面组合时要考虑房间之间的联系与分隔，将联系密切的房间相对集中，把既有联系又因使用性质不同，而产生相互干扰的房间适当分隔。如在图 2-51 中，学校的普通教室与音乐教室同属教学用房，但因声音干扰，用较长的走道将其隔开；教室和教职工办公室之间虽联系比较密切，但为了避免学生对老师工作的影响，用门厅隔开。

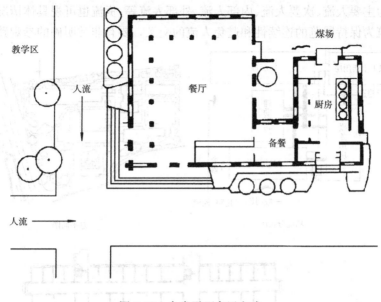

图 2-49 食堂平面布置方式

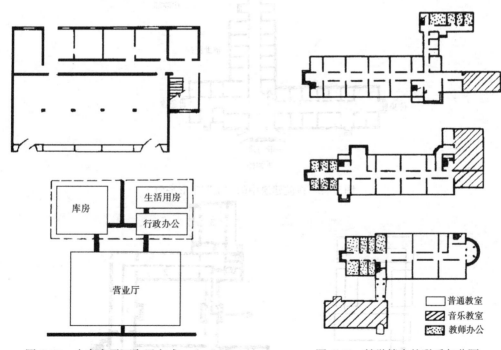

图 2-50 小商店平面布置方式　　　　图 2-51 教学楼中的联系与分隔

在医院平面组合时，门诊部、理疗部和住院部三者之间既要保持有比较密切的联系，还要使各个区域相对独立。一般将门诊部位于对外的主要位置上，住院部需要安静，应远离主要干线，理疗部与门诊部和住院部都有密切的联系，所以位于二者之间，这就形成了医院建筑中常见的"工"字形平面（图 2-52）。

（4）房间的交通流线关系

流线在民用建筑设计中是指人或物在房间之间,房间内外的流动路线,即人流和货流。人流又可分为主要人流、次要人流、内部人流、外部人流等,货流也可视具体情况进行分类。

展览建筑为保持展览的连续性和避免人流的交叉,要有非常明确的参观路线。展室的

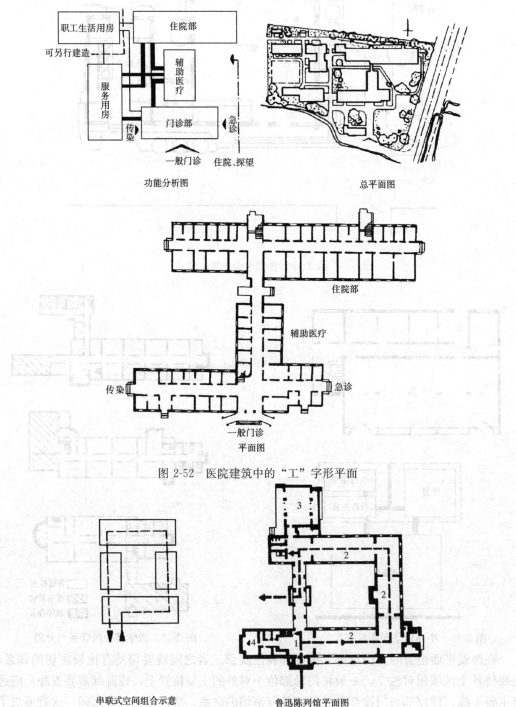

功能分析图 总平面图

住院部

辅助医疗

传染 急诊

一般门诊
平面图

图 2-52 医院建筑中的"工"字形平面

串联式空间组合示意 鲁迅陈列馆平面图

图 2-53 展览建筑的人流组织
1—门厅;2—陈列室;3—讲演厅;4—办公室

组合设计就是根据人们参观的顺序来决定的（图 2-53）。火车站建筑是对流线要求较高，流线组织比较严密的建筑类型。它有人流、货流之分，人流又可分为上车人流、下车人流，货流也有上下两种情况。各部分流线组织要保证简捷、明确、通畅，避免迂回和相互交叉（图 2-54）。

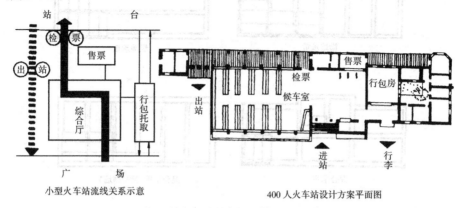

小型火车站流线关系示意 　　　　　400 人火车站设计方案平面图

图 2-54　小型火车站流线组织

2. 结构选型

进行建筑平面组合设计时，要认真考虑结构类型对建筑组合的影响。它包括结构的可行性、经济性、安全性和结构形式带来的空间效果等。

目前，民用建筑常用的结构类型有砖混结构、框架结构、空间结构等。

（1）砖混结构

以砖墙和钢筋混凝土梁板承重并组成房屋的主体结构，称为砖混结构或墙承重结构体系。这种结构按承重墙的布置方式不同可分为三种类型。

横墙承重　　横墙一般是指建筑物短轴方向的墙，横墙承重就是将楼板压在横墙上，纵墙仅承受自身的荷载和起到分隔、围护作用。这种布置方式，由于横墙较多，建筑物整体刚度和抗震性能较好，外墙不承重，使开窗较灵活。缺点是房间开间受到楼板跨度的影响，使房间布局灵活性上受到了一定的限制。这种布置方式适用于开间较小，规律性较强的房间，如住宅、宿舍、普通办公楼、旅馆等。

纵墙承重　　纵墙是建筑物长轴方向的墙。纵墙承重是楼板压在纵墙上的结构布置方式。由于横墙不承重，平面布局比较灵活，在保证隔声的前提下，横墙可用较薄砌体或其他轻质隔墙，以节约面积，但建筑物整体刚度和抗震效果比横墙承重差。由于受板长的影响，房间进深不可能太大，外墙开窗也受到一定的限制。这种布置方式常用于教室、会议室等房间。

混合承重　　在一幢建筑中，根据房间的使用和结构要求，既采用了横墙承重方式，又采用了纵墙承重方式，这种结构形式称之为混合承重。它具有平面布置灵活、整体刚度好的优点。缺点是增加了板型，梁的高度影响了建筑的净高。这种承重方式在民用建筑中应用较广。

图 2-55 是几种墙体承重的结构布置示意。

图 2-56 是混合承重的某门诊建筑实例。大诊室是纵横墙混合承重，小诊室是横墙承

71

重，走道是纵墙承重。

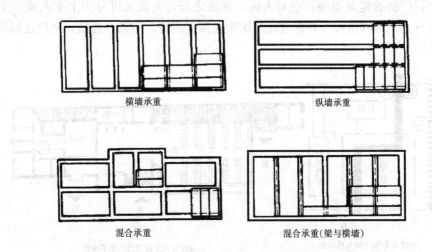

横墙承重　　　　　　　　　　纵墙承重

混合承重　　　　　　混合承重(梁与横墙)

图 2-55　墙体承重的结构布置示意

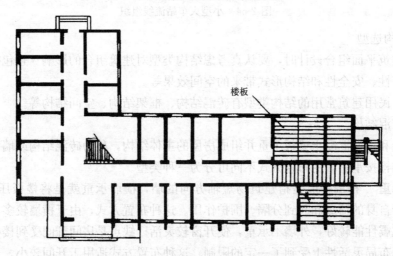

楼板

图 2-56　混合承重的某门诊建筑实例

在混合结构布置时要尽量使房间开间、进深统一，减少板型。上下承重墙体要对齐，如有大房间，可将其设在顶层或单独设置。要考虑建筑物整体刚度均匀，门窗洞口的大小要满足墙体的受力特征。

（2）框架结构

框架结构是由梁和柱刚性连接的骨架结构。它的特点是强度高、自重轻、整体性和抗震性能好，结构体系本身将承重和围护构件分开，可充分发挥材料各自的性能，如围护结构可用保温隔热性能好、自重轻的材料。框架结构使建筑空间布局更加灵活，而且建筑立面开窗的大小和形式不受结构的限制。它适用于商场、宾馆、图书馆、教学实验楼、火车站等（图 2-57）。

（3）空间结构

随着建筑技术、建筑材料、建筑施工方法的不断发展和建筑结构理论的进步，空间结

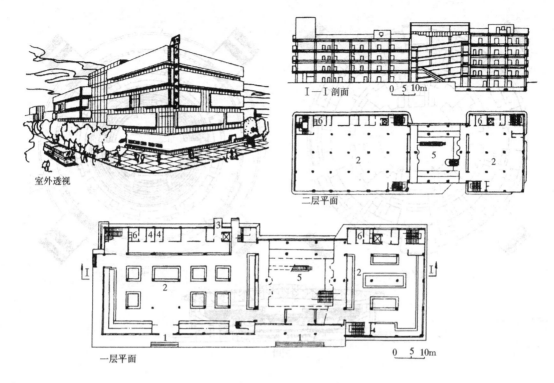

图 2-57 框架结构举例

1—顾客入口；2—营业厅；3—货物入口；4—办公；5—中庭；6—厕所

构迅速发展起来，它有效地解决了大跨度建筑空间的覆盖问题，同时也创造出了丰富多彩的建筑形象。

薄壳结构 这是一种薄壁空间结构，主要利用钢筋混凝土的可塑性，形成多种造型，如筒壳、双曲壳、折板等。壳体结构的特点是壁薄，自重轻，充分发挥了材料的力学性能(图 2-58)。

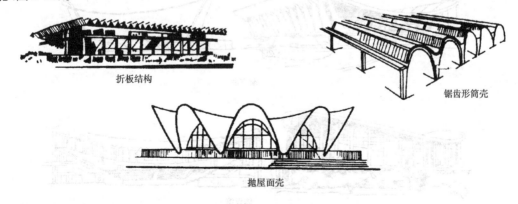

图 2-58 薄壳结构

网架结构 它是将许多杆件按照一定规律布置成网格状的空间杆系结构。它具有整体性好、受力分布均匀、自重轻、刚度大、能适用于各种平面的特点，尤其是在大空间建筑中优越性更为明显。首都体育馆和上海体育馆（图 2-59）均采用网架结构。

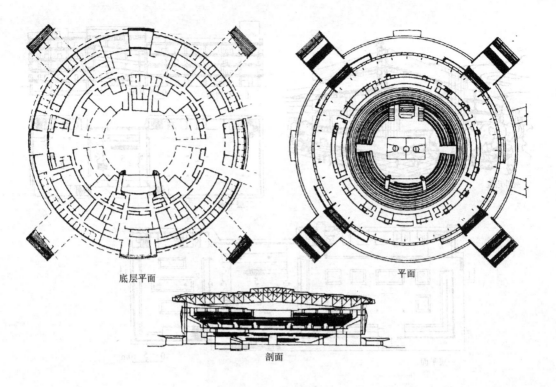

底层平面

平面

剖面

图 2-59　网架结构

悬索结构　　是利用高强度钢索承受荷载的一种结构。钢索与端部锚固构件和支承结构共同工作，受力合理。它减轻了结构自重，节省了材料，适应性强，特别是以其独特的造型在大跨度建筑中广泛采用（图 2-60）。

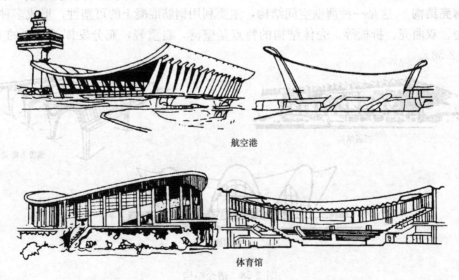

航空港

体育馆

图 2-60　悬索结构

建筑结构的形式除上述介绍的三种类型之外，还有剪力墙结构、筒体结构、帐篷结构、充气结构等。

3. 设备管线

民用建筑内设备管线主要是指给水排水、采暖空通、煤气、电器、通讯、电视、网络等管线。平面组合时应将这些设备管线布置在房间合适的位置，并要求设备管线尽量相对集中，上下对齐。如住宅中的厨房、卫生间尽量毗邻，以节约管道。对设备管线较多的房间应设置设备管道井，将垂直方向的管线布置在管道井内。它具有管道简捷集中，施工管理方便的特点。图 2-61 是旅馆卫生间中的管道井布置。

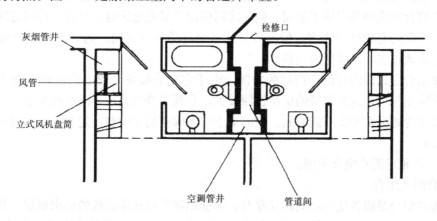

图 2-61　旅馆卫生间中的管道井布置

4. 建筑造型

建筑造型设计是建筑设计不可分割的部分，在平面组合时，房间之间的关系必然要反映到建筑形体上来。因此，平面组合设计不可忽视对建筑造型效果的影响。

（二）组合设计的形式

前面已对影响平面组合的因素以及设计要求作了阐述，在此基础上下面对民用建筑中

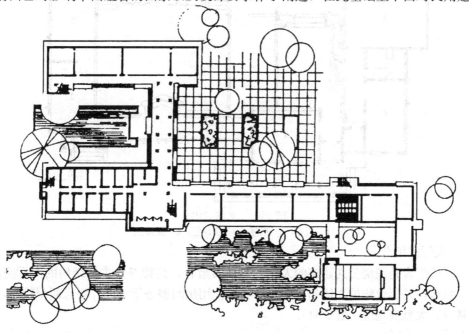

图 2-62　走道式组合举例

常采用的平面组合形式进行分析。

1. 走道式组合

走道式组合是利用走道将房间连接起来，各房间沿走道一侧或两侧布置。其特点是使房间与交通联系部分明确分开，保持着各房间使用上的独立性，彼此干扰较小。它是民用建筑中应用最广的一种组合形式，应用于学校、办公楼、医院、旅馆等建筑。

根据走道与房间的位置不同，又分为外廊、内廊两种组合形式。

外廊组合形式即外廊位于房间一侧，房间朝向及采光通风效果良好，房间之间干扰较小。为了使房间有较好的隔声、保温效果，也可将单外廊封闭。这种布局，交通路线偏长，占用土地较多，经济性差一些。

内廊组合形式即内廊位于房间的中间，由于它充分服务于较多的房间，使其联系密切，因而应用较广，这种布局的房屋进深较大，有利于节约土地，同时减少了外围护结构面积，在寒冷地区对保温节能有利。它的缺点是走廊两侧房间有一定的干扰，房间自然通风受到影响。

图 2-62 是走道式组合举例。

2. 套间式组合

套间式组合是将各使用房间相互穿套，穿套原则是按使用流线的要求而定。其特点是使用面积和交通面积合为一体，平面紧凑，面积利用率高。这种组合方式也称为串联式，如展览建筑等（图 2-63）。

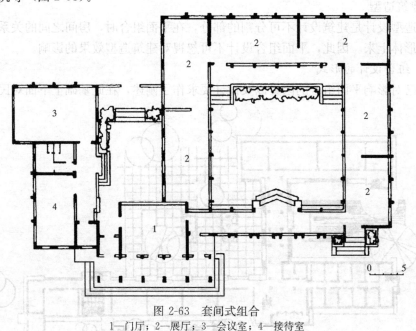

图 2-63 套间式组合
1—门厅；2—展厅；3—会议室；4—接待室

3. 大厅式组合

大厅式组合是围绕公共建筑的大厅进行平面组合，其特点是主体结构的大厅空间大，使用人数多，是建筑物的主体和核心。而其他使用房间服务于大厅，而且面积较小，如体育馆建筑、大型商场等（图 2-64）。

4. 单元式组合

单元就是将关系密切的房间组合在一起，成为一个相对独立的整体。单元式组合是将这些独立的单元按使用性质在水平或垂直方向重复组合成一幢建筑。单元式组合功能分区明确，单元之间相对独立，组合布局灵活，适应性强，同时减少了设计、施工工作量。这种组合方式在住宅、托幼、学校建筑中应用较广。图2-65是单元式组合的实例。

　　5. 混合式组合

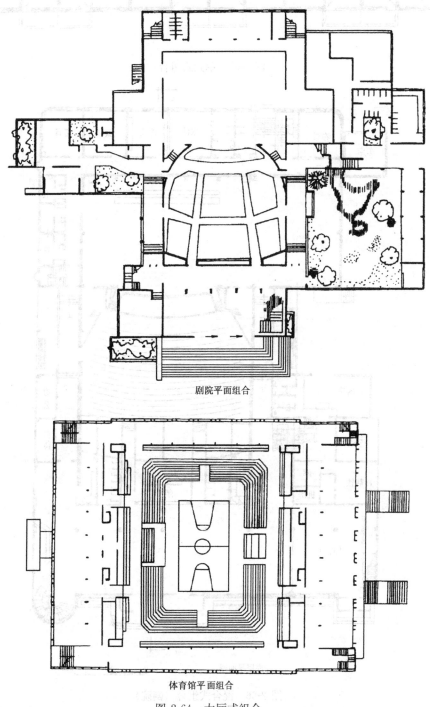

剧院平面组合

体育馆平面组合

图 2-64　大厅式组合

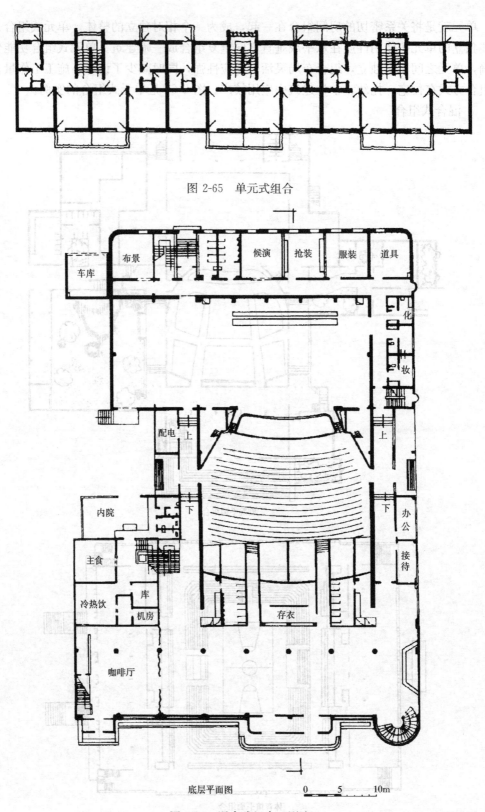

图 2-65　单元式组合

底层平面图

0　　5　　10m

图 2-66　混合式组合（剧院）

在民用建筑中，由于功能上的要求，在组合方式上往往出现多种组合形式共存于一幢建筑物的情况，即混合式组合。图2-66是某剧院建筑混合式组合平面图，门厅与咖啡厅形成套间式组合，大厅与周边的附属建筑形成大厅式组合，后台部分演员化妆间、服装间、道具间则是走道式组合。

（三）基地环境对平面组合的影响

每幢建筑总是处于一个特定的环境之中，这个环境直接影响到建筑平面组合，这里主要涉及地形、地貌、气候环境等对建筑组合的影响。

1. 地形、地貌的影响

（1）基地的大小和形状

建筑平面组合的方式与基地的大小和形状有着密切的关系。一般情况下，当场地规整平坦时，对于规模小、功能单一的建筑，常采用简单、规整的矩形平面；对于建筑功能复杂、规模较大的公共建筑，可根据功能要求，结合基地情况，采取"「"型、"I"型、"□"型等组合形式（图2-67）；当场地平面不规则，或较狭窄时，则要根据使用性质，结合实际情况，充分考虑基地环境，采取不规则的平面布置方式。图2-68是某小学在不规则地形上平面布置的几种形式。

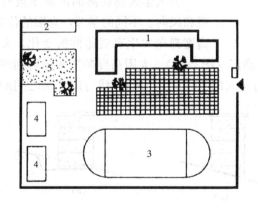
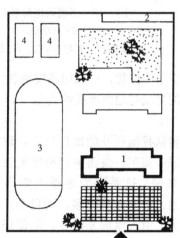

图 2-67　规则地形平面图

1—教学楼；2—生活用房；3—运动场；4—篮球场；5—实验园地

（2）基地的地形和地貌

当建筑物处于平坦地形时，平面组合的灵活性较大，可以有多种布局方式。但在地势起伏较大、地形复杂的情况下，平面组合将受到多方面因素的制约。如能充分地结合环境，利用地形，也将会创作出层次分明、空间丰富的组合方式，赋予建筑物以鲜明的特色。

在坡地上进行平面设计应掌握的原则是依山就势，充分利用地势的变化，减少土方量，妥善解决好朝向、道路、排水以及景观要求。坡度较大时还应注意滑坡和地震带来的影响。

建筑平面布局与等高线有两种关系，即平行等高线和垂直等高线。当地面坡度小于25%时，房屋多平行于等高线布置，这种布置方式土方量少，造价经济。当基地坡度在10%左右时，可将房屋放在同一标高上，只需把基地稍作平整，或者把房屋前后勒脚调整

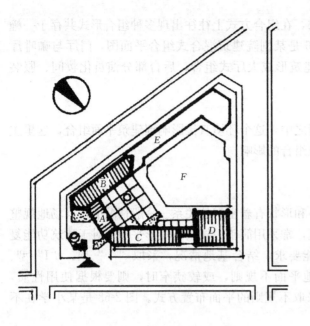

图 2-68 不规则地形平面图

A—办公；B、C—教学楼；D—多功能
教室；E—扩建教学楼；F—操场

到同一标高即可（图 2-69）。当坡度大于 25% 时，如果将房屋平行等高线布置，建筑土方量、道路及挡土墙等室外工程投资较大，对通风、采光、排水都不利，甚至受到滑坡的威胁，此时要将建筑物垂直等高线布置，即采用错层的办法解决上述问题。但是这种布置方式使房屋基础比较复杂，道路布置也有一定的困难（图 2-70）。

除了上述两种基本形式外，为了争取良好的朝向和通风条件，综合其他因素，房屋还可与等高线成斜角布置，以弥补其他方面的不足。

2. 建筑物朝向和间距的影响

（1）朝向

影响建筑物朝向的因素主要有日照和风向。不同的季节，太阳的位置、高度都在发生有规律性的变化。太阳在天空中的位置，可以用高度角和方位角来确定（图 2-71）。太阳高度角指太阳射到地球表面的光线与地面所成的夹角（h），方位角是太阳至地球表面的光线与南北轴之间的夹角（A）。

根据我国所处的地理位置，建筑物南向或南偏东、偏西少许角度能获得良好的日照，这是因为冬季太阳高度角小，射入室内光线较多，而夏季太阳高度角大，射入室内光线少，能保证冬暖夏凉的效果。

利用太阳能采暖的我国北方学校建筑，可将房屋朝向南偏东 5°～10°。以争取上午尽早吸收太阳辐射热。

在考虑建筑物的日照时，不可忽视当地夏季和冬季的主导风向对房间的影响。根据主导风向，调整建筑物的朝向，能改变室内气候条件，创造舒适的室内环境。在住宅设计中合理地利用夏季主导风向是解决夏季通风降温的有效手段，这一点在我国南方地区尤其明显。在北方地区公共建筑的北入口要考虑到冬季北风的侵入，要有防范措施。

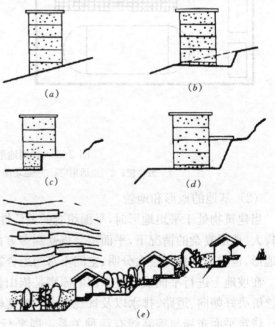

图 2-69　建筑物平行等高线布置

（a）前后勒脚调整到同一标高；（b）筑台；（c）横向错层；
（d）入口分层设置；（e）平行于等高线布置示意

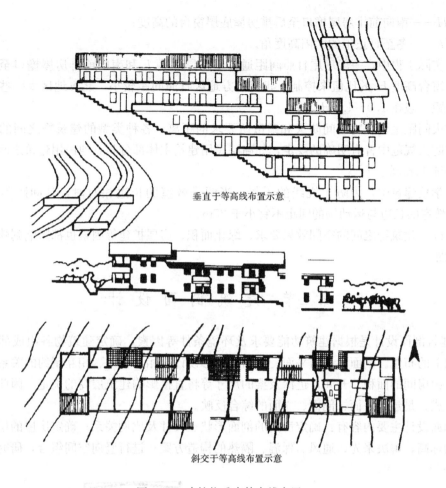

垂直于等高线布置示意

斜交于等高线布置示意

图 2-70　建筑物垂直等高线布置

（2）间距

影响建筑物之间间距的因素很多，如日照间距、防火间距、防视线干扰间距、隔声间距等。在民用建筑设计中，一般情况下，日照间距是确定房屋间距的主要依据。

日照间距是保证房间在规定时间内，能有一定日照时数的建筑物之间的距离。日照间距的计算是以冬至日或大寒日正午 12 时太阳光线能直接照到底层窗台为设计依据（图 2-72）。

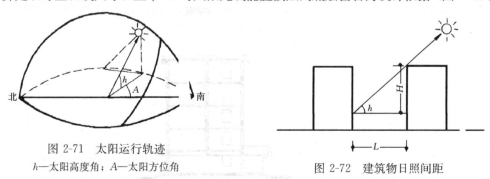

图 2-71　太阳运行轨迹

h—太阳高度角；A—太阳方位角

图 2-72　建筑物日照间距

日照间距计算式为 $L = H/\tan h$

式中　L——房屋间距；

H——南向前排房屋檐口至后排房屋底层窗台的高度；

h——冬至日正午的太阳高度角。

在实际工程中，一般房屋日照间距通常用房屋间距 L 和南向前排房屋檐口至后排房屋底层窗台高度 H 的比值来控制。我国南方地区日照间距较小，北方地区大一些，我国日照间距一般在 $1.0 \sim 1.8H$ 之间。

防火间距是建筑物之间防火和疏散所要求的距离，各种类型的建筑物之间的防火间距，在防火规范中皆有明确的规定，如高层民用建筑主体部分与其他民用建筑之间的距离至少保证11m等。

在学校建筑中，为防止视线的干扰，当两排教室的长边相对时，其间距不宜小于25m，教室的长边与运动场的间距不宜小于25m。

另外，建筑物之间的空间效果要求、绿化面积、房屋扩建等因素也都影响到建筑物之间的间距。

第三节 建筑剖面设计

建筑剖面设计是根据建筑功能要求及环境条件等因素，确定建筑物各组成部分在垂直方向上的布置。剖面设计与平面、立面及体形设计有相互联系、相互制约的关系。如平面设计中房间的面积、开间，进深及梁的尺寸等将直接影响建筑层高的确定。因此，一个空间形成，是建筑平面、剖面、立面的综合反映。

剖面设计主要内容有：确定房间的剖面形状、尺寸及比例关系；确定房屋的层数和各部分的标高；解决采光、通风、保温、隔热的构造方案；进行竖向空间组合，研究空间的利用等。

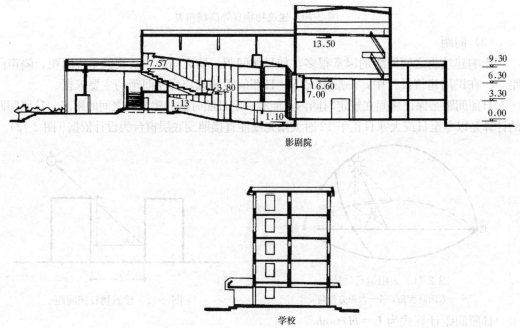

图 2-73 不同用途的房间剖面形式

一、房间的剖面形状和建筑物各部分高度的确定

（一）房间的剖面形状确定

房间的剖面形状主要是根据房间的使用要求来确定，同时考虑技术、经济条件和空间的艺术效果等方面的影响，做到适用美观。

房间的剖面形状分为矩形和非矩形两类，一般民用建筑皆采用矩形剖面，它具有结构简单规整、施工方便、易满足使用要求的特点，非矩形剖面常用于有特殊要求的房间。

影响房间剖面形状的主要因素有以下几个方面：

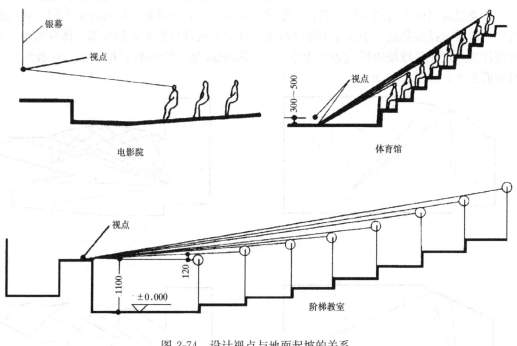

图 2-74 设计视点与地面起坡的关系

1. 房间的使用要求

不同用途的建筑，房间的剖面形式有很大的差别，如图 2-73 为常见的学校及影剧院

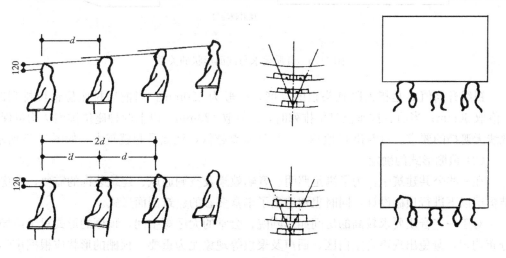

图 2-75 视觉标准与地面升起的关系

的剖面，可以看出，学校建筑的各部分空间剖面形状是矩形的，而影剧院的观众厅地面有一定的坡度，以保证良好的视线需要，顶棚常做成反射声音的折面等。

（1）地面坡度的确定

地面的升起坡度与设计视点的选择，座位的排列方式、排距及视线升高值等因素有关。设计视点代表了可见与不可见的界限，视点的选择要以满足观众能看到的极限点为前提。因此，设计视点的选择在很大程度上影响着视觉质量的好坏及观众厅地面升起的坡度，影响到建筑剖面形状。

各类建筑物由于功能不同，观看对象的性质不一样，设计视点的选择也不同。在电影院中，通常选择银幕底边中点作为设计视点，可保证观众看见银幕的全部。体育馆中，通常设计视点定在篮球场边线或边线上空 300～500mm 处。阶梯教室视点常选在教师的讲台桌面上方，如图 2-74 所示。

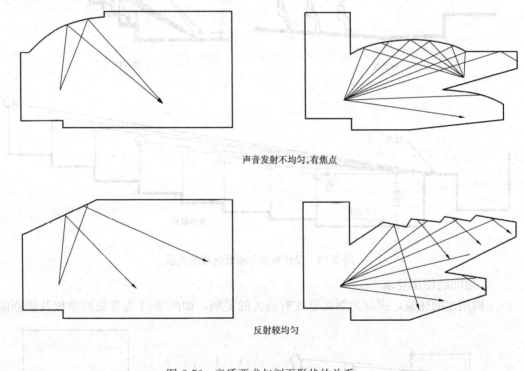

声音发射不均匀，有焦点

反射较均匀

图 2-76　音质要求与剖面形状的关系

视线升高值 C 是指人眼到头顶的高度，一般为 120mm。当前后排座位错位排列时，C 值取 60mm；当前后排座位对位排列时，C 值取 120mm。以上两种座位排列法均可保证视线无遮挡的要求。可看出 C 值越大，设计视点越低，地面升起就越大，如图 2-75 所示。

（2）顶棚形式的确定

在一些公共建筑中，为了满足照明、音响效果及空调通风、建筑装饰的需要，在房屋结构层以下进行顶棚设计，同时也塑造出了丰富多彩的建筑剖面形式。

对于一些音质要求较高的房间如影剧院、会堂的大厅等空间，顶棚的形式对于声场的分布均匀，避免出现声空白区、回声及聚焦等现象尤为重要。顶棚的形状应根据声学设计的要求来确定，保证大厅各个座位都能获得均匀的反射声，并加强声压不足的部位。顶

84

棚的形状应避免凹曲及拱顶等形状,以免产生声音的聚焦及回声。图 2-76 为音质要求与剖面形状的关系。

2. 采光、通风因素影响

对于一些无特殊要求而进深不大的房间,采用侧窗进行采光和通风,已能符合国家有关规定,满足使用要求。但当房间有特殊要求或进深较大时,常在剖面设计中设置各种形式的天窗,形成了不同的剖面形状(图 2-77)。如展览建筑中的陈列室,为使室内照度均匀、柔和,避免阳光射向展品和产生眩光,常采用各种形式的采光窗。

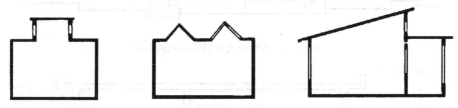

图 2-77　采光方式对剖面形状的影响

厨房等由于在操作过程中散发大量水蒸气和油烟,一般在屋顶设置排气窗,因而也形成了特有的剖面形状(图 2-78)。

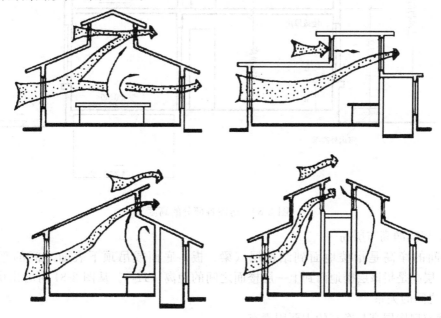

图 2-78　通风方式对剖面形状的影响

3. 结构形式的影响

矩形房间的剖面形式除了易满足一般房间的功能外,还具有结构简单、施工方便等特点。但同一类型的建筑,由于采用了不同的结构类型,即出现了不同的建筑剖面形式和效果。如体育馆的比赛大厅结构类型不同,建筑剖面也就不同(图 2-79)。因此也可认为,结构形式是形成剖面及体形特点的有效手段。

(二)房屋各部分高度的确定

房屋各部分高度主要是指房间的层高、净高、窗台高度和室内外地面高差等(图 2-80)。

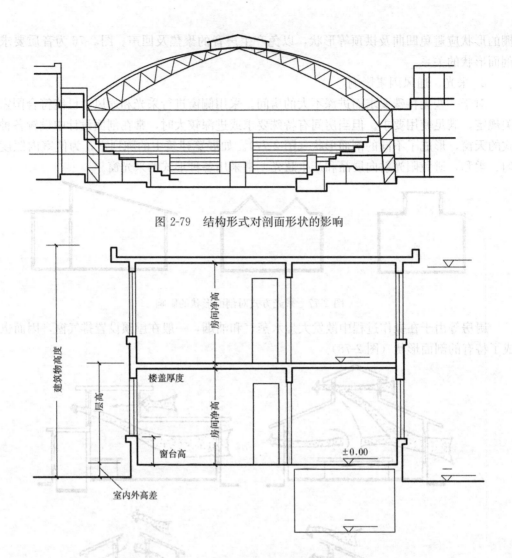

图 2-79　结构形式对剖面形状的影响

图 2-80　房屋各部分的高度

1. 房间净高与层高

房间的净高是指楼地面到结构层（梁、板）底面或吊顶下表面之间的垂直距离（H_1），层高是指该层楼地面到上一层楼面之间的距离（H_2）。从图 2-81 可看出房间净高与层高之间的关系。

确定房屋层高与净高的主要因素有：

（1）室内使用性质的要求

使用性质主要体现在人的活动特点和家具设备的摆设要求。不同类型的房间，由于使用人数不同，房间面积大小不同，其净高要求也不同。住宅中的卧室、起居室，由于使用人数较少，层高一般在 2.8～3.0m 左右，净高应大于 2.4m；中学的教室，由于使用人数较多，面积较大，净高一般取 3.4m 左右，层高在 3.6～3.9m 之间。

房间中的家具设备以及人使用时所需要的必要空间，也直接影响到房间的高度。如学生宿舍，按双层床考虑，房间净高一般在 3.4m 左右。医院手术室净高应考虑手术台、无影灯以及手术操作时所必需的空间（图 2-82）。

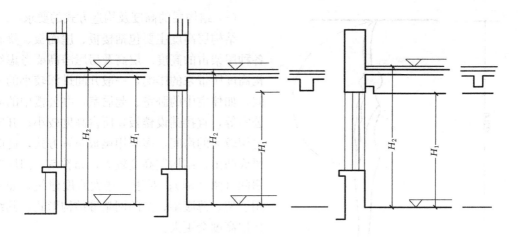

图 2-81　房间净高与层高

H_1—净高；H_2—层高

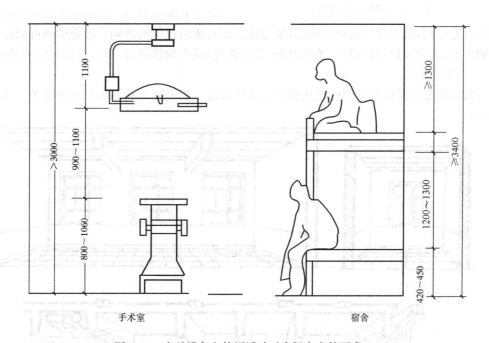

手术室　　　　　　　　　　　宿舍

图 2-82　家具设备和使用活动对房间高度的要求

　　有些次要房间，走廊的净高可以适当低一些，但一般室内净高应使人举手不接触到顶棚为宜，通常为 2.2m（图 2-83）。

　　（2）自然采光、通风、气容量等卫生要求

　　房间里光线的照射深度取决于侧窗的高度，侧窗越高，房间内光线照射深度越远，同时窗户越高，室内通风效果也就越好。因此，房间的高度应考虑房间采光的合理性以及通风的需要。

　　对容纳人数较多的公共建筑，为保证房间必要的卫生条件，在剖面设计时，要考虑房间正常的气容量，气容量取决于房间的使用性质，也决定着房间的面积和房间的高度。如中小学教室 $3\sim5\mathrm{m}^3$/人，电影院观众厅 $4\sim5\mathrm{m}^3$/座。

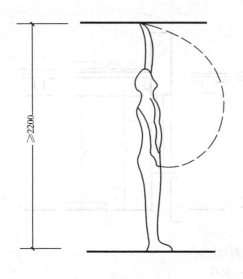

图 2-83　房间最小高度

（3）结构层的高度及构造方式的要求

结构层高度主要包括楼板、屋面板、梁和各种屋架占的高度。层高及房屋净高要考虑结构高度所带来的影响，一般开间进深较小的房间，如住宅中的卧室、起居室，办公楼中的办公室等，直接铺设楼板，所占高度较小；开间进深较大的房间，多采用梁板布置方式，此时梁底凸出，结构层高度较大，如教室、门厅等房间（图 2-84）；对于一些大跨度建筑，如采用屋架、薄腹梁、空间网架等结构形式，其结构层高度会更大。

房间如有吊顶要求，建筑层高也应适当提高，以满足建筑净高的需要。

除了上述因素，确定净高要考虑房间高与宽的合适比例，给人以舒适的空间感，要考虑层高对建筑投资的影响。降低层高可减轻建筑物的自重，减少围护结构面积，节约材料，降低能耗，减少建筑投资，具有较好的经济效益。

2. 窗台高度

窗台高度主要根据室内的使用要求、人体尺度、采光通风和靠窗家具或设备的高度来确定。

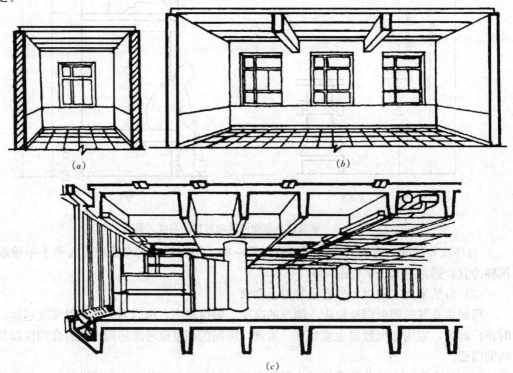

（a）　　　　　　　　　（b）

（c）

图 2-84　结构层对房间净高的影响

（a）办公室；（b）教室；（c）大厅

一般民用建筑中的生活、学习或工作用房，窗台高度为 900～1000mm，这样的尺寸和桌子的高度（约 800 mm）比较适宜，保证了桌面上的光线充足（图 2-85）。展览建筑

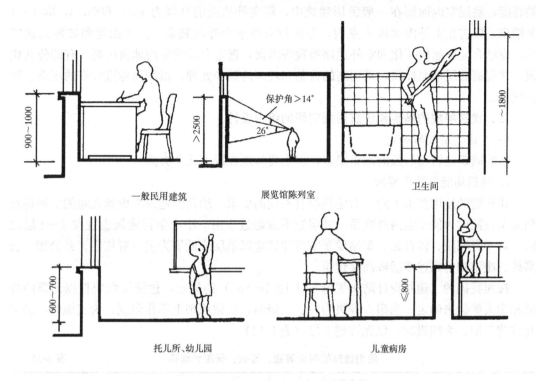

图 2-85　窗台的高度

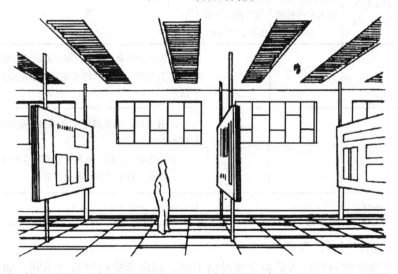

图 2-86　展览建筑中高窗的高度

中的展室，为了沿墙布置展板，消除和减少眩光，常设高侧窗（图 2-86），卫生间、浴室的窗台为了阻挡人的视线可提到 1800mm 的高度。幼儿园建筑结合儿童尺度，窗台高度采用 700mm。在公共建筑中，有时为了扩大视野、丰富建筑空间，常将窗台做得很低，甚至采用落地窗。

3. 室内外地面高差

在建筑设计中，室内外地面高差是指底层室内地面标高（±0.000）到室外自然地坪的高度，底层室内地面在一般民用建筑中，距室外地面的高度为 150～600mm，即 1～4 个踏步，以防止室外雨水流入室内，也比较方便室内外的联系。位于山地和坡地的建筑物，应结合地形起伏变化和室外道路布置等因素，选定合适的室内地面标高。有的公共建筑，常提高底层地面标高，采用高的台基和较多的踏步处理，以增强建筑特有的庄重、雄伟气氛。

二、建筑层数的确定和建筑剖面空间的组合设计

（一）建筑层数的确定

影响确定建筑物层数的因素很多，但主要体现在以下几个方面：

1. 建筑功能及防火要求

建筑物的使用要求不同，对建筑物有不同的要求。幼儿园建筑考虑到儿童的生理特点和安全，同时为便于室内外联系，其层数不宜超过 3 层。中小学校建筑也宜在 3～4 层之内。对于影剧院、体育馆、车站候车室等建筑应以单层或低层为主。对住宅、办公楼、公寓楼、旅馆则可兴建多层或高层建筑。

按照我国的《建筑设计防火规范》（GBJ 16—87）的规定，建筑层数应根据建筑的性质和耐火等级来确定。当耐火等级为一、二级时，层数原则上不作限制；为三级时，最多允许建 5 层；为四级时，仅允许建 2 层（表 2-11）。

民用建筑的耐火等级、层数、长度和面积 表 2-11

耐火等级	最多允许层数	防火分区间		备 注
		最大允许长度（m）	每层最大允许建筑面积（m²）	
一、二级		150	2500	1. 剧院、体育馆等的长度、面积可以放宽 2. 托儿所、幼儿园的儿童用房不应设在 4 层及 4 层以上
三级	5 层	100	1200	1. 托儿所、幼儿园的儿童用房不应设在 3 层及 3 层以上 2. 电影院、剧院、礼堂、食堂不应超过 2 层 3. 医院、疗养院不应超过 3 层
四级	2 层	60	600	学校、食堂不应超过 1 层

2. 建筑结构、材料的要求

由于建筑物采用的结构体系和建筑材料不同，相应建造的层数也不同。如一般砖石承重的结构体系，自重大，整体性差，结构所占面积较大，常用于 6 层以下的民用建筑，如多层住宅、中小学校等。钢筋混凝土结构、钢结构、钢筋混凝土与钢混合结构可用于多层或高层建筑，如高层写字楼、旅馆、住宅等。折板、网架、悬索、薄壳则适合于剧院、体育馆、大会堂等单层或低层建筑。

3. 基地环境和城市规划的要求

确定建筑物的层数，不能脱离一定的环境条件限制。首先要符合城市规划的统一要求，特别是位于城市街道两侧、广场周围、风景园林区、历史文化保护区，必须重视与环境的关系，做到与环境的和谐统一。

（二）建筑剖面的组合设计

建筑剖面组合设计是在建筑平面组合设计的基础上进行的，它主要解决建筑物在垂直方向上各个房间之间的相互关系。

在一幢建筑物中，哪些房间位于上部，哪些房间位于下部，哪些房间可组合在同一层中，应根据房间的使用性质进行组合。一般对外联系密切、人员出入较多以及室内有重设备的房间应放在底层和下部，要求安静和相对独立的房间放在上部。如在旅馆建筑中，将人员出入较多，对外联系密切的公共活动空间、餐厅、会议厅、管理用房设在底层或下部，将需要安静和隔离的客房放在上部。在办公建筑中，将性质相近的办公室及为之服务、关系密切的辅助用房如卫生间、开水房等布置在同一层中。

在建筑物剖面设计时，合理调整和组织不同高度的空间，做到剖面组合简洁，结构

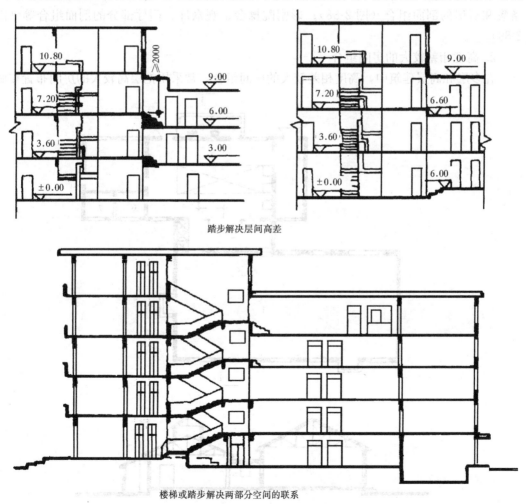

踏步解决层间高差

楼梯或踏步解决两部分空间的联系

图 2-87　用楼体或踏步解决两部分空间组合

91

形式合理，使建筑物的各个部分在垂直方向上取得协调统一。

建筑剖面组合设计的形式有：

1. 高度相同或相近的房间组合

一幢建筑物中，高度相同、使用性质相似、功能关系密切的房间（如教学楼中的普通教室和实验室）可组合在同一层上。高度相近，使用上关系密切的房间，在楼层中必须布置在一起时，在满足室内功能要求的前提下，可适当调整房间之间的高差，使高度统一，有利于结构布置和施工。

对于建筑中因房间面积不同，出现了高低差别，而又不便于调整的（如学校中的教室和办公室，由于教室容纳人数多，空间大，教室的高度要比办公室高些），为了节约空间、降低造价，可将它们分别集中布置，采用不同的层高，以楼梯或踏步来解决两部分空间的联系（图 2-87）。

对于低层建筑之间的相互组合，在组合形式上比较灵活，各种房间可根据实际使用要求确定高度，在满足使用条件下，选择合适的结构方式进行组合。如食堂的餐厅、备餐和厨房的剖面组合（图 2-88）；影剧院舞台、观众厅、门厅部分的剖面组合等（图2-89）。

2. 高度相差较大的房间组合

在多层和高层建筑中，高度相差较大的房间组合，常采用把层高较大的房间布置在底

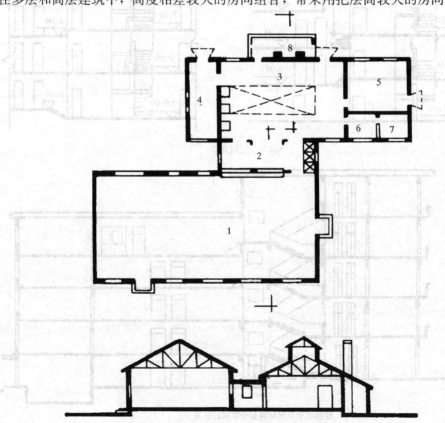

图 2-88　食堂的餐厅、备餐和厨房的剖面组合

1—餐厅；2—备餐；3—厨房；4—主食部；5—调味库；6—管理；7—办公；8—烧火间

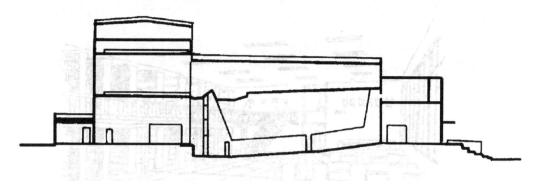

图 2-89　影剧院舞台、观众厅、门厅部分的剖面组合

层、顶层，或以裙房的形式单独依附于主体建筑布置（图 2-90）。

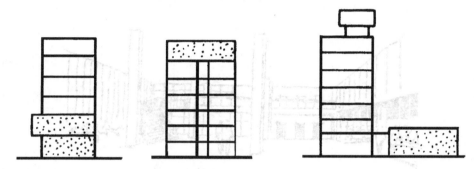

图 2-90　层高相差较大的房间组合

（三）建筑室内空间利用

建筑室内空间的合理利用，不仅可以增加使用面积，而且可以起到改善室内空间的比例、丰富空间内容的效果。利用室内空间的常见手法有以下几种：

1. 夹层空间的利用

一些公共建筑，由于功能要求不同，空间的大小很不一致，如体育馆比赛大厅、图书馆阅览室、宾馆大厅等，空间高度很大，而与之相联系的辅助用房都小得多，因此常采用在大厅周围布置夹层的办法来组织空间，这样处理有效地提高了大厅的利用率，又丰富了室内空间的艺术效果（图 2-91）。

2. 房间上部空间的利用

房间上部空间主要是指除了人们日常活动和家具布置以外的空间，如住宅中常利用房间上部空间设置吊柜、搁板作为贮藏之用。

3. 结构空间的利用

在建筑物中，墙体厚度较大时，占用的室内空间较大，因此应充分利用墙体空间节约面积。可利用墙体空间设置壁橱、窗台柜、暖气槽等（2-92）。

4. 楼梯及走道空间的利用

一般民用建筑楼梯间底层休息平台下有 1.5m 左右的高度，可采取降低平台下地面标高或增加第一梯段高度的方法来增加平台下的净空高度，可供室内外出入口之用，或布置贮藏室等。楼梯间顶层有一层半空间高度，可利用部分空间布置贮藏空间。

民用建筑的走道，其面积及宽度一般较小，因此其高度相应要求较低，但从简化结构

图书馆阅览室

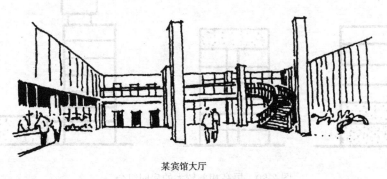

某宾馆大厅

图 2-91 利用夹层组织空间

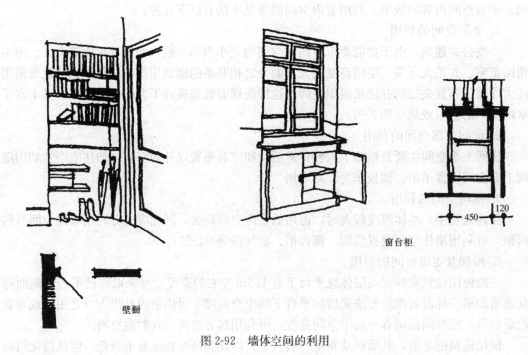

壁橱

窗台柜

450 120

图 2-92 墙体空间的利用

考虑，走道与其他房间往往用相同的层高，造成一定的浪费，空间比例关系也不好，在设计中可利用走道上部铺设设备管道及照明线路，再做吊顶，使空间得以充分利用（图2-93）。

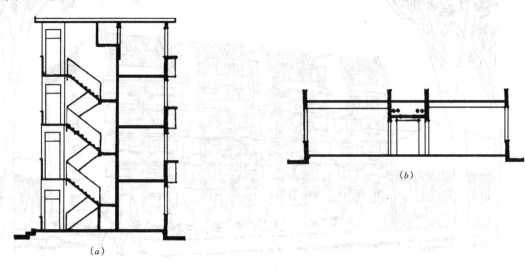

图 2-93　楼梯及走道空间的利用

（a）楼梯间上下空间；（b）走道上部空间

第四节　建筑的体形和立面设计

建筑的体形和立面设计是建筑外形设计的两个主要组成部分。建筑体形设计主要是对建筑外形总的体量、形状、比例、尺度等方面的确定，并针对不同类型建筑采用相应的体形组合方式。立面设计主要是对建筑体形的各个方面进行深入刻画和处理，使整个建筑形象更加生动。为更好地完成建筑体形和立面设计，就要分析影响建筑体形和立面设计因素，掌握建筑体形和立面设计的方法，并灵活地运用这些设计方法，创造出具有特色和艺术感染力的建筑形象。

一、影响建筑体形和立面设计因素

（一）建筑使用功能的影响

建筑物的功能要求不同，使其有不同的内部空间组合特点，这些特点对建筑的外部体形和立面设计有直接的影响，如建筑体形的大小、高低，体形组合的简单或复杂，墙面门窗位置的安排以及大小和形式等。要充分利用这些影响并采取适当的建筑艺术处理方法，使建筑物的个性更为鲜明、突出。

住宅建筑，由于内部房间较小，通常体形上进深较浅，立面上常以较小的窗户和入口、分组设置的楼梯和阳台反映其特征（图2-94）。影剧院建筑由于观演部分声响和灯光设施等的要求，以及观众场间休息所需的空间，在建筑体形上，常以高耸封闭的舞台部分和宽广开敞的休息厅形成对比（图2-95）。学校建筑中的教学楼，由于室内采光要求较高，人流出入多，立面上常形成高大明快、成组排列的窗户和宽敞的入口（图2-96）。

（二）建筑技术条件的影响

建筑不同于一般的艺术品，它必须运用建筑技术，如结构类型、材料特征、施工手段

图 2-94　住宅

图 2-95　影剧院

等才能完成。因此，建筑体形及立面设计必然在很大程度上受到建筑技术条件的制约，并反映出结构、材料和施工的特点。

　　建筑结构体系是构成建筑物内部空间和外部形体的重要条件之一。由于结构体系的不同，建筑将会产生不同的外部形象和建筑风格。在设计中要善于利用结构体系本身所具有的美学表现力，根据结构特点，巧妙地把结构体系与建筑造型有机地结合起来，使建筑造型充分体现结构特点。如墙体承重的砖混结构，由于构件受力要求，窗间墙必须保留一定宽度，窗户不能开太大，形成较为厚重、封闭、稳重的外观形象（图 2-97）。钢筋混凝土框架结构，由于墙体只起围护作用，建筑立面门窗的开启具有很大的灵活性，既可形成大面积的独立窗，也可组成带形窗，甚至可以全部取消窗间墙面而形成完全通透的形式，显

图 2-96　学校

图 2-97　砖混结构

示出框架结构简洁、明快、轻巧的外观形象（图 2-98）。随着现代新结构、新材料、新技术的发展，特别是各种空间结构的大量运用，更加丰富了建筑物的外观形象，使建筑造型显现出千姿百态（图 2-99）。

材料和施工技术对建筑体形和立面也有一定的影响，如清水墙、混水墙、贴面砖墙和玻璃幕墙等形成不同的外形，给人不同的感受（图 2-100）。施工技术的工艺特点，也常形成特有的外观形象，图 2-101 是采用大型墙板的装配式建筑，利用构件本身的形体、材料、质感和墙面色彩的对比以及构件的接缝、模板痕迹等，都显示出工业化生产工艺的简洁明快的外形特点。

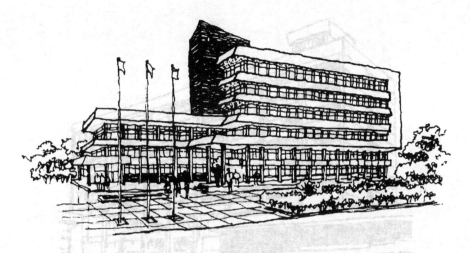

图 2-98　框架结构

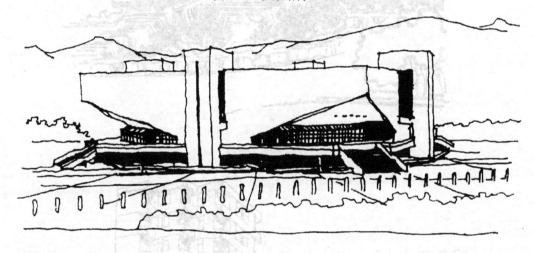

图 2-99　空间结构

（三）城市规划要求和基地环境影响

　　位于城市中的建筑物，受城市规划约束较多。建筑造型设计要密切结合城市道路、基地环境、周围原有建筑物的风格及城市规划部门的要求进行设计，做到既满足了城市规划部门的总体控制，又能体现出鲜明的风格与特色。

　　任何一幢建筑都处于外部空间环境之中，对建筑体形和立面设计提出了要求，即建筑体形和立面设计要与所在地区的地形、气候、道路、原有建筑物等基地环境相协调。如风景区的建筑，在造型设计上应结合地形的起伏变化，使建筑高低错落、层次分明，与环境融为一体。图 2-102 为一别墅，建于山泉峡谷之中，造型多变，平台纵横错落，互相穿插，与山石、流水、树木巧妙地结合在一起，使整个建筑融于环境之中。又如，在山区或丘陵地区的住宅建筑，为了结合地形条件和争取较好的朝向，往往采用错层布置，产生多变的体形（图 2-103）。在南方炎热地区的建筑，为减轻阳光的辐射和满足室内的通风要求，常采用遮阳板及透空花格，形成特有的外形特征（图 2-104）。图 2-105 是底层附设商店的沿街住宅建筑，由于基地和道路的相对方位的不同，结合住宅的朝向要求，采用不同组合的体形。

清水砖墙住宅

玻璃幕墙商店

图 2-100　不同材料墙面的建筑

图 2-101　大型墙板的装配式建筑

图 2-102　流水别墅

图 2-103　山地建筑

图 2-104　炎热地区建筑上的遮阳

基地两侧道路斜交

基地位于路北

图 2-105　沿街住宅

（四）社会经济条件的影响

　　房屋建筑在国家基本建设投资中占有很大比例，因此在建筑体形和立面设计中，必须正确处理适用、安全、经济、美观几方面的关系。各种不同类型的建筑物，根据其使用性质和规模，严格掌握国家规定的建筑标准和相应的经济指标。在建筑标准、所用材料、造型要求和外观装饰等方面区别对待。应当注意的是建筑造型的艺术美，并不简单的是以投资多少为前提的，应妥善地处理好它们之间的关系，防止片面强调一面而忽略另一面。

　　二、建筑构图的基本规律

　　如何进行建筑体形和立面设计呢？除了要从功能要求，技术经济条件以及总体规划和基地环境等因素考虑外，还要符合一些建筑美学原则。建筑造型设计中的美学原则，是指建筑构图中的一些基本规律，如统一、均衡、稳定、对比、韵律、比例、尺度等。不同时代、不同地区、不同民族，尽管建筑形式千差万别，尽管人们的审美观各不相同，但这些建筑美的规律都是人们在长期的建筑创作历史发展中的总结，也是普遍被人们接受的。在设计中应遵循这些建筑构图的基本规律，创造出符合美的规律的建筑体形与立面。下面将分别介绍建筑构图的一些基本规律。

（一）统一与变化

统一与变化，即"统一中求变化"，"变化中求统一"的法则。它是一种形式美的根本规律，广泛适用于建筑以及建筑以外的其他艺术，具有广泛的普遍性和概括性。

任何建筑，无论它的内部空间还是外观形象，都存在着若干统一与变化的因素。如学校建筑的教室、办公室、卫生间，旅馆建筑的客房、餐厅、休息厅等，由于功能要求不同，形成空间大小、形状、结构处理等方面的差异。这种差异必然反映到建筑外观形象上，这就是建筑形式变化的一面。同时，这些不同之中又有某些内在的联系，如使用性质不同的房间，在门窗处理、层高开间及装修方面可采取一致的处理方式，这些反映到建筑外观形态上，就是建筑形式统一的一面。因此，建筑中的统一应是外部形象和内部空间以及使用功能的统一，变化则是在统一的基础上，又使建筑形象不至于单调、呆板。

为了取得建筑处理的和谐统一，可采用以简单的几何形体求统一和主次分明求统一等几种基本手法。

以简单的几何形体求统一，就是利用容易被人们所感受到的简单的几何形体，如球体、正方体、圆柱体、长方体等本身所具有一种必然的统一性。由这些几何形体所获得的基本建筑形式，各部分之间具有严格的制约关系，给人以肯定、明确和统一的感觉。如某体育建筑，以简单的长方体为基本形体，达到统一、稳定的效果（图 2-106）。

建筑的基本形体

体育馆

图 2-106 以简单的几何形体求统一

复杂体量的建筑，根据功能的要求，常包括有主要部分及附属部分。如果不加以区别对待，都竞相突出自己，或都处于同等重要的地位，不分主次，就会削弱建筑整体的统一，使建筑显得平淡、松散，缺乏表现力。因此，要强调主次分明的统一。在建筑体形设计中常可运用轴线处理，以低衬高（图 2-107）及体形变化（图 2-108）等手法来突出主

图 2-107　以低衬高主次分明

图 2-108　体形变化突出主体

体，取得主次分明、完整统一的建筑形象。

（二）均衡与稳定

建筑造型中的均衡是指建筑体形的左右、前后之间保持平衡的一种美学特征，它可给人以安定、平衡和完整的感觉。均衡必须强调均衡中心，图 2-109 中的支点表示均衡中心。均衡中心往往是人们视线停留的地方，因此建筑物的均衡中心位置必须要进行重点处理。根据均衡中心位置的不同，可分为对称均衡和不对称均衡。

对称的均衡，以中轴线为中心，并加以重点强调两侧对称，易取得完整统一的效果，

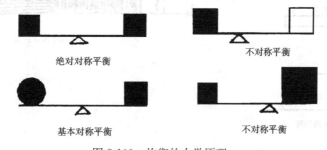

绝对对称平衡　　　　　　　不对称平衡

基本对称平衡　　　　　　　不对称平衡

图 2-109　均衡的力学原理

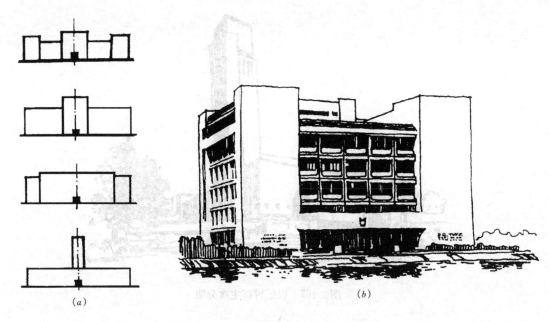

图 2-110 对称的均衡

给人以庄严肃穆的感觉（图 2-110）。不对称均衡将均衡中心偏于建筑的一侧，利用不同体量、材料、色彩、虚实变化等的平衡达到不对称均衡的目的，这种形式显得轻巧活泼（图2-111）。

　　建筑由于各体量的大小和高低、材料的质感、色彩的深浅和虚实的变化不同，常表现出不同的轻重感。一般说，体量大的、实体的、材料粗糙及色彩暗的，感觉要重些；体量小的、通透的、材料光洁及色彩明快的，感觉要轻一些。在设计中，要利用、调整好这些因素，使建筑形象获得安定、平稳的感觉。

　　稳定是指建筑物上下之间的轻重关系。在人们的实际感受中，上小下大、上轻下重的处理

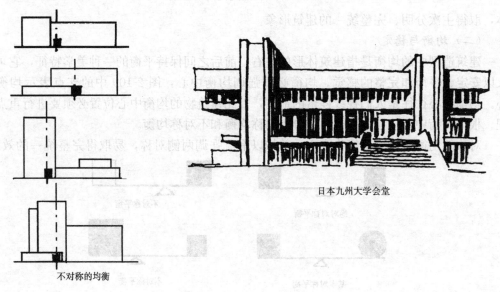

日本九州大学会堂

不对称的均衡

图 2-111　不对称的均衡

能获得稳定感（图 2-112）。随着现代新结构、新材料的发展和人们审美观念的变化，关于稳定的概念也随之发生了变化，创造出了上大下小、上重下轻、底层架空的稳定形式（图 2-113）。

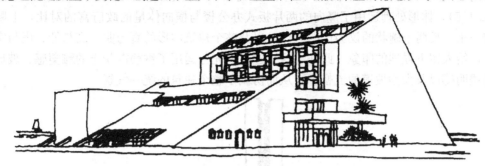

图 2-112　上小下大的稳定构图

图 2-113　上大下小的稳定构图

（三）对比与微差

一个有机统一的整体，各种要素除按照一定秩序结合在一起外，必然还有各种差异，对比与微差所指的就是这种差异性。在体形及立面设计中，对比指的是建筑物各部分之间显著的差异，而微差则是指不显著的差异，即微弱的对比。对比，可以借助相互之间的烘托、陪衬而突出各自的特点，以求得变化；微差，可以借彼此之间的连续性以求得协调。只有把这两方面巧妙地结合，才能获得统一性（图 2-114）。

建筑造型设计中的对比与微差因素，主要有量的大小、长短、高低、粗细的对比，形的方圆、锐钝的对比，方向对比，虚实对比，色彩、质地、光影对比等。同一因素之间通

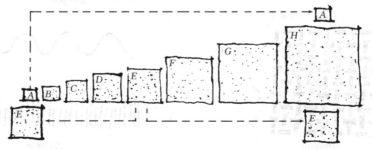

图 2-114　对比与微差——大小关系的变化

过对比，相互衬托，就能产生不同的外观效果。对比强烈，则变化大，突出重点；对比小，则变化小，易于取得相互呼应、协调统一的效果。如巴西利亚的国会大厦（图 2-115），体形处理运用了竖向的两片板式办公楼与横向体量的政府宫的对比，上院和下院一正一反两个碗状的议会厅的对比，以及整个建筑体形的直与曲、高与低、虚与实的对比，给人留下强烈的印象。此外，这组建筑还充分运用了钢筋混凝土的雕塑感、玻璃窗洞的透明感以及大型坡道的流畅感，从而协调了整个建筑的统一气氛。

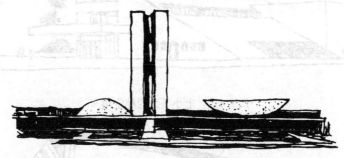

图 2-115　巴西利亚的国会大厦

（四）韵律

所谓韵律，常指建筑构图中有组织的变化和有规律的重复。变化与重复形成有节奏的韵律感，从而可以给人以美的感受。建筑造型中，常用的韵律手法有连续韵律、渐变韵律、起伏韵律和交错韵律等（图 2-116）。建筑物的体形、门窗、墙柱等的形状、大小、色彩、质感的重复和有组织的变化，都可形成韵律来加强和丰富建筑形象。

连续韵律的手法在建筑构图中，强调一种或几种组成部分的连续运用和重复出现的有组织排列所产生的韵律感。如图 2-117 所示，建筑外观上利用环梁和连续排列的相同折板

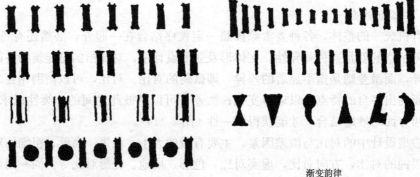

连续韵律　　　　　　　　　　　　　　　　　渐变韵律

交错韵律

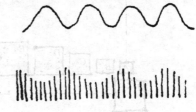

起伏韵律

图 2-116　韵律的类型

图 2-117　连续的韵律

构件形成连续的韵律，加强了立面的效果。

　　渐变的韵律是将某些组成部分，如体量的大小、高低，色彩的冷暖、浓淡，质感的粗细、轻重等，作有规律的增减，以造成统一和谐的韵律感。如图 2-118 所示，建筑体形由下向上逐层缩小，取得渐变的韵律。

　　交错的韵律是指在建筑构图中，运用各种造型因素，如体形的大小、空间的虚实、细部的疏密等手法，作有规律的纵横交错、相互穿插的处理，形成一种丰富的韵律感。如图 2-119 所示，在立面处理上，利用规则的凹入小窗构成交错的韵律，具有生动的图案效果。

　　起伏的韵律，也是将某些组成部分作有规律的增减变化而形成的韵律感。但它与渐变的韵律有所不同，它是在体形处理中，更加强调某一因素的变化，使体形组合或细部处理高低错落，起伏生动。如图 2-120 所示，某公共建筑屋顶结构，利用筒壳结构高低变化，

图 2-118　渐变的韵律

图 2-119　交错的韵律

图 2-120　起伏的韵律

起伏波动，形成一种起伏的韵律感。

（五）比例与尺度

比例是指长、宽、高三个方向之间的大小关系。所谓推敲比例，就是指通过反复比较而寻求出三者之间最理想的关系。建筑体形中，无论是整体或局部、还是整体与局部、局部与局部之间都存在着比例关系。如整幢建筑与单个房间长、宽、高之比，门窗或整个立面的高宽比，立面中的门窗与墙面之比，门窗本身的高宽之比等。良好的比例能给人以和谐、完美的感受。反之，比例失调就无法使人产生美感。如图 2-121 所示，以对角线相互重合、垂直及平行的方法，使窗与窗、窗与墙面之间保持相同的比例关系。

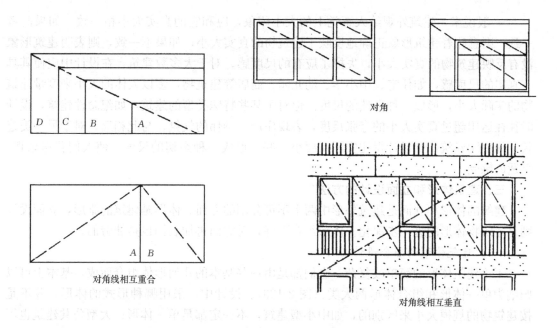

图 2-121　以相似比例求得和谐统一

　　尺度所研究的是建筑物的整体与局部给人感觉上的大小印象和真实大小之间的关系。抽象的几何形体本身并没有尺度感，比例也只是一种相对的尺度，只有通过与人或人所常见的某些建筑构件，如踏步、栏杆、门等或其他参照物，如汽车、家具设备等来作为尺度标准进行比较，才能体现出建筑物的整体或局部的尺度感（图 2-122）。

图 2-122　建筑物的尺度感

一般说来，建筑外观给人感觉上的大小印象，应和它的真实大小相一致。如果两者一致，则意味着建筑形象正确地反映了建筑物的真实大小；如果不一致，则表明建筑形象没有反映建筑物的真实大小，失掉了应有的尺度感。对于大多数建筑，在设计中应使其具有真实的尺度感，如住宅、中小学、幼儿园、商店等建筑物，多以人体的大小来度量建筑物的实际大小，形成一种自然的尺度。但对于某些特殊类型的建筑，如纪念性建筑，设计时往往运用超过真实大小的夸张尺度，表现庄严、雄伟的气氛。与此相反，对于另一类建筑，如庭园建筑，则设计得比实际需要小一些，形成一种亲切的尺度，使人们获得亲切、舒适的感受。

三、建筑体形和立面设计的方法

建筑的体形和立面是建筑外形中两个不可分割的方面。体形是建筑的雏形，立面设计则是建筑物体形的进一步深化。体形组合不好，对立面再加装饰也是徒劳的。

（一）建筑体形的组合设计

不论建筑体形的简单或复杂，它们都是由一些基本的几何形体组合而成，基本上可以归纳为单一体形和组合体形两大类（图 2-123）。设计中，采用哪种形式的体形，并不是按建筑物的规模大小来区别的，如中小型建筑，不一定都是单一体形；大型公共建筑也不

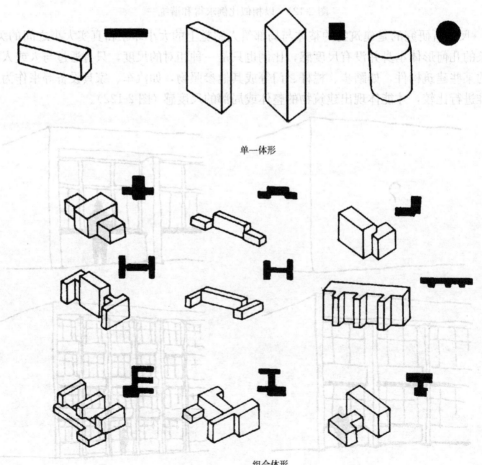

单一体形

组合体形

图 2-123　常见外部体形

110

一定都是组合体形，而应视具体的功能要求和设计者的意图来确定。

1. 单一体形

所谓单一体形是指整幢房屋基本上是一个比较完整的、简单的几何形体。采用这类体形的建筑，特点是平面和体形都较为完整单一，复杂的内部空间都组合在一个完整的体形中。平面形式多采用对称的正方形、三角形、圆形、多边形、风车形和"Y"形等单一几何形状（图2-124）。单一体形的建筑带给人以统一、完整、简洁大方、轮廓鲜明和印象强烈的效果。

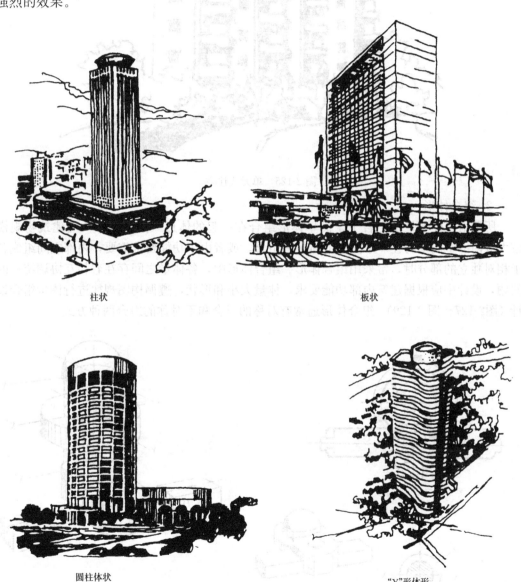

柱状　　　　　　　　　　　　　　　板状

圆柱体状　　　　　　　　　　　　　"Y"形体形

图 2-124　单一体形的建筑

绝对单一几何体形的建筑通常并不是很多的，往往由于建筑地段、功能、技术等要求或建筑美观上的考虑，在体量上做适当的变化或加以凹凸起伏的处理，用以丰富房屋的外形。如住宅建筑，可通过阳台、凹廊和楼梯间的凹凸处理，使简单的房屋体形产生韵律变化，有时结合一定的地形条件还可按单元处理成前后或高低错落的体形（图 2-125）。

图 2-125　单元式住宅

2. 组合体形

所谓组合体形是指由若干个简单体形组合在一起的体形（图 2-126）。当建筑物规模较大或内部空间不易在一个简单的体量内组合，或者由于功能要求需要，内部空间组成若干相对独立的部分时，常采用组合体形。组合体形中，各体量之间存在着相互协调统一的问题，设计中应根据建筑内部功能要求、体量大小和形状，遵循构图规律进行体量组合设计（图2-127～图 2-129）。组合体形通常有对称的组合和不对称的组合两种方式。

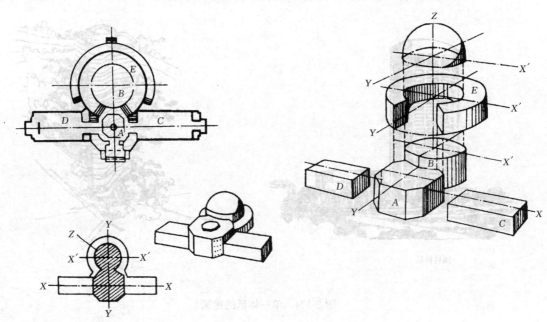

图 2-126　北京天文馆组合体形

A—门厅；B—天象厅；C—展览厅；D—电影厅；E—陈列廊

图 2-127　运用统一规律的体形组合

图 2-128　运用对比规律的体形组合

传统稳定

新的稳定

图 2-129　运用稳定规律的体形组合

　　对称式体形组合具有明确的轴线与主从关系，主要体量及主要出入口，一般都设在中轴线上（图 2-130）。这种组合方式常给人以比较严谨、庄重与匀称和稳定的感觉。一

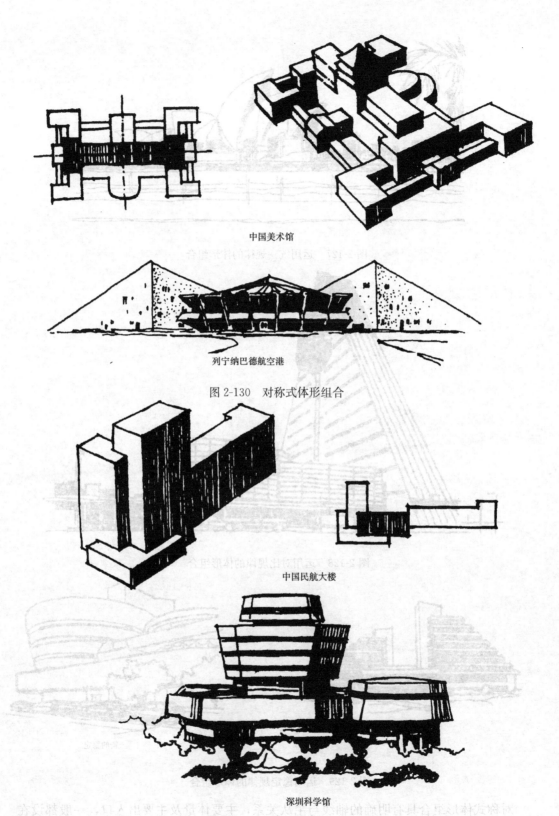

中国美术馆

列宁纳巴德航空港

图 2-130 对称式体形组合

中国民航大楼

深圳科学馆

图 2-131 不对称式体形组合

些纪念性建筑、行政办公建筑或要求庄重一些的建筑常采用这种组合方式。

不对称体形是根据功能要求、地形条件等情况，将几个大小、高低、形状不同的体形较自由灵活地组合在一起（图 2-131）。非对称式的体形组合没有显著的轴线关系，布置比较灵活自由，有利于解决功能要求和技术要求，给人以生动、活泼的感觉。

3. 建筑体形的转折与转角处理

建筑体形的组合往往也受到特定的地形条件限制，如丁字路口、十字路口或任意角落的转角地带等，设计时应结合地形特点，顺其自然做相应的转折与转角处理，做到与环境相协调。常采用单一体形等高处理，主、附体相结合处理和以塔楼为重点的处理等手法。

单一体形等高处理手法，一般是顺着自然地形、道路的变化，将单一的几何式建筑体形进行曲折变形和延伸，并保持原有体形的等高特征，形成简洁流畅、自然大方、统一完整的建筑外观体形（图 2-132）。

图 2-132 单一体形等高处理

主、附体相结合处理，常把建筑主体作为主要观赏面，以附体陪衬主体，形成主次分明、错落有序的体形外观（图 2-133）。

以塔楼为重点的处理是在道路交叉口位置，采用局部体量升高，形成塔楼的形式，使其显得非常突出、醒目，以形成建筑群布局的高潮，控制整个建筑物及周围道路、广场（图 2-134）。

总之，建筑体形的组合与转角处理，不局限于以上几种处理方式与手法，应根据设计要求，结合地形的具体情况，设计出新颖的建筑组合形体。

（二）建筑立面设计

建筑立面是表示建筑物四周的外部形象，它是由许多部件组成的，如门窗、墙柱、阳台、雨篷、屋顶、檐口、台基、勒脚、花饰等。建筑立面设计就是恰当地确定这些部件的尺寸大小、比例关系、材料质感和色彩等，运用节奏、韵律、虚实对比等构图规律设计出体形完整、形式与内容统一的建筑立面。它是对建筑体形设计的进一步深化。

在立面设计中，不能孤立地处理每个面，应考虑实际空间的效果，使每个立面之间相互协调，形成有机统一的整体。下面着重叙述有关建筑立面设计中的一些处理方法。

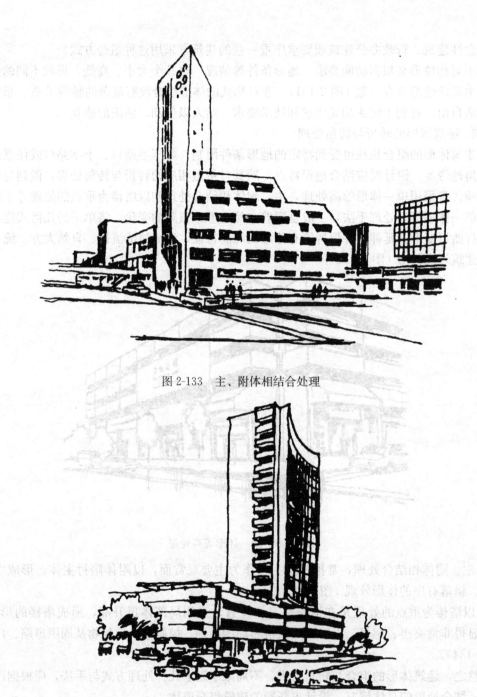

图 2-133　主、附体相结合处理

图 2-134　以塔楼为重点的处理

1. 立面的比例尺度处理

立面的比例尺度的确定，应是根据内部功能特点，在体形组合的基础上，考虑结构、构造、材料、施工等因素，仔细推敲的结果。设计与建筑性格相适应的建筑立面、比例效果。图 2-135 为窗户在住宅建筑的立面中的比例关系，由于结构、构造、材料的不同，取得了不同的比例效果。

立面的尺度恰当，可正确反映出建筑物的真实大小，否则便会出现失真现象。建筑立

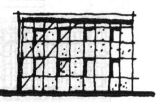

图 2-135　住宅立面比例关系的处理

面常借助于门窗、踏步、栏杆等的尺度，反映建筑物的正确尺度感。图 2-136 为北京火车站候车厅局部立面，层高为一般建筑的 2 倍，由于采用了拱形大窗，并加以适当划分，从而获得了应有的尺度感。图 2-137 为人民大会堂立面，采取了夸大尺度的处理手法，使人感到建筑高大、雄伟、肃穆、庄重。

图 2-136　正常立面的尺度

图 2-137　夸大的立面尺度

2. 立面虚实凹凸处理

建筑立面中"虚"是指立面上的玻璃、门窗洞口、门廊、空廊、凹廊等部分，能给人以轻巧、通透的感觉。"实"是指墙面、柱面、檐口、阳台、栏板等实体部分，给人以封闭、厚重坚实的感觉。根据建筑的功能、结构特点，巧妙地处理好立面的虚实关系，可取得不同的外观形象。以虚为主的手法，可获得轻巧、开朗的感觉，如图 2-138。以实为主，则能给人以厚重、坚实的感觉，如图 2-139。若采用虚实均匀分布的处理手法，将给人以平静安全的感受，如图2-140。

图 2-138　以虚为主的处理手法

图 2-139　以实为主的处理手法

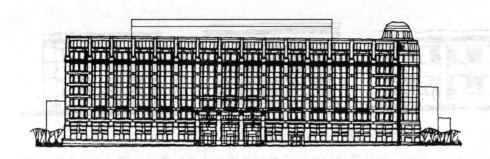

图 2-140　虚实均匀的处理手法

　　建筑立面上的凸凹部分，如凸出的阳台、雨篷、挑檐、凸柱等，凹进的凹廊、门洞等，通过凹凸关系的处理，可加强光影变化，增强建筑物的体积感，突出重点，丰富立面效果。如住宅中常利用阳台、凹廊来形成凹凸虚实变化（图 2-141）。

　　3. 立面的线条处理

　　建筑立面上由于体量的交接，立面的凹凸起伏以及色彩和材料的变化，结构与构造的需要，常形成若干方向不同、长短不等的线条，如水平线、垂直线等。恰当运用这些不同类型的线条，并加以适当的艺术处理，将对建筑立面韵律的组织、比例尺度的权衡带来不同的效果。以水平线条为主的立面，常给人以轻快、舒展、宁静与亲切的感觉（图 2-142）。以竖线条为主的立面形式，则给人以挺拔、高耸、庄重与向上的气氛（图 2-143）。

　　4. 立面的色彩与质感处理

　　色彩和质感都是材料表面的某种属性，建筑物立面的色彩与质感对人的感受影响极大，通过材料色彩和质感的恰当选择和配置，可产生丰富、生动的立面效果。

　　不同的色彩给人以不同的感受，如暖色使人感到热烈、兴奋；冷色使人感到清晰、宁静；浅色给人以明快；深色又使人感到沉稳。运用不同的色彩要注意和谐、统一，且富有变化，应与环境相协调，表现出建筑风格和地方特色。

　　建筑立面设计中，材料的表面粗糙与光滑，都能使人产生不同的心理感受，如粗糙的混凝土和毛石面显得厚重、坚实；光滑平整的面砖、金属及玻璃材料表面，使人感觉轻巧、细腻。立面处理应充分利用材料质感的特性及不同材料间的有机结合，加强

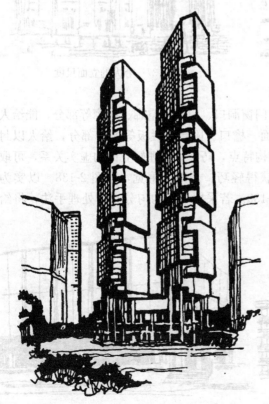

图 2-141　写字楼立面凹凸虚实变化

图 2-142　水平线条为主的立面

图 2-143　垂直线条为主的立面

和丰富建筑的表现力。

5. 立面的重点与细部处理

在建筑立面处理中，往往建筑物的主要出入口是需要重点处理的部位，以吸引人们的视线，起画龙点睛的作用，并增强和丰富建筑立面的艺术效果。重点处理常采用对比手法。如图 2-144 所示，将建筑入口大幅度内凹，与大面积实墙面形成强烈的对比，增加了入口的吸引力；同时利用外伸大雨篷增强光影、明暗变化，起到了醒目的作用。

建筑细部是建筑整体中不可分割的组成部分，如入口踏步、花台、阳台、檐口等，都具有许多细部的做法，在设计时要仔细推敲，精心设计，做到整体和细部的有机结合。图 2-145 为建筑立面上的细部处理举例。

图 2-144　建筑出入口重点处理

图 2-145　建筑立面的檐口细部处理

第三章 民用建筑构造

第一节 概 论

建筑构造是一门专门研究建筑物各组成部分的构造原理和方法的学科，是建筑设计不可分割的一部分。其主要任务是根据建筑物的功能要求、材料供应和施工技术条件，提供合理的、经济的构造方案，以作为建筑设计中综合解决技术问题及进行施工图设计的依据。

一、建筑物的构造组成及作用

一幢建筑物，一般由基础、墙或柱、楼板层和地层、楼梯、屋顶和门窗等六大部分组成，如图 3-1 所示。

（一）基础

基础是建筑物最下部的承重构件，其作用是承受建筑物的全部荷载，并将这些荷载传给地基。因此，基础必须坚固、稳定，并能抵御地下各种有害因素的侵蚀。

（二）墙或柱

墙是建筑物的承重、围护和分隔构件。作为承重构件，墙承受着屋顶和楼板层传来的荷载，并将其传给基础；作为围护构件，它抵御自然界各种有害因素对室内的侵袭；内墙主要起分隔空间的作用。因此，墙体应具有足够的强度、稳定性；具有保温、隔热、防水、防火等性能。

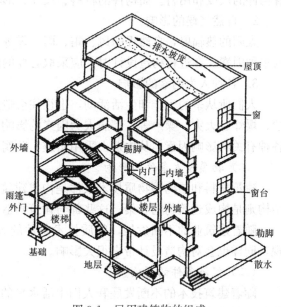

图 3-1 民用建筑物的组成

柱是框架或排架结构中的竖向承重构件，它必须具有足够的强度和稳定性。

（三）楼板层和地层

楼板是建筑物水平方向的承重构件，并用来分隔楼层之间的空间。它承受家具设备和人体荷载，并将其传给墙或柱；同时对墙体起着水平支撑作用。因此，楼板应具有足够的强度、刚度和隔声性能，对有水侵蚀的房间还应具有防潮、防水性能。

地层是底层房间与土壤之间的分隔构件，起承受底层房间荷载的作用。地层应具有耐磨、防潮、防水、防尘和保温性能。

（四）楼梯

楼梯是建筑物的垂直交通设施，供人们上下楼层和紧急疏散之用，应具有足够的通行宽度，并且满足防滑、防火等要求。

（五）屋顶

屋顶是建筑物的承重兼围护构件，承受风、雨、雪荷载及施工、检修等荷载。故屋顶应具有足够的强度、刚度及防水、保温、隔热等性能。

（六）门窗

门窗属非承重构件。门主要起交通联系、分隔之用；窗主要起通风、采光、分隔、眺望等作用。故要求其开关灵活，关闭紧密，坚固耐久，必要时应具有保温、隔声、防火能力。

建筑物除以上六大基本组成部分以外，对不同使用功能的建筑物，还有许多特有的构配件，如阳台、坡道、雨篷、烟囱、台阶、垃圾井、花池等。

二、影响建筑构造的因素

（一）外界环境因素的影响

1. 外力作用的影响

作用在建筑物上的各种外力统称为荷载。荷载可分为恒载（如结构自重）和活荷载（如人群、雪荷载、风荷载等）两大类。荷载的大小是建筑结构设计的主要依据，它决定着构件的尺度和用料。而构件的材料、尺寸、形状等又与构造密切相关。

2. 自然气候的影响

太阳的热辐射，自然界的风、霜、雨、雪等，构成了影响建筑物和建筑构件使用质量的多种因素。在进行构造设计时，应采取必要的防范措施。

3. 各种人为因素的影响

人们所从事的生产和生活活动，也往往会造成对建筑物的影响，如机械振动、化学腐蚀、爆炸、火灾、噪声等，都属人为因素的影响。因此在进行建筑构造设计时，必须针对各种有关的影响因素，从构造上采用防震、防腐、防火、隔声等相应的措施。

（二）物质技术条件的影响

建筑材料和结构等物质技术条件是构成建筑的基本要求。材料是建筑物的物质基础；结构则是构成建筑物的骨架，这些都与建筑构造密切相关。

随着建筑业的不断发展，物质技术条件的改变，新材料、新工艺、新技术的不断涌现，同样也会对构造设计带来很大影响。

（三）经济条件的影响

随着建筑技术的不断发展和人们生活水平的提高，人们对建筑的使用要求，包括居住条件及标准也随之改变。标准的变化势必带来建筑的质量标准、建筑造价等出现较大差别。在这样的前提下，对建筑构造的要求将随着经济条件的改变而发生极大的变化。

第二节 地 基 与 基 础

一、地基与基础

基础是建筑物的重要组成部分，它承受建筑物的全部荷载，并将它们传给地基。而地基则不是建筑物的组成部分，它只是承受建筑物荷载的土壤层。

建筑物的全部荷载是通过基础传给地基的。地基承受荷载的能力有一定的限度，地基每平方米所能承受的最大压力，称为地基容许承载力（也叫地耐力）。为了保证房屋的稳定和安全，必须满足基础底面的平均压力不超过地基允许承载力。如以 f 表示地基承载力，N 代表建筑的总荷载，A 代表基础的底面积，则可列出如下关系式：

$$A \geqslant \frac{N}{f}$$

从上式可以看出，当地基承载力不变时，建筑总荷载愈大，基础底面积也要求愈大。或者说，当建筑总荷载不变时，地基承载力愈小，基础底面积将愈大。在建筑设计中，要根据总荷载和建筑地点的地基承载力确定基础底面积。

二、基础埋深

（一）基础埋深的定义

基础埋置深度是指设计室外地坪到基础底面的距离，如图 3-2 所示。

根据基础埋置深度的不同，基础分为浅基础和深基础。一般情况下，基础埋置深度不超过 5m 时叫浅基础；超过 5m 时叫深基础。在确定基础的埋深时，应优先选用浅基础。但基础的埋置深度也不能过小，至少不能小于 500mm，因为地基受到建筑荷载作用后可能将四周土挤走，使基础失稳，或地面受到雨水冲刷、机械破坏而导致基础暴露，影响建筑的安全性。

（二）基础埋深的选择

决定基础埋置深度因素很多，主要应考虑以下三个方面，即土层构造情况、地下水位情况和冻结深度情况等。

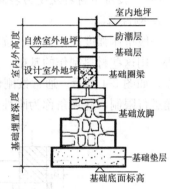

图 3-2　基础埋置深度

1. 地基土层构造的影响

建筑物必须建造在坚实可靠的地基土层上。一般根据建筑物的性质、荷载情况及地基土层分布不同，综合分析选择其埋深。如土层是两种土质构成，上层土质好，且有足够厚度，则以埋在上层土范围内为宜；反之，上层土质差，而厚度浅，则以埋在下层好土范围内为宜。

2. 地下水位的影响

地基土含水量的大小对承载力影响很大，含水量增加，体积膨胀，使土的承载力降低；当地下水含有侵蚀性的物质时，对基础会产生腐蚀，故建筑物的基础应争取埋置在地下水位以上，如图 3-3（a）所示。当地下水位很高，基础不能埋置在地下水位以上时，应将基础底面埋置在最低地下水位 200mm 以下，不应使基础底面处于地下水位变化的范围之内，从而减少和避免地下水的浮力和影响等，如图 3-3（b）所示。

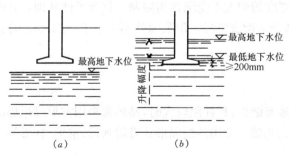

图 3-3　地下水位与基础埋深的影响

3. 土的冻结深度的影响

地面以下的冻结土与非冻结土的分界线称为冰冻线。土的冻结深度取决于当地的气候条件。随着气温的降低和回升，地面以下土将产生冻结和融化，使建筑物周期性地处于不稳定状态，并使建筑物产生变形，如发生门窗变形、墙身开裂的情况等。因此，地基土有冻胀现象，基础应埋置在冰冻线以下大约200mm的地方。严寒地区土的冻结深度可达2～3m。对于低层和荷载较小的建筑，为减少工程量和降低工程造价，也可将基础埋于冻层内，并采取相应的措施。

4. 其他因素对基础埋深的影响

基础的埋深除应考虑以上因素，还需考虑周围环境与具体工程特点，如相邻基础的深度、拟建建筑物是否有地下室、设备基础、地下管沟等。

三、基础构造

基础的类型很多，主要依据建筑物的结构形式、体量高度、荷载大小、地质水文和材料供应等因素确定。

（一）按所用材料及受力特点分类

1. 刚性基础

一般抗压强度高，抗拉、抗剪强度较低的材料称为刚性材料。如常用的砖、石、混凝土等。用这些材料制作的基础，为了保证基础不被拉力、剪力破坏，基础必须具有相应的高度，如图3-4所示。通常按刚性材料的受力特点，对基础的挑出长度 B_2 与高 H_0 所夹的角进行限制，此夹角称为刚性角，用 α 表示。

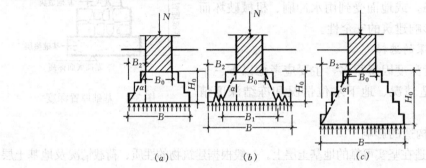

图3-4　刚性基础的受力特点

（a）基础的 B_2/H_0 值在允许范围内，基础底面不受拉；（b）基础宽度加大，

B_2/H_0 大于允许范围，基础因受拉开裂而破坏；（c）在基础宽度加大的同时，

增加基础高度，使 B_2/H_0 值在允许范围内

凡受刚性角限制的基础称为刚性基础。刚性基础常用于建筑物荷载小、地基承载力较好、压缩性较小的地基上。

2. 柔性基础

用钢筋混凝土建造的基础，其基础宽度的增大不受刚性角限制，称为柔性基础，如图3-5所示。为了节约材料，钢筋混凝土基础常做成锥形，但最薄处不应小于200mm；若做成阶梯形，每步高300～500mm。

（二）按构造形式分类

1. 独立基础

当建筑物上部采用框架结构或单层排架结构，且柱距较大时，基础常采用方形或矩形的单独基础。这种基础称为独立基础或柱式基础。常用的断面形式有阶梯形、锥形、杯形等。

2. 条形基础

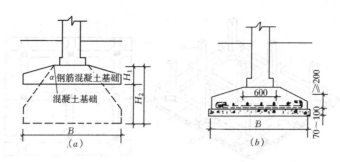

图 3-5　钢筋混凝土基础

(a) 混凝土与钢筋混凝土的比较；(b) 柱下条形基础

当建筑物为墙承重结构时，基础沿墙身设置成长条形；或当建筑物为骨架结构以柱承重时，若柱子间距较密或地基较弱，也可将柱下基础连接在一起形成长条形，这种基础叫条形基础，如图 3-6 所示。柱下条形基础可提高建筑物整体性，有效地防止不均匀沉降。

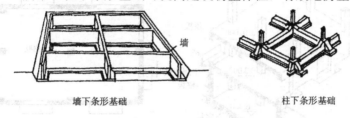

墙下条形基础　　　　　　　柱下条形基础

图 3-6　条形基础

3. 井格基础

当地基条件较差或上部荷载较大时，为提高建筑物的整体刚度，避免不均匀沉降，常将独立基础沿纵向和横向连接起来，形成十字交叉的井格基础，如图 3-7 所示。

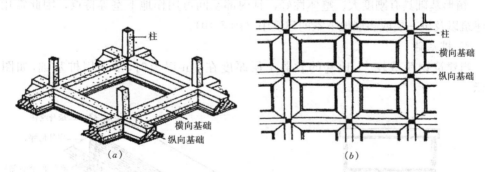

图 3-7　井格基础

4. 满堂基础

满堂基础包括筏式基础和箱形基础。

(1) 筏式基础：当上部荷载较大，地基承载力较低，柱下交叉条形基础或墙下条形基础的底面积占建筑物平面面积较大比例时，可考虑选用整片的筏板承受建筑物的荷载，并传给地基。这种基础形似筏子，称筏式基础，如图 3-8 所示。筏式基础具有减少基底压力、提高地基承载力、调整地基不均匀沉降的能力。

(2) 箱形基础：当建筑物荷载很大，或浅层地质情况较差，基础需深埋时，为增加建筑物的整体刚度，不致因地基的局部变形影响上部结构，常采用钢筋混凝土将基础四周

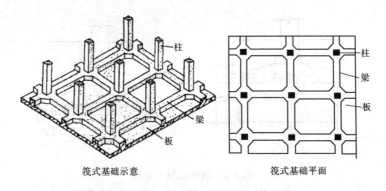

筏式基础示意   筏式基础平面

图 3-8   筏式基础

的墙、顶板、底板整浇成刚度很大的箱状形式，称为箱形基础，如图 3-9 所示。

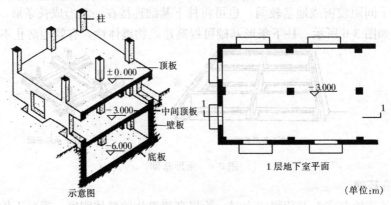

示意图   1 层地下室平面   (单位:m)

图 3-9   箱形基础

箱形基础具有刚度大、整体性好，且内部空间可用作地下室等特点，因此常用于高层建筑以及设一层或多层地下室的建筑中（图 3-10）。

5. 桩基础

当建筑物荷载较大,地基的软弱土层厚度在 5m 以上时,常采用桩基础,如图 3-11 所示。

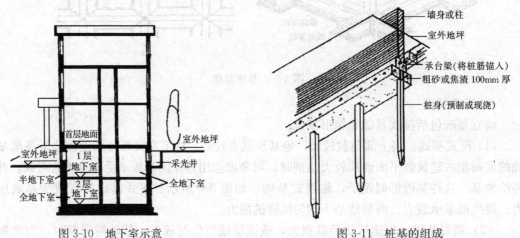

图 3-10   地下室示意   图 3-11   桩基的组成

桩基础能节省材料，减少挖填土方工程量，改善工人的劳动条件，缩短工期，因此应用广泛。

桩基的种类很多，根据材料不同，一般分为木桩、钢筋混凝土桩和钢桩等；根据断面形式不同分为圆形、方形、环形、六角形及工字形等；根据施工方法不同，分为打入桩，压入柱、振入桩及灌入桩等；根据受力性能不同，又可分为端承桩和摩擦桩等。

第三节 墙 体

墙体是组成建筑空间的竖向构件，一般情况下，它上承屋顶、中搁楼板、下接基础，是建筑物的重要组成部分。同时，墙体对整个建筑的使用、造型及造价方面有较大影响。

一、墙的类型

墙的类型如图 3-12 所示，按其在建筑物中的位置不同，可分为外墙和内墙。外墙指建筑物四周与室外接触的墙，内墙是建筑物内部的墙。

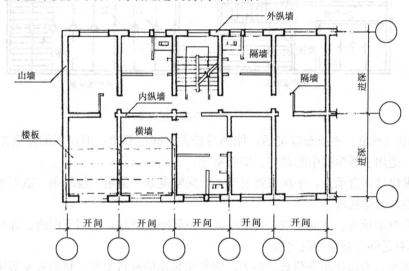

图 3-12 墙体名称

按墙的方向可分为纵墙和横墙。沿建筑物长轴方向布置的墙为纵墙；沿短轴方向布置的为横墙。其中，外纵墙又称檐墙，外横墙又称山墙。

按墙受力情况可分为承重墙和非承重墙。凡承受上部楼板、屋顶等传来荷载的墙为承重墙；不承受这些外加荷载的墙称为非承重墙。非承重墙包括自承重墙、框架（填充）墙和隔墙等。只承受自身重量而不承受外加荷载，且下部设基础的墙为自承重墙；框架结构中，填充在柱子间的墙为框架墙，自重由楼板或梁承受；仅起分隔室内空间作用的内墙为隔墙。

按墙体采用的材料分有：砖墙、石墙、砌块墙、板材墙、混凝土墙等。

二、墙体的设计要求

（一）结构要求

1. 合理选择结构布置方案

墙体结构布置主要有横墙承重、纵墙承重、纵横墙混合承重和半框架承重四种（图 3-13 所示）。

（1）横墙承重：横墙数量多，房屋空间刚度大，整体性好，对抗风、抗震和调整地基不均匀沉降有利。适用于住宅、宿舍等。

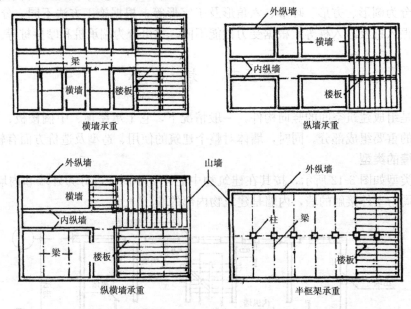

图 3-13　墙体结构布置方案

（2）纵墙承重：平面布置灵活，能满足较大空间的要求，但房屋的刚度差，纵墙上开洞受限。适用于教学楼中的教室、实验室等。

（3）纵横墙混合承重：平面布置灵活，空间刚度好，但施工较复杂。适用于房间变化较多的医院、教学楼等。

（4）半框架承重：可满足较大贯通空间，空间刚度较好，适用于商店、综合楼等。

2. 具有足够的强度和稳定性

（1）强度是指墙体承受荷载的能力。它与所采用的材料类型、材料强度等级、墙体截面积和施工技术有关。

（2）墙体的稳定性主要取决于墙体高厚比，即：墙、柱的计算高度与墙体厚度的比值。高厚比越大，稳定性越差。

在设计墙体时，需经计算来满足强度和稳定性要求。承重墙的最小厚度为 180mm，增加墙体稳定性的措施有：增加墙体厚度；提高材料强度等级；增设墙垛、壁柱、圈梁等。

（二）热工要求

热工要求主要是考虑墙体的保温与隔热。

1. 墙体保温

热阻是指构件阻止热量传导的能力。热阻的大小，决定着墙体的保温性能。为了提高墙体的保温性能，常采取以下措施提高墙体的热阻。

（1）增加墙体厚度：热阻与其厚度成正比，若提高墙体的热阻，可增加其厚度，满足保温性能。

（2）选择导热系数小的墙体材料制作成复合墙：由于保温材料大多自身强度低，承载力差；因此，常将其与砖、混凝土等组成复合墙体，既能承重又可保温。常将保温材料放在靠低温一侧，或在墙体中部设封闭的空气间层或带有铝箔的空气间层，以满足保温要求，如图3-14所示。

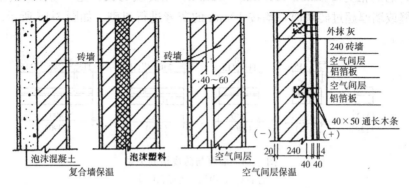

图 3-14　墙体的保温构造

（3）设隔汽层：寒冷地区，冬季外墙两侧温差较大，室内水蒸气会向室外低温一侧渗透。为防止墙体内部产生凝结，降低材料的保温性能，常在墙体保温层靠高温一侧设隔汽层，一般采用沥青卷材、隔汽涂料等，如图3-15所示。

此外，还应注意将建筑物尽量设在避风、向阳的地段；其平、立面的凸凹面不宜过多，减少体形的外表面积。同时外墙上的窗墙比也不宜过大，以利于整幢房屋的保温。

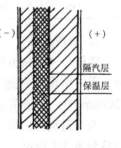

图 3-15　隔蒸汽措施

2. 墙体隔热

我国南方地区、长江流域属湿热气候，为降低夏季外墙内表面温度，使人感觉舒适，常采取以下措施：

（1）外墙采用浅色平滑饰面；

（2）外墙内部设通风间层；

（3）外墙窗口设遮阳构件；

（4）外墙外表面种植攀缘植物。

（三）隔声要求

噪声传递有两种形式：一是空气传声；二是固体传声。对墙体来说主要是隔绝空气传声。

墙体隔声能力主要取决于墙体的隔声量。隔声量的大小主要与墙体的单位面积质量（面密度）有关，面密度越大，隔声量越好；另外，双层墙隔声量性能优于单层墙。

（四）防火要求

选择墙体材料的耐火极限和燃烧性能应满足《建筑设计防火规范》（GBJ16—87）中附录二的要求。在较大规模的建筑中应设计防火墙，采用非燃烧体材料，阻止火灾蔓延。

此外，墙体还应考虑满足防潮、防水、经济及适应建筑工业化的要求。

三、砖墙构造

砖墙是用砂浆将一块块砖按一定规律砌筑而成的砌体。

（一）砖墙尺度

1. 墙厚

标准砖的规格为 240mm×115mm×53mm，用砖块的长、宽、高作为砖墙厚度的基数，在错缝或墙厚超过砖块时，均按 10mm 的灰缝进行组砌，如图 3-16 所示。常见砖墙厚度见表 3-1。

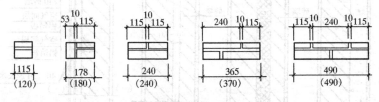

图 3-16　墙厚与砖规格的关系

注：（　）内尺寸为标志尺寸

标准砖墙厚度　　　　表 3-1

墙　厚	名　　称	尺　寸（mm）	墙　厚	名　　称	尺　寸（mm）
1/4 砖墙	6 厚墙	53	1 砖墙	24 墙	240
1/2 砖墙	12 墙	115	$1\frac{1}{2}$ 砖墙	37 墙	365
3/4 砖墙	18 墙	178	2 砖墙	49 墙	490

2. 墙段尺寸

墙段尺寸是指窗间墙、转角墙等部位的长度。由于砖模和模数协调标准不一致，在实际工程中给设计和施工带来很多麻烦，因此为方便施工，在设计中凡墙段尺寸不超过 1500mm 时，应尽量采用砖的模数，如 490、620、740、870mm，反之，可不考虑砖模。

为了避免应力集中在小墙段上而导致墙体破坏，对转角处的墙段和承重窗间墙的宽度应符合表 3-2 规定。

房屋的局部尺寸（单位：m）　　　　表 3-2

构造类别	设计烈度			备　　注
	6、7 度	8 度	9 度	
承重窗间墙最小宽度	1.00	1.20	1.50	在墙角设钢筋混凝土构造柱时，不受此限
承重外墙尽端至门窗洞边最小距离	1.00	2.00	3.00	出入口上面的女儿墙应有锚固
无锚固女儿墙最大高度	0.50	0.50	—	阳角设钢筋混凝土构造柱时，不受此限
内墙阳角至门窗洞边最小尺寸	1.00	0.15	2.00	

（二）砖墙细部构造

1. 墙脚

墙脚是指建筑物基础以上至室内地面以下部分墙身。

（1）墙身水平防潮层：墙身防潮是在墙身一定部位铺设防潮层，以防止地表水或土壤中的水对墙身产生不利的影响。

1）防潮层的位置：当地面垫层采用混凝土等不透水材料时，防潮层的位置应设在地面垫层范围以内，通常在−0.060m 标高处设置，同时至少要高出室外地坪 150mm，以防水溅湿墙身。当地面垫层为碎石等透水材料时，防潮层的位置应平齐或高于室内地面60mm；当地面出现高差时，应在墙身内设置高低两道水平防潮层，并在靠土壤一侧设垂直防潮层，如图3-17所示。

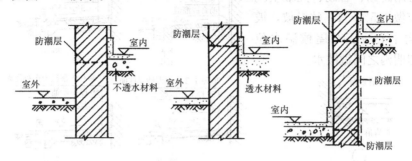

图3-17 墙身防潮层的位置

2）防潮层的做法：根据材料不同，通常有油毡防潮层、防水砂浆防潮层和细石混凝土防潮层三种，如图3-18所示。

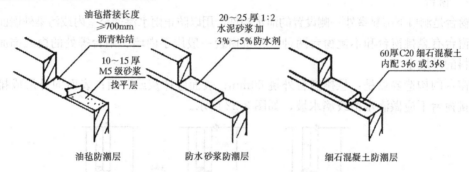

图3-18 墙身水平防潮层

当墙脚采用不透水材料（如混凝土、料石）砌筑时，墙身可不设水平防潮层。此外，还可以将地圈梁提高到室内地坪附近代替防潮层。

（2）勒脚：勒脚是墙身接近室外地面部分，它起着保护墙身和增加建筑物立面美观的作用。勒脚墙的高低、形式、色彩、质地等应结合建筑造型设计，常见做法如图3-19。

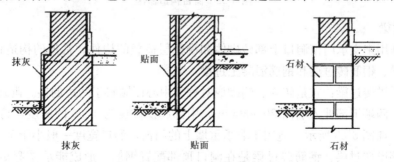

图3-19 勒脚构造做法

（3）散水和明沟：当屋面为有组织排水时一般设散水，无组织排水时一般设明沟或暗沟，也可设散水，但应加滴水带。散水表面应设不小于3%的坡度。

散水宽度一般为0.6～1.0m，散水与外墙交接处应设分格缝，以防外墙下沉时将散水拉裂，如图 3-20 所示。常见散水做法如图 3-21 所示。

明沟可用砖砌、石砌、混凝土现浇，沟底应做 0.5%～1% 的纵坡，坡向窨井，沟中心应正对屋檐滴水位置；外墙与明沟之间做散水。

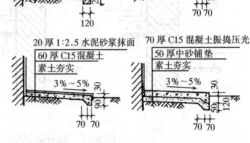

图 3-20　散水变形缝构造　　　　图 3-21　散水构造做法

2. 窗台

窗台是洞口下部靠室外一侧设置的泄水构件，用以防止雨水渗透至室内或污染外墙面。

窗台有悬挑窗台和不挑窗台两种。不挑窗台一般用于内墙、阳台等处的窗或饰面为耐水材料的外墙上。

窗台的构造要点是：悬挑窗台外挑 60mm；表面应抹灰或贴面；表面向外形成排水坡度；挑窗台下应做滴水槽或滴水坡，如图 3-22 所示。

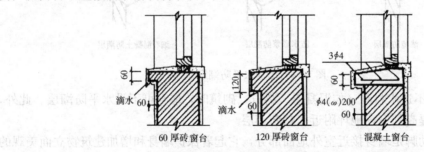

图 3-22　窗台构造做法

3. 过梁

过梁是用来支承门窗洞口上部砖砌体和楼板层荷载的构件。常见的构造做法有三种：平拱砖过梁、钢筋砖过梁和钢筋混凝土过梁。

（1）平拱砖过梁：它是砖立、侧砌成对称于中心而倾斜于两边的拱。砌筑的灰缝做成上宽下窄，两端下部伸入墙面 20～30mm，中部起拱高度为 1/50 的跨度，待受力下陷后恰成水平，如图 3-23 所示。适用于非承重墙上的门窗，洞口宽度一般小于 1.2m。

（2）钢筋砖过梁：钢筋砖过梁是在洞口顶部配置钢筋，形成能承受弯矩的钢筋砖砌体，如图 3-24 所示。钢筋直径 6mm，间距小于 120mm；钢筋伸入两端墙内不小于 240mm；用 M5 水泥砂浆砌筑钢筋砖过梁，高度不少于 5 皮砖，且不小于门窗洞口宽度的 1/4。

钢筋砖过梁适用于跨度不大于 2m，上部无集中荷载的洞口上。它施工方便，整体性

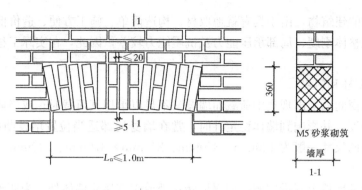

图 3-23　砖砌平拱

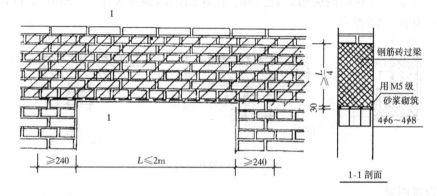

图 3-24　钢筋砖过梁

好，墙身为清水墙时，建筑立面易于获得与砖墙统一的效果。

（3）钢筋混凝土过梁：当门窗洞口较大或洞口上部有集中荷载时，常采用钢筋混凝土过梁。钢筋混凝土过梁有现浇和预制两种，梁高及配筋由计算确定。为了施工方便，梁高应与砖的匹数相适应，故常见梁高为 60mm、120mm、180mm、240mm。梁宽一般同墙厚，梁两端支承在墙上的长度每边不少于 240mm，以保证足够的承压面积。

过梁断面形式有矩形和 L 型，如图 3-25（a）、（b）所示。矩形多用于内墙和混水墙，L 型多用于外墙和清水墙；在寒冷地区，为了防止过梁内壁产生冷凝水，可采用 L 型过梁或组合式过梁，如图 3-25（c）所示。

为简化构造，节约材料，也可将过梁与圈梁、悬挑雨篷、窗楣板或遮阳板等结合起来设计。如在南方炎热多雨地区，常从过梁上挑出 300～500mm 宽的窗楣板，既保护窗户不淋雨，又可遮挡部分直射太阳光，如图 3-25（d）所示。

（三）砖墙抗震及加固措施

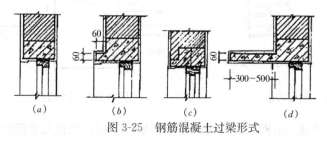

图 3-25　钢筋混凝土过梁形式

砖混结构的建筑物，由于具有就地取材、构造简单、施工方便、造价低等特点，被广泛采用。但其整体刚度、局部承压能力及抗震能力较差，因此，在实际工程中应采取以下措施：

1. 增加壁柱和门垛

当墙体的窗间墙上出现集中荷载而墙厚又不足以承担其荷载时；或当墙体的长度或高度超过一定限度，并影响到墙体稳定性时，常在墙身局部适当位置增设凸出墙面的壁柱。壁柱突出墙面的尺寸一般为 120mm×370mm、240mm×370mm、240mm×490mm，或根据结构计算确定。

当在较薄的墙体上开设门洞，如靠墙转角处或丁字接头墙体处，为便于门框的安置和保证墙体的稳定，应在门的旁边设置门垛。门垛凸出墙面不少于 120mm，宽度同墙厚。门垛和壁柱如图 3-26 所示。

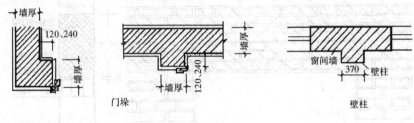

图 3-26 门垛和壁柱

2. 设置圈梁

圈梁是沿外墙四周及部分内墙设置在同一水平面上的连续闭合交圈的梁。圈梁配合楼板共同作用可提高建筑物的空间刚度及整体性，增加墙体的稳定性，减少由于地基不均匀沉降而引起的墙身开裂。

圈梁有钢筋砖圈梁和混凝土圈梁两种。钢筋砖圈梁就是将前述的钢筋砖过梁沿外墙和部分内墙一周连通砌筑而成。钢筋混凝土圈梁的高度应为砖厚的整数倍，并不小于120mm，宽度与墙厚相同，在寒冷地区可略小于墙厚，但不宜小于墙厚的 2/3，如图 3-27所示。

当圈梁被门窗洞口截断时，应增设附加圈梁，其断面、配筋及混凝土强度均不变，如图 3-28 所示。

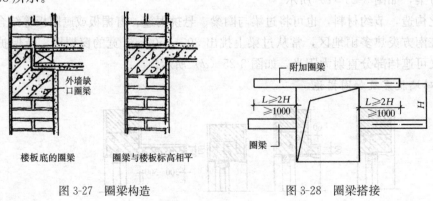

图 3-27 圈梁构造　　　　　　　图 3-28 圈梁搭接

圈梁的位置：当只设一道圈梁时，应位于屋面檐口下面；当设几道圈梁时，可分别位于屋面檐口、基础顶面、楼板底或门窗过梁处。为节约材料，楼板底的圈梁可与门窗过梁合并。在抗震设防地区，圈梁必须紧靠楼板底或预制板同一标高设置。

圈梁的数量：根据房屋的高度、层数、墙厚、地基条件和地震等因素确定。对于单层或3层以下的建筑物一般需在檐口处设一道；层数增多时，可隔层设置；当地基软弱或不均匀时，须在基础顶面增设一道。对有抗震设防要求的房屋，其圈梁一般按《建筑抗震设计规范》（GBJ11—89）中规定设置。

3. 加设构造柱

钢筋混凝土构造柱是从构造角度考虑设置的，一般设在建筑物四角，内外墙交接处，楼、电梯间以及较长墙体的中部，较大洞口两侧等，以加强墙体的整体性。构造柱必须与圈梁及墙体紧密相连。

圈梁在水平方向将楼板和墙体箍住，而构造柱则从竖向加强层间墙体的连接，与圈梁一起构成空间骨架，从而加强建筑物的整体刚度，提高墙体抗变形能力。

（四）隔墙与隔断

隔墙是分隔建筑物内部空间的非承重内墙。要求隔墙自重轻，厚度薄，有隔声和防火性能；便于拆卸；浴室、厕所的隔墙能防潮，防水。按构造方式不同，常用的隔墙有砌筑隔墙、轻骨架隔墙和板材隔墙三种。

1. 砌筑隔墙

砌筑隔墙有砖隔墙和砌块隔墙两种。

（1）砖隔墙：有1/4砖墙、1/2砖墙，如图3-29所示。

1/4砖墙用普通黏土砖侧砌而成，砌筑砂浆强度等级不低于M5。因其稳定性差，一

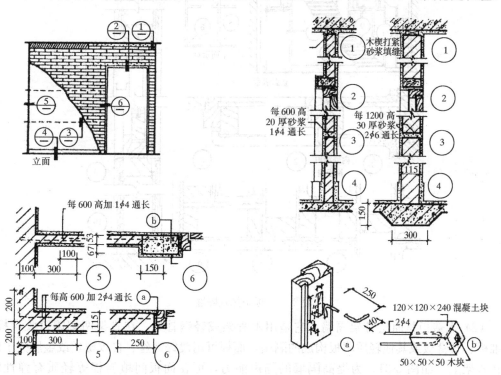

图3-29　1/4、1/2砖隔墙构造

一般用于不设门窗的部位，如厨房、卫生间之间的隔墙，并采取加固措施。

1/2砖墙用普通黏土砖采用全顺式砌筑而成，砌筑砂浆强度等级不低于 M5，故可以砌筑较大面积的墙体。但长度超过 6m 应设砖壁柱，高度超过 4m 时应在门过梁处设通长钢筋混凝土带。

为了保证砖隔墙不承重，在砖墙砌到楼板底或梁底时，将砖斜砌一皮，或塞木楔打紧，然后用砂浆填缝。

(2) 砌块隔墙：常采用轻质砌块，如加气混凝土块、粉煤灰砌块、空心砖等。其厚度一般为 90~120mm，其加固措施与砖隔墙类似。但因砌块吸水量大，故在砌筑时首先在墙下部砌筑三皮实心砖后再砌砌块。

2. 轻骨架隔墙

轻骨架隔墙由骨架和面板两部分组成。骨架有木骨架和金属骨架之分。面板有板条抹灰、钢丝网板条抹灰、胶合板、纤维板、石膏板等。

(1) 板条抹灰隔墙：常用木骨架，先在木骨架的两侧钉灰板条，然后抹灰。灰板条的尺寸一般为 1200mm×24mm×6mm，板条间留缝 7~10mm，以便让抹灰挤入板条间缝背面，咬住板条。有时为了使抹灰与板紧密连接，常将板条间距加大，然后钉上钢丝网，再做抹灰面层，形成钢丝网抹灰隔墙，如图 3-30 所示。由于钢丝网变形小，强度高，与砂浆的粘结力大，因而抹灰层不易开裂、脱落，有利于防潮和防火。

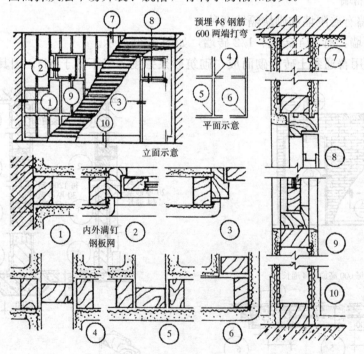

图 3-30　板条抹灰隔墙

(2) 人造板材面层骨架隔墙：它是用木骨架或轻钢骨架，在骨架两侧镶钉胶合板、纤维板、石膏板或其他轻质薄板构成的隔墙，面板可用镀锌螺丝、自攻螺丝或金属夹子固定在骨架上，如图 3-31。为提高隔墙的隔声能力，可在面板间填岩棉等轻质有弹性的材料。

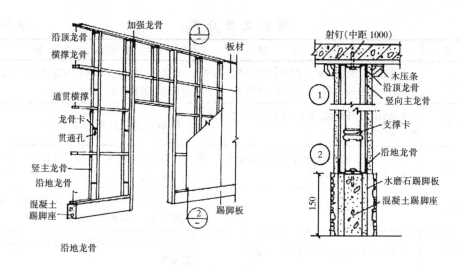

图 3-31　人造板材面层轻钢骨架隔墙

3. 板材隔墙

板材隔墙采用各种轻质板材、板块，高度相当于房间净高，不依赖骨架，可直接装配而成。目前多采用条板，如预应力钢筋混凝土薄板、碳化石灰板、加气混凝土板、多孔石膏板、水泥刨花板、复合板等。

条板厚度大多为 60～100mm、宽度 600～1000mm。安装条板时，在楼板上采用木楔在板顶将条板楔紧，条板之间的缝隙用水玻璃粘结剂或 107 聚合水泥砂浆进行粘结，并用胶泥刮缝，平整后再做装修，如图 3-32 所示。

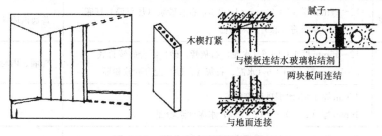

图 3-32　碳化石灰板隔墙构造

四、墙面装修

（一）墙面装修的作用

墙面装修的作用是保护墙体，提高墙体的防潮、防风化能力，增强其坚固耐久性；堵塞墙体孔隙，改善其使用功能，美化环境，提高建筑的艺术形象。

（二）墙面装修的分类

1. 按装修所处位置分

按装修所在位置分有室内装修和室外装修。室外装修位于外墙外表面，装修材料要求高强、抗冻、耐腐蚀等。室内装修材料一般由使用功能决定。

2. 按施工方式分

按施工方式分有抹灰类、贴面类、涂料类、裱糊类和铺钉类，见表 3-3。

类　别	室　外　装　修	室　内　装　修
抹灰类	水泥砂浆、混合砂浆、聚合物水泥砂浆、拉毛、水刷石、干粘石、斩假石、喷涂、滚涂等	纸筋灰、麻刀灰粉面、石膏粉面、膨胀珍珠岩灰浆、混合砂浆、拉毛、拉条等
贴面类	外墙面砖、马赛克、玻璃马赛克、人造水磨石板、天然石板等	釉面砖、人造石板、天然石等
涂料类	石灰浆、水泥浆、溶剂型涂料、乳液涂料、彩色胶砂涂料、彩色弹涂等	大白浆、石灰浆、油漆、乳胶漆、水溶性涂料、弹涂等
裱糊类		塑料墙纸、金属面墙纸、木纹壁纸、花纹玻璃纤维布、纺织面墙纸及锦缎等
铺钉类	各种金属饰面板、石棉水泥板、玻璃	各种木夹板、木纤维板、石膏板及各种装饰面板等

（三）墙面装修构造

1. 抹灰类墙面

墙面抹灰属现场湿作业，为保证抹灰牢固、平整、颜色均匀和面层不宜开裂脱落，施工中须分层操作，且每层不宜抹得太厚，一般外墙为 20～25mm；内墙为 15～20mm。常见抹灰做法见表 3-4。

常用抹灰做法举例 表 3-4

抹灰名称	构造及材料配合比	适用范围
纸筋（麻刀）灰	12~17mm 厚（1∶2）－（1∶2.5）石灰砂浆（加草筋）打底 2～3mm 厚纸筋（麻刀）灰粉面	普通内墙抹灰
混合砂浆	12～15mm 厚 1∶1∶6（水泥、石灰膏、砂）混合砂浆打底 5～10mm 厚 1∶1∶6（水泥、石灰膏、砂）混合砂浆粉面	外墙、内墙均可
水泥砂浆	15mm 厚 1∶3 水泥砂浆打底 10mm 厚（1∶2）～（1∶2.5）水泥砂浆粉面	
水刷石	15mm 厚 1∶3 水泥砂浆打底 10mm 厚（1∶2）～（1∶4）水泥石碴抹面后水刷	用于外墙
干粘石	10～12mm 厚 1∶3 水泥砂浆打底 7～8mm 厚 1∶0.5∶2 外加 5%107 胶的混合砂浆粘结层 3～5mm 厚彩色石碴面层（用喷或甩方式进行）	用于外墙
斩假石	15mm 厚 1∶3 水泥砂浆打底刷素水泥浆一道 8～10mm 厚水泥石渣粉面 用剁斧斩去表面层水泥浆或石尖部分使其显出凿纹	用于外墙或局部内墙
水磨石	15mm 厚 1∶3 水泥砂浆打底 10mm 厚 1∶1.5 水泥石碴粉面，磨光、打蜡	多用于室内潮湿部位
膨胀珍珠岩	12mm 厚 1∶3 水泥砂浆打底 9mm 厚 1∶16 膨胀珍珠岩灰浆粉面（面层分 2～3 次操作）	多用于室内有保温或吸声要求的房间

2. 贴面类

（1）天然石板、人造石板：用于墙面装修的天然石板有大理石（又称云石）板、花岗岩板。人造石板有仿大理石板，预制水磨石板等。

天然石板和人造石板，由于面积、自重较大，为保证石板饰面的坚固和耐久，在构造上常采取以下措施：先在墙内或柱内预埋 $\phi 6$ 铁箍，间距依石材规格而定；箍内立 $\phi 8$ 或 $\phi 10$ 的纵横钢筋形成网状；石板上、下边钻孔，用 16 号双股钢丝或镀锌铁丝绑扎固定在网上；上下石板用不锈钢卡固定；石板与墙体间留 $20 \sim 30$mm 缝隙，并灌以 1：3 水泥砂浆，使石板与基层连接牢固。

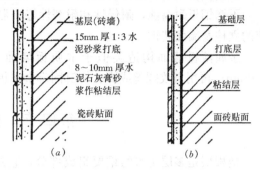

图 3-33　瓷砖、面砖贴面

(a) 瓷砖贴面；(b) 面砖贴面

（2）陶瓷面砖、锦砖：面砖常用的有釉面砖和无釉面砖两种，厚度为 $6 \sim 12$mm。其构造做法如图 3-33 所示。

锦砖有陶瓷锦砖和玻璃锦砖。锦砖饰面构造与面砖饰面类似，只是在粘贴前先在牛皮纸背面的砖块间隙内满刮白水泥胶，再将整张牛皮纸砖粘贴在基层上，用木板轻轻挤压，使其粘牢，然后洒水润湿牛皮纸并揭掉，再用白水泥浆擦缝。

3. 铺钉类墙面装修

铺钉类装修是指采用各种人造薄板，借助于镶钉方式对墙面进行装饰处理。它由骨架和面板组成。

（1）木质板墙面：采用各种硬木板、胶合板、纤维板做饰面。具有安装方便、美观等特点，但防火、防潮性较差。多用于宾馆、公共建筑的门厅等墙面。其装修构造如图3-34所示。

（2）金属薄板墙面：采用薄钢板、不锈钢板、铝板或铝合金板做饰面。

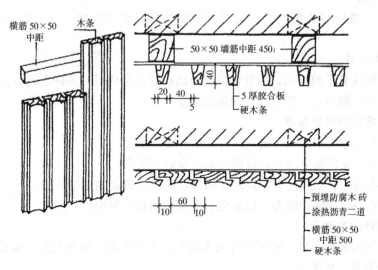

图 3-34　木质面板墙面装修构造

铝板、铝合金板重量轻、加工处理方便，可制作成花纹、波纹、冲孔和压型板，式样美观，经久耐用，公共建筑中应用广泛。

薄钢板使用前必须对表面加工处理。

不锈钢板耐腐蚀，耐候性和耐磨性好，强度高，表面色泽华丽，常用于高级宾馆、商店的立柱及墙面装饰。

金属薄板墙面构造类似于木质板墙面，先用膨胀铆钉固定墙筋，间距为 600～800mm；再用自攻螺丝或膨胀铆钉固定金属板，也可先用电钻打孔后再用木螺丝固定。

第四节　楼、地层

楼板层是多层房屋的重要组成部分，它对房屋除了起水平分隔作用外，还起承重作用。它承受楼面荷载（含自重），并通过墙或柱把荷载传递到基础上去。同时它与墙或柱等垂直承重构件相互依赖，互为支撑，构成房屋多层空间结构。

一、楼板层的组成

楼板层主要由面层、结构层和顶棚三部分组成，如图 3-35 所示。

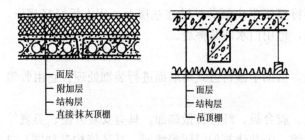

图 3-35　楼板层的组成

（一）面层

面层又称楼面或地面，位于楼板层的最上层，起着保护结构层、分布荷载和室内装饰等作用。

（二）结构层

结构层是楼板层的承重构件，包括板和梁。主要作用是承受楼板层上的全部荷载，并将这些荷载传给墙或柱。

（三）顶棚

顶棚位于楼板层的最下层，起着保护结构层、装饰室内、安装灯具、敷设管线等作用。

（四）附加层

对于有特殊要求的房间，通常在面层与结构层或结构层与顶棚之间设置附加层，如主要管线敷设层、隔声层、防水层、保温隔热层等。

二、楼板层的设计要求

（1）具有足够的刚度和强度，以保证结构安全适用；

（2）具有一定的防火能力，以保证人身及财产安全；

（3）具有防潮、防水能力，以防止渗漏，保证建筑物的正常使用；

（4）具有一定的隔声能力，以避免上下层房间相互影响。

三、楼板的类型

根据使用材料的不同，楼板可分为木楼板、砖拱楼板、钢筋混凝土楼板和钢衬板组合楼板等几种类型，如图 3-36。

木楼板构造简单，自重轻，保温性能好，但耐火性和耐久性较差，所以目前除在产

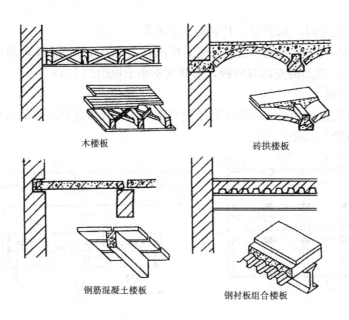

木楼板　　　　　　　　　　　　　砖拱楼板

钢筋混凝土楼板　　　　　　　　　钢衬板组合楼板

图 3-36　梁板的类型

木区或特殊要求时选用外，很少采用木楼板。

砖拱楼板节约钢材、水泥、木材；但自重大，承载能力差，对抗震不利，而且施工复杂，现已基本不用。

钢筋混凝土楼板强度高，刚度好，耐久防火性好，而且便于工业化施工，是目前采用最广泛的结构类型。

钢衬板组合楼板是利用钢板作为楼板的受弯构件和底模，上面现浇混凝土而成。这种楼板的强度和刚度较高，而且又利于加快施工进度，是目前大力推广应用的一种新型楼板。

四、钢筋混凝土楼板的构造

钢筋混凝土楼板按其施工方式不同分为现浇式、预制装配式和装配整体式三种类型。

现浇式楼板系指现场支模，整体浇筑成型的楼板结构。具有整体性好、刚度大、利于抗震、梁板布置灵活等特点，但其模板耗材大，施工进度慢，施工受季节限制。因此，适用于地震区及平面形状不规则或防水要求较高的房间。

预制式楼板系指在构件预制厂或施工现场预先制作，然后在施工现场装配而成的楼板。这种楼板可节省模板，改善劳动条件，提高生产效率，加快施工速度，并利于推广建筑工业化；但楼板的整体性差，适用于非地震区、平面形状较规整的房间中。

装配整体式楼板系指预制构件与现浇混凝土面层叠合而成的楼板。它既可节省模板，提高其整体性，又可加快施工速度，但其施工较复杂，目前多用于住宅、宾馆、学校、办公楼等大量性建筑中。

（一）现浇式钢筋混凝土楼板构造

现浇式钢筋混凝土楼板根据受力和传力情况不同，有板式楼板、梁板式楼板、井式楼板、无梁楼板和钢衬板组合楼板。

1. 板式楼板

它是将楼板现浇成平板，并直接支承在墙上。具有底面平整、便于支模等优点，适用于平面尺寸较小的房间，如厨房、卫生间、走廊等。

板式楼板的厚度与板的支承情况、受力情况有关。一般四面简支的单向板，其厚度不小于短边的1/40；四面简支的双向板，其厚度不小于短边的1/45。

2. 梁板式楼板

梁板式楼板是由板和梁共同组成的楼板结构。其荷载传递路线一般为板——主梁——次梁——柱（或墙），如图3-37。

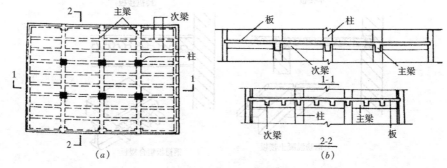

图 3-37　梁板式楼板

梁板式楼板主要适用于平面尺寸较大的房间或门厅。它的梁板布置主要由房间的使用要求、平面形式及尺寸、窗洞位置等因素决定。通常在纵横两个方向都设置梁。沿房间短跨布置的梁为主梁，垂直主梁方向布置的梁为次梁。一般情况下，主梁的经济跨度为5~8m，梁高为跨度的1/8~1/12，梁宽为梁高的1/2~1/3；次梁的经济跨度为主梁的间距，即4~6m，次梁的高度为其跨度的1/12~1/18，宽度为高度的1/2~1/3；板的跨度为次梁的间距，一般为1.7~3m，厚度一般为其跨度的1/40~1/50，且不小于60mm。

3. 井式楼板

当房间平面尺寸较大，且平面形状接近方形时，常将梁板式楼板中的两个方向的梁等距、等高布置，称为井式楼板。

井式楼板可根据房间使用特点和平面形式选择结构布置。一般可与墙体正交正放布置、正交斜放布置、斜交布置等。井式楼板中梁的跨度可达20~30m，梁截面高度一般为梁跨的1/15；宽度为梁高的1/2~1/4，且不小于120mm。板的跨度一般在3~4.5m之间。

4. 无梁楼板

无梁楼板为等厚的平板直接支承在柱上或墙上，其又分为有柱帽和无柱帽两种。其中柱帽形式可根据室内空间中柱的截面形式而定，如图3-38。

无梁楼板的柱网一般布置成正方形或矩形，间距一般不超过6m，且无梁楼板周围应设置圈梁，其高度不小于板厚的2.5倍，并不小于板跨的1/15。板的截面高度应不小于板跨的1/35~1/32，且不小于120mm，一般为150~200mm。

无梁楼板具有室内空间净空高度大、顶棚平整、施工简便等优点，适用于商店、仓库及书库等荷载较大的建筑中。

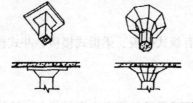

图 3-38　柱帽形式举例

5. 钢衬板组合楼板

它是利用凹凸相同的压型薄钢板做衬板，与现浇混凝土浇筑在一起，并支承在钢梁上构成整体型楼板。

钢衬板组合楼板主要由面层、组合板和钢梁三部分组成，如图 3-39。该楼板整体性、耐久性好，并可利用压型钢板肋间的空隙敷设室内电力管线。主要适用于大空间、高层民用建筑和大跨度工业厂房中。

钢衬板组合楼板按压型钢板的形式不同有单层钢衬板组合楼板和双层钢衬板组合楼板两种（图 3-39）。

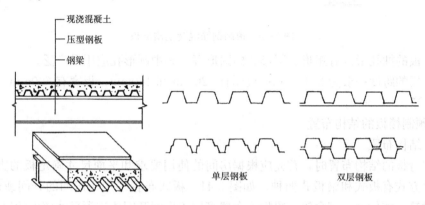

图 3-39　压型板混凝土组合楼板

（二）预制装配式钢筋混凝土楼板

1. 预制装配式钢筋混凝土楼板的类型

（1）按施工方式不同有预应力和非预应力两种。其中预应力楼板刚度好，自重轻，节约材料，造价经济，与非预应力相比可节约钢材 30%～50%，节约混凝土 30%。因此，常用于板跨较大的房间中。

（2）按构造方式及受力特点有实心板、空心板和槽形板等。

实心平板跨度一般在 2.4m 以内，板厚为跨度的 1/30，常取 60～80mm，板宽一般为600mm～900mm。

槽形板是一种梁板结合的预制构件，作用在板上的荷载是由两侧的边肋来承担。板一般做得很薄，通常为 25～30mm；槽板的肋高通常为 150～300mm；板宽常为 600mm、900mm、1200mm 等；板的跨度常为 3～7.5m。

为提高槽形板的刚度和便于搁置，常将板的两端以端肋封闭。当板长超过 6m 时，每隔 1000～1500mm 增设槽肋一道，如图 3-40。

槽形板有正置（肋向下）和倒置（肋向上）两种。正置板，由于板底不平整，板面较薄，隔声较差，适用于观瞻要求不高的房间，或在其下设吊顶遮盖。倒置板底面较平整，不需另做面层；当房间对保温、隔热要求较高时，可在槽内填充轻质多孔材料。

空心板是指板腹抽孔的钢筋混凝土楼板，其材料消耗量与槽形板相近，在结构计算理论上二者相同；但空心板底面平整，刚度大，隔音效果好。

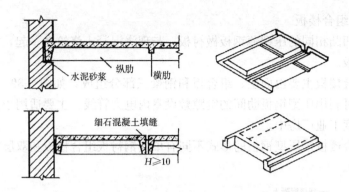

图 3-40　预制钢筋混凝土槽形板

空心板的抽孔形式有矩形、圆形、椭圆形等。其中圆形孔应用最广泛。

空心板的跨度一般为 2.4～6m；板厚有 120mm 和 180mm；板宽有 600mm、900mm、1200mm 等。

2. 预制楼板的结构布置

（1）结构布置

在进行板的结构布置时，首先应根据房间的使用要求和平面尺寸确定板的支承方式。板的支承方式有板式和梁板式两种，如图 3-41。板式布置多用于房间的开间或进深尺寸不大的建筑，如住宅、宿舍等。梁板式布置多用于房间开间或进深尺寸较大的房间，如教学楼、商场等。

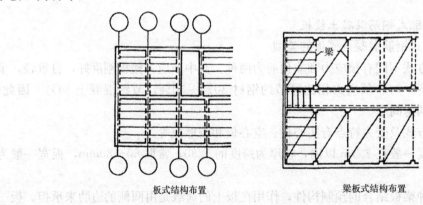

板式结构布置　　　　　　　　　　梁板式结构布置

图 3-41　预制楼板结构布置

在确定板的布置时，一般要求板的类型、规格愈少愈好，以简化板的制作与安装。同时空心板应避免出现三边支承。因空心板是按单向受力状态考虑的，三边支承的板为双向受力状态，在荷载的作用下宜沿板边竖向开裂，如图 3-42。

（2）板的搁置

预制板可直接搁置在墙上或梁上，为满足结构要求，通常应满足板端的搁置长度。一般情况下，板搁置在梁上应不小于 80mm；搁置在墙上不小于 100mm。

空心板安装前应在板端孔内填塞 C15 混凝土或碎砖。其原因有二：一是避免板端被上部墙体压坏；二是避免端缝灌浇时材料流入孔内而降低其隔声、隔热性能等。铺板前通常先在墙上或梁上抹 10～20mm 厚的水泥砂浆找平（称坐浆），使板与墙或梁有较好连接，并保证墙体受力均匀，如图 3-43。

当选用梁板式结构时，板在梁上的搁置有两种方式：一是搁置在梁顶，如矩形梁；二是搁置在梁出挑的翼缘上，如花篮梁、十字梁等，如图 3-44。

（3）板缝构造

板间接缝分侧缝和端缝两类。

1）侧缝：侧缝一般有 V 形缝、U 形缝和凹槽缝三种形式。V 形缝和 U 形缝，施工操作方便，多用于薄板间连接；凹槽缝最好，抵抗板间裂缝和错动的能力最强，但施工复杂，如图 3-45。

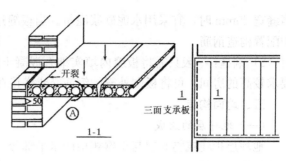

图 3-42　三面支承的板

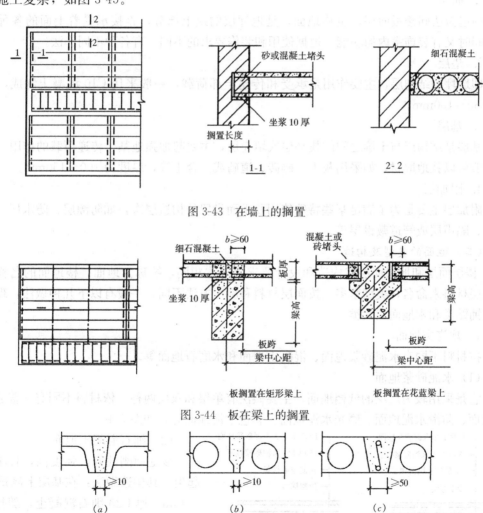

图 3-43　在墙上的搁置

图 3-44　板在梁上的搁置

图 3-45　板缝构造

为使板缝灌筑密实，缝的上口不宜小于 30mm；缝的下端宽度一般以 10mm 为宜。填缝材料与缝宽有关，当缝宽＞20mm 时，一般宜采用细石混凝土（不低于 C15）灌缝；

当缝宽 20mm 时，宜采用水泥砂浆灌筑。当板缝过宽（50mm）时，则应在灌缝的混凝土中配置构造钢筋。

2）端缝：一般只需将板缝内填实细石混凝土，使之相互连接。对于整体性、抗震性要求较高的房间，可将板端外露的钢筋交错搭接在一起，然后浇注细石混凝土灌缝。

五、地面构造

（一）地坪层的组成

地坪层指建筑物底层与土壤相接的水平部分。它承受着地坪上的荷载，并均匀地传给地坪以下的土壤。

地坪由面层、垫层和基层三部分组成，对有特殊要求的地坪，常在面层与垫层之间增设附加层，如保温层、防水层等。

1. 面层

构造做法同楼板面层，也称地面，是地坪层的最上部分，直接承受着上面的各种荷载，同时又有装饰室内的功能。根据使用和装修要求的不同，有各种不同作法。

2. 垫层

即地坪的结构层，主要作用是承受和传递上部荷载，一般采用 C10 混凝土制成，厚度为 60～100mm。

3. 基层

基层是结构层与土壤之间的找平层或填充层，主要起加强地基、传递荷载的作用。基层一般可以就地取材，如采用灰土、碎砖、道碴或三合土等，厚度为 100～150mm。

4. 附加层

附加层主要是为了满足某些特殊使用要求而设置的构造层次，如防潮层、防水层、保温层、隔声层或管道敷设层等。

（二）地面的类型及构造

楼层面层和地层面层在构造和设计要求上基本相同，统称为地面。楼地面的名称多以面层材料来命名，类型繁多。按面层材料和施工方法不同，一般有以下几种做法：现浇类、铺贴类和木地面三大类。

1. 现浇类地面

按材料不同有水泥砂浆地面、混凝土地面和水磨石地面等。

（1）水泥砂浆地面

它是采用较为广泛的低档地面，主要做法有单层和双层两种。依材料不同有：普通水泥地面、防滑水泥地面、磨光水泥地面、彩色水泥地面等，如图 3-46。

（2）细石混凝土地面

该地面刚性好，强度高，且不易起尘。其构造做法：在基层上浇筑 30～40mm 厚 C20 细石混凝土，随打随压光。为提高其整体性、满足抗震要求，可内配 $\phi4@200$ 的钢筋网。为增强地面的防潮、耐水性，也可做成沥青砂浆或沥青混凝土地面等。

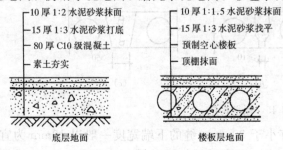

- 10 厚 1:2 水泥砂浆抹面
- 15 厚 1:3 水泥砂浆打底
- 80 厚 C10 级混凝土
- 素土夯实

底层地面

- 10 厚 1:1.5 水泥砂浆抹面
- 15 厚 1:3 水泥砂浆找平
- 预制空心楼板
- 顶棚抹面

楼板层地面

图 3-46 水泥砂浆地面

（3）水磨石地面

该地面坚硬、耐磨、光洁、不透水、装饰效果好，常用于有较高要求的房间，如中厅、营业厅、医疗用房等。

水磨石地面一般为双层构造。首先在刚性垫层或结构层上用 10～20mm 厚的 1∶3 水泥砂浆打底找平；然后在找平层上按地面设计图案用 1∶1 水泥砂浆嵌 10mm 高分格条（玻璃条、铜条或铝条）；最后再将拌和好的 1∶（1.5～2.5）的水泥石屑浆铺入压实，经浇水养护、磨石机磨光，并清洗后打蜡保护，如图 3-47。

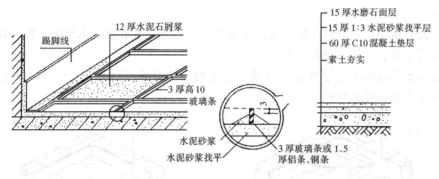

图 3-47 水磨石地面

2. 铺贴类地面

铺贴类地面有镶铺地面和粘贴地面两大类。

（1）镶铺类地面

该类地面花色品种多，经久耐用，易保持清洁，属中高档地面。当面层块较小时，如缸砖、陶瓷锦砖、地面砖等，一般铺在整体性和刚性均好的垫层或结构层上。其构造做法：先做找平层，再做结合层，并在其上铺平面砖、拍实，最后用干水泥擦缝。陶瓷锦砖面层拼接粘贴于牛皮纸上，并整张铺贴，如图 3-48。

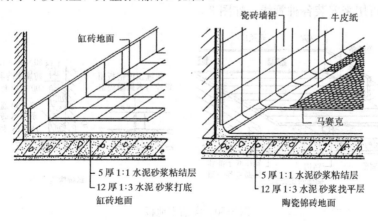

图 3-48 预制块材地面

当面层块材较大时，如预制水磨石、大理石板等。铺贴时需预先试铺，多按房间尺寸定制。其构造做法有两种：干铺和湿铺。干铺一般是在基层上铺一层 20～40mm 厚的砂子，再将面砖铺在其上，并校正平整后用砂子或水泥砂浆灌实。湿铺是在基层上抹 1∶3 水泥砂浆，再抹 1∶3 干硬性水泥砂浆找平层（30mm 厚），然后粘贴面砖（大理石板、花岗岩板），并用素水泥浆擦缝。

（2）粘贴地面

该类地面施工简便，通常采用相应的粘结剂粘贴在水泥砂浆找平层上，或干铺。常用的面层材料有塑料地毡、橡胶地毡、地毯等。多用于住宅建筑或公共建筑。

3. 木地面

木地面是由木板铺钉或硬质木板胶合而成，是一种高级地面。该地面弹性好、不起尘、易清洗、高雅美观、蓄热性好，多用于宾馆的客房、住宅的居室及有特殊要求的比赛场、馆等。

木地面按所用木板规格不同有普通木地面、硬木条地面和拼花木地面三种。按其构造形式不同有空铺、实铺和粘贴三种。

空铺木地面常用于底层地面，其做法是先砌筑地垄墙或设置架空骨架，再铺设木地板，以防止木地板受潮腐烂，如图3-49。

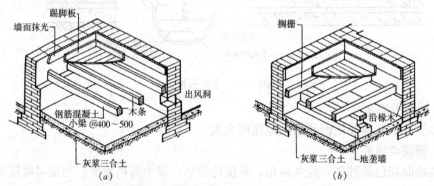

图3-49 空铺木地面搁栅搁置方式

实铺木地面是在刚性垫层或结构层上直接铺钉小搁栅，再在搁栅上固定木板，此时搁栅间的空档可用来安装各种管线，如图3-50。

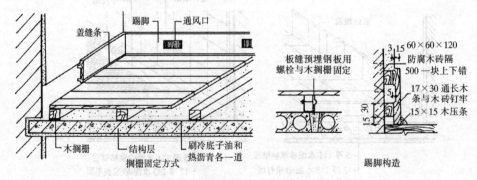

图3-50 实铺木地板

粘贴式木地面是将木地板用沥青胶或环氧树脂等粘结材料直接粘贴在找平层上。当为底层地面时，应在找平层上做防潮处理，如图3-51。

六、顶棚

（一）顶棚的作用和形式

顶棚是屋顶和楼板层下面的装修层。其作用是美化室内环境，改善室内采光和卫生状

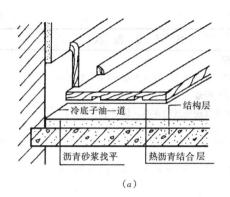
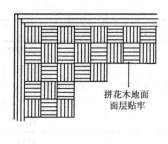

图 3-51　粘贴木地板

况，遮挡结构构件，还可满足室内保温、隔热、隔声和防火等功能。

顶棚按构造形式不同有直接式顶棚和悬吊顶棚。

（二）顶棚的构造

1. 直接式顶棚

直接式顶棚是指在钢筋混凝土楼板下表面喷（刷）涂料、抹灰或粘贴装饰材料三种做法，如图 3-52。

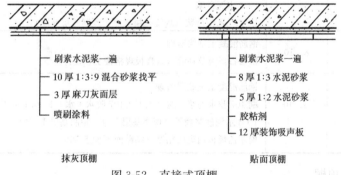

图 3-52　直接式顶棚

直接喷刷顶棚　适用于房间要求不高或楼底面平整时，可在板底嵌缝刮平后喷（刷）石灰浆或涂料两道。

直接抹灰顶棚　适用于房间要求稍高或板底不够平整时，先用 10% 火碱水清洗板底，再用 1∶1 水泥砂浆打底，然后抹纸筋灰浆或麻刀灰浆，并喷涂料两道而成。

贴面顶棚　适用于装修标准较高或有保温吸声要求的房间，常在楼板底面找平后，用胶粘剂粘贴装饰吸声板、石膏板、塑料板等。表 3-5 为常用直接式顶棚做法。

常用直接式顶棚做法　　　　　　　　　　　　　　　　　　　　　　表 3-5

名　　　称	厚度（mm）	材　料　及　做　法
纸筋石灰浆顶棚		钢筋混凝土基层清理
	4	刷 107 胶水泥浆一遍（水泥∶107 胶水∶水＝1∶0.15∶4）
	6、9	1∶0.5∶2.5 水泥石灰砂浆
	2	1∶1∶4 水泥石灰砂浆（现浇基层 6 厚、预制基层 9 厚）
		纸筋石灰浆（加纸筋 6%）

名　　称	厚度（mm）	材　料　及　做　法
麻刀石灰浆顶棚	4 6、9 2	钢筋混凝土基层清理 刷107胶水泥浆一遍（水泥：107胶水：水＝1：0.15：4） 1：0.5：2.5水泥石灰砂浆 1：1：4水泥石灰砂浆（现浇基层6厚、预制基层9厚） 石灰麻刀（加麻刀3%）
石膏灰浆顶棚	4 4、7 2	钢筋混凝土基层清理 刷107胶石膏浆一遍（石膏：107胶水：水＝1：0.15：4） 1：2石膏砂浆 1：2石膏砂浆（现浇基层4厚、预制基层7厚） 石膏灰浆
水泥混合砂浆顶棚	4 5.8 4	钢筋混凝土基层清理 刷107胶水泥浆一遍（石膏：107胶水：水＝1：0.15：4） 1：0.5：2.5水泥石灰砂浆 1：0.5：2.5水泥石灰砂浆（现浇基层5厚、预制基层8厚） 1：0.3：3水泥石灰浆
水泥砂浆顶棚	5 5、8	钢筋混凝土基层清理 刷107胶水泥浆一遍（水泥：107胶水：水＝1：0.15：4） 1：3水泥砂浆 1：2.5水泥砂浆（现浇基层5厚、预制基层8厚）
粘贴石膏板顶棚	8、10	钢筋混凝土基层清理 粘贴石膏板及补缝（石膏板规格按工程设计）
聚苯乙烯板 吸音隔热顶棚	5、10 10、15	钢筋混凝土土基层清理 刷107胶水泥浆一遍（水泥：107胶水：水＝1：0.15：4） 1：3水泥砂浆找平（现浇基层5厚、预制基层10厚） 聚苯乙烯板白乳胶粘贴（粘贴面不少于50%）

2. 悬吊式顶棚

悬吊式顶棚简称吊顶。吊顶由面层、骨架和吊筋三部分组成，如图3-53。

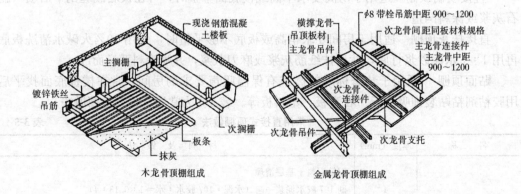

木龙骨顶棚组成　　　　　　　金属龙骨顶棚组成

图3-53 吊顶棚

（1）面层

面层的作用是装饰室内空间，特殊情况下还具有反射光线、吸声等作用。其构造做法主要有抹灰类、板材类和搁栅类。

（2）骨架

骨架的作用主要是承受并传递顶棚荷载给屋顶或楼板层。骨架分为主龙骨和次龙骨。其断面尺寸一般由结构计算确定。

按材料不同，骨架有木骨架和金属骨架两类。木骨架吊顶耐火性差，在重要工程和防火要求较高的工程中较少采用。金属骨架吊顶常用的有铝合金龙骨、型钢龙骨和轻钢龙骨。金属骨架吊顶装配化程度高，完全是干作业，重量轻、耐久性好，并具有吸声、防火装饰效果好等特点，多用于要求较高的工业及民用建筑中。

（3）吊筋

吊筋是连接吊顶骨架与屋顶或楼板层的受力构件。其形式和材料的选用与吊顶荷载、吊顶骨架的形式以及屋顶或楼板层的形式等有关。

七、阳台与雨篷

（一）阳台

阳台是多层及高层建筑中人们接触室外的平台。按其与外墙的相对位置分为凹阳台、凸阳台和半凸半凹阳台。其中凸阳台按其支承方式不同又分为楼板外伸式、挑梁外伸式、楼板压重式和楼板压梁式四种，如图 3-54。

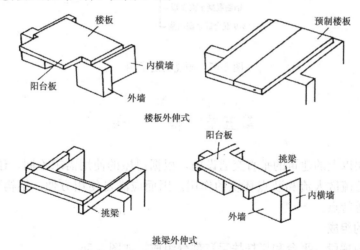

图 3-54 阳台承重构件

阳台一般由承重构件、栏杆（板）和扶手组成。

阳台的栏杆形式应考虑立面造型和当地气候特点，一般炎热地区采用空透式；寒冷地区采用实心板式或半空透式。栏杆的高度不宜小于 1.05m，高层建筑的栏杆可提高到 1.2m。

为防止雨水流入室内，阳台地面的标高应低于室内地面标高 10～20mm，并在阳台的一侧或两侧设排水口，阳台地面向排水口做 1‰～2‰的坡度。排水口内埋设 ϕ40 镀锌钢管或塑料管，并伸出阳台栏板不小于 60mm。

（二）雨篷

雨篷又称雨罩，设置在建筑出入口处，其作用是遮挡雨雪，使人们雨天可在入口处作暂时停留；保护外门免受雨淋；丰富建筑立面。

雨篷的形式多样，根据雨篷板的支承不同有门洞过梁悬挑板式和墙（或柱）支承式。其中最简单的是过梁悬挑板式，挑出长度一般为 0.9～1.5m，宽度一般需宽出洞口 500mm 以上，挑板厚度较薄，但端部最薄处不宜小于 50mm。为了板面排水的组织和立面造型的需要，板外沿常做加高处理，可采用混凝土现浇或砌成向上的翻口，高度不小于 60mm。此外，雨篷上表面需做防水处理，并在侧面或前面设排水口，表面形成 1% 的排水坡度，在靠墙处做泛水处理，如图 3-55。

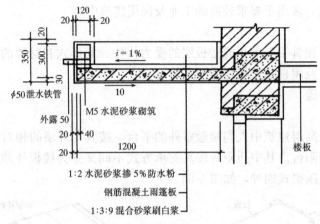

图 3-55　雨篷构造示例

第五节　楼　梯

楼梯是两层以上的建筑的垂直交通设施，根据房屋的使用需求不同，还可设有电梯、自动扶梯，起着疏散人流和装点环境的作用。因而应满足使用方便、结构可靠、防火安全、造型美观等特点。

一、楼梯的组成

楼梯主要由梯段、平台和栏杆扶手三部分组成，如图 3-56。

梯段是两个平台之间由若干连续踏步组成的倾斜构件。每个梯段的踏步数量一般不应超过 18 级，也不应少于 3 级。

平台包括楼层平台和中间平台两部分。连接楼板层与梯段端部的水平构件称为楼层平台，位于两层楼（地）面之间连接梯段的水平构件称为中间平台。

栏杆是布置在楼梯梯段和平台边缘处有一定刚度和安全度的围护构件。扶手附设于栏杆顶部，供依扶用。

二、楼梯的形式

按楼层间梯段的数量和形式，楼梯有多种形式，如图 3-57 所示。

单跑楼梯：一般用于层高较小的建筑，中间不设休息平台，只有一个楼梯段，所占楼间宽度较小，长度较大。

双跑平行式楼梯：一般建筑物中采用最为广泛的一种形式。由于双跑楼梯第二跑梯段折回，所以占用房间长度较小，楼梯间与普通房间平面尺寸大致相近，便于平面设计时进行楼梯布置。双分式、双合式楼梯相当于两个双跑楼梯并在一起，常用作公共建筑的主要楼梯。

三、四跑楼梯：常用于楼梯间平面接近方形的公共建筑。由于梯井较大，因此不宜用于住宅、小学校等儿童经常出入的建筑，否则应有可靠的安全措施。

螺旋楼梯：楼梯踏步围绕一根中央立柱布置，每个踏步面为扇形，行走不便。但由于它们造型独特、美观，另外还有圆形、弧形等曲线形楼梯形式，一般采用较少，有时公共建筑为丰富建筑空间也采用这种形式的楼梯。

剪刀式楼梯：四个梯段用一个中间平台相连，占用面积较大，行走方便，多用于人流较多的公共建筑。

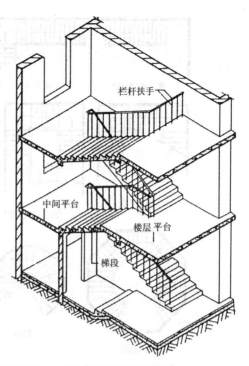

图 3-56　楼梯的组成

三、楼梯的主要尺度

（一）楼梯段的坡度和踏步尺寸

1. 楼梯坡度

楼梯坡度是指梯段中各级踏步前缘的假定连线与水平面形成的夹角，或以夹角的正切表示。楼梯的坡度范围常为 23°～45°，适宜的坡度为 30°左右。公共建筑的楼梯坡度较平缓，常用 26°34′（正切为 1/2）左右。住宅中的共用楼梯坡度可稍陡些，常用 33°42′（正切为 1/1.5）左右。

楼梯坡度一般不宜超过 38°，供少量人流通行的内部交通楼梯，坡度可适当加大。

2. 踏步尺寸

踏步尺寸包括踏步宽度和踏步高度。计算踏步尺寸常用的经验公式为：

$$2h+b=600mm$$

式中　h——踏步高度；

　　　b——踏步宽度；

600mm——人行走时的平均步距。

踏步高度不宜大于 210mm，并不宜小于 140mm，各级踏步高度均应相同，一般常用 140～180mm。

踏步宽度一般不宜小于 250mm，常用 250～320mm。供少量人流通行的内部交通楼梯，踏步宽度可适当减少，但也不宜小于 220mm。踏步宽度一般以 1/5M 为模数，如 220mm、240mm、260mm、280mm、300mm、320mm 等，必要时也可采用 250mm。

规范对各类建筑的楼梯踏步最小宽度和最大高度规定见表 3-6。

（二）楼梯段的宽度

楼梯段宽度指的是由梯间墙表面至楼梯扶手中心线或两扶手中心线间的水平距离。梯

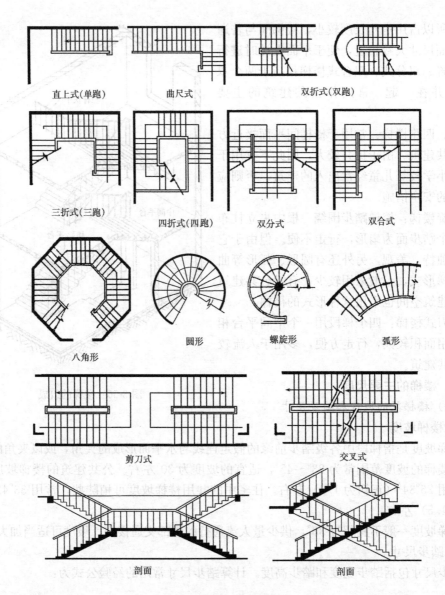

图 3-57　楼梯的形式

楼梯踏步最小宽度和最大高度（mm）　　表 3-6

楼　梯　类　别	最小宽度	最大高度
住宅共用楼梯	250	180
幼儿园、小学校等楼梯	260	150
电影院、剧场、体育馆、医院、疗养院等	280	160
其他建筑物楼梯	260	170
专用服务楼梯、住宅户内楼梯	220	200

段宽度是根据通行的人流量大小和安全疏散的要求决定的，一般按每股人流宽为 0.55＋
（0—0.15）m 的人流股数确定，不同使用性质的楼梯梯段最小宽度应符合表 3-7 的规定，
同时也应符合防火规范的规定。

154

梯 段 最 小 宽 度

表 3-7

序　号	楼梯使用特征	最小宽度（m）
1	住宅楼梯	1.10
2	影剧院、会堂、商场、医院、体育馆等主要楼梯	1.60
3	其他建筑主要楼梯	1.40
4	通向非公共活动用的地下室、半地下室楼梯	0.90
5	专用服务楼梯	0.75

（三）楼梯平台深度

楼梯平台深度不应小于楼梯梯段的宽度。但直跑楼梯的中间平台深度，以及通向走廊的开敞式楼梯楼层平台深度，可不受此限制，如图 3-58 所示。

平台宽度不得小于梯段的宽度，当平台上设暖气片或消防栓时，应扣除它们所占的宽度。

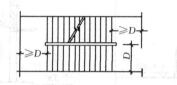
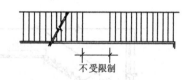

图 3-58　楼梯平台深度

（四）栏杆扶手的高度

楼梯栏杆扶手的高度是指从踏步前缘至扶手上表面的垂直距离。室内楼梯栏杆扶手的高度不宜小于 900mm，通常取 900mm。室外楼梯栏杆扶手的高度不宜小于 1050mm。幼儿扶手的高度不宜大于 600mm。

（五）楼梯的净高

楼梯的净高包括梯段部位的净高和平台部位的净高。梯段净高是指踏步前缘到顶棚（即顶部梯段底面）的垂直距离，梯段净高不应小于 2200mm。平台净高是指平台面（或楼地面）到顶部平台梁底面的垂直距离，平台净高不应小于 2000mm，如图 3-59 所示。

当楼梯底层中间平台下做通道时，为使平台净高满足要求，常采用以下几种处理方法：

（1）降低楼梯中间平台下的地面标高，即将部分室外台阶移至室内，如图 3-60（a）所示。但应注意两点：其一，降低后

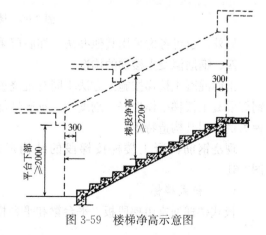

图 3-59　楼梯净高示意图

155

的室内地面标高至少应比室外地面高出一级台阶的高度，即100～150mm；其二，移至室内的台阶前缘线与顶部平台梁的内边缘之间的水平距离不应小于300mm。

（2）增加楼梯底层第一个梯段踏步数量，即抬高底层中间平台，如图3-60（b）所示。

（3）将上述两种方法结合，即降低楼梯中间平台下的地面标高；同时增加楼梯底层第一个梯段的踏步数量，如图3-60（c）所示。

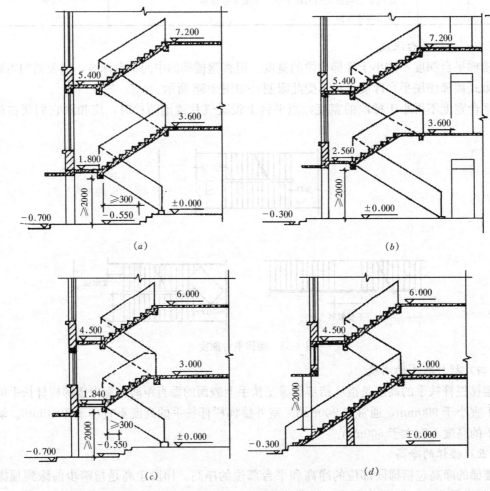

图3-60　楼梯的形式

另外，也可考虑采用其他办法，如底层采用直跑楼梯（图3-60d）等。

四、钢筋混凝土楼梯的构造

钢筋混凝土楼梯按施工方法不同有现浇整体式和预制装配式两种类型。其中由于现浇钢筋混凝土楼梯整体性好、刚度大、抗震性能好等特点，目前应用最为广泛，现以现浇楼梯为例介绍其构造特点。

现浇钢筋混凝土楼梯按梯段的结构形式不同，有板式楼梯和梁式楼梯两种，如图3-61。

（一）板式楼梯

板式楼梯通常由梯段板、平台梁和平台板组成，梯段板承受梯段的全部荷载，并且传

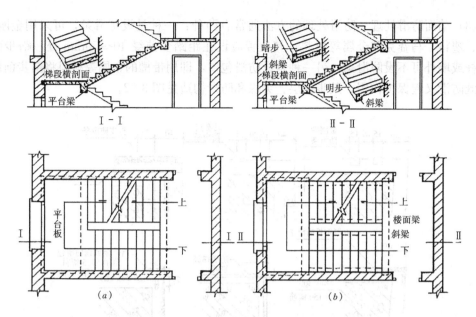

图 3-61 现浇钢筋混凝土楼梯构造
(a) 板式；(b) 梁式

给两端的平台梁，再由平台梁将荷载传到墙上。平台梁之间的距离即为板的跨度。另外也可不设平台梁，将平台板和梯段板连在一起，荷载直接传给墙体。

板式楼梯底面光洁平整，外形美观，便于支模施工。但是当梯段跨度较大时，梯段板较厚，混凝土和钢筋用量也随之增加，因此板式楼梯在梯段跨度不大（一般在 3m 以下）时采用。

（二）梁式楼梯

梁式楼梯由梯段板、梯段斜梁、平台板和平台梁组成。梯段板荷载由梯段板传给梯梁，梯梁两端搭在平台梁上，再由平台梁将荷载传给墙体。

梯段板靠墙一边可以搭在墙上，省去一根梯梁，以节省材料和模板，但施工不便。另一种做法是在梯段板两边设两根梯梁。梯梁在梯段板下，踏步外露，称为明步；梯梁在梯段板之上，踏步包在里面，称为暗步。

板式楼梯，传力路线明确，受力合理。当楼梯的跨度较大或荷载较大时，采用梁式楼梯较经济。

五、楼梯细部构造

（一）踏步表面处理

（1）踏步面层构造 踏步面层的构造做法与楼地面相同，可整体现浇，也可用块材铺贴。面层材料应根据建筑装修标准选择，标准较高时，可用大理石板或预制彩色水磨石板铺贴；一般标准时可做普通水磨石面层；标准较低时，可用水泥砂浆面层。缸砖面层一般用于较高标准的室外楼梯面层。

（2）踏步突缘构造 当踏步宽度取值较小时，前缘可挑出，形成突缘，以增加踏步的实际使用宽度，踏步突缘的构造做法与踏步面层做法有关。整体现浇的屋面，可直接浇成突缘，突缘宽度一般为 20～40mm，如图 3-62 所示。

（3）踏面防滑处理　防滑处理的方法通常有两种：一种是设防滑条，可采用金刚砂、橡胶、塑料、马赛克和金属等材料，其位置应设在距踏步前缘 40～50mm 处，踏步两端近栏杆或墙外可不设防滑条。另一种是设防滑包口，即用带槽的金属等材料将踏步前缘包住，既防滑又起保护作用。踏步面层、突缘和防滑构造见图 3-62。

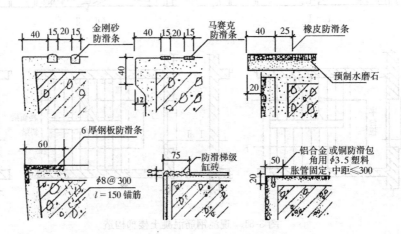

图 3-62　踏步面层、突缘和防滑构造

（二）栏杆和扶手构造

1. 栏杆的形式和材料

栏杆形式通常有空花栏杆、栏板式栏杆和组合式栏杆三种，如图 3-63 所示。栏杆一般采用金属材料做成，如圆钢、方钢、扁钢和钢管等。

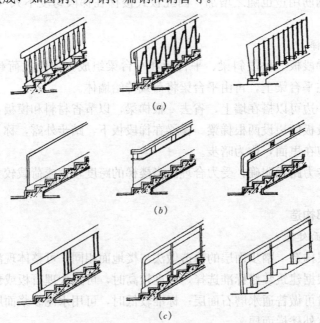

图 3-63　栏杆的形式

（a）空花式栏杆；（b）栏板式栏杆；（c）组合式栏杆

栏板可用若干种材料组成，如钢筋混凝土、砖、钢丝网水泥板、胶合板、各种塑料贴面复合板、玻璃、玻璃钢、轻合金板材等。不同材料质感不同，各有特色，可因地制宜加以选择。

2. 扶手的材料和断面形式

扶手常用硬木、塑料和金属材料制作。硬木扶手和塑料扶手目前应用较广泛；金属扶手，如钢管扶手、铝合金扶手一般用于装修标准较高的建筑。扶手断面形式很多，可根据扶手材料、功能和外观需要选择。为便于手握抓牢，扶手顶面宽度宜为60~80mm。图3-64为扶手断面形式、尺寸以及与栏杆的连接构造。

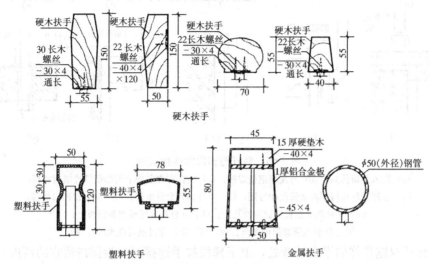

图3-64　扶手断面形式和尺寸以及与栏杆的连接构造

3. 栏杆和扶手的节点构造

（1）栏杆与梯段的连接　基本的连接方法有三种：焊接法、锚固法和栓接法。焊接法是在梯段中预埋钢板或套管，将栏杆的立杆与预埋铁件焊接在一起，如图3-65。

锚固法是在梯段中预留孔洞，将端部做成开脚，插入预留孔洞内，用水泥砂浆、细石混凝土或快凝水泥、环氧树脂等材料灌实。预留孔洞的深度一般不小于60~75mm，距离梯段边缘不小于50~70mm。

栓接法是用螺栓将栏杆固定在梯段上，固定方式有若干种。其中焊接法和锚固法应用较广泛。

（2）栏杆与扶手的连接

硬木扶手通常是用木螺丝将焊接在金属栏杆顶端的通长扁钢拧在一起；塑料扶手带有一定的弹性，通过预留的卡口直接卡在栏杆顶端焊接的通长扁钢上；金属扶手一般直接焊接在金属栏杆的顶面上，如图3-64所示。

（3）扶手与墙的连接

楼梯顶层的楼层平台临空一侧应设置水平栏杆扶手，扶手端部与墙应有可靠的连接。一般将连接扶手和栏杆的扁钢插入墙上的预留孔内，并用水泥砂浆或细石混凝土填实。若为钢筋混凝土墙或柱，可将扁钢与墙或柱上的预埋铁件焊接。

梯段宽度较大时设置的靠墙扶手不需要再设栏杆，直接用支架将扶手固定在墙上，固定方法有焊接、锚固和栓接等。

4. 栏杆扶手的转弯处理

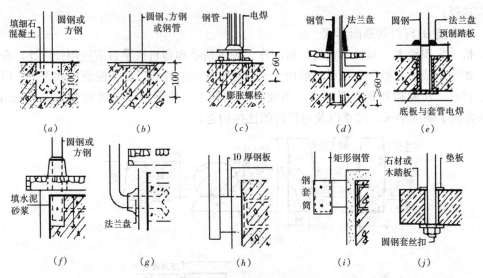

图 3-65　栏杆与梯段的连接构造

(a) 埋入预留孔洞；(b) 与预埋钢板焊接；(c) 立杆焊在底板上用膨胀螺栓锚固底板；
(d) 立杆套丝扣与预埋套管丝扣拧固；(e) 立杆插入套管电焊；(f) 侧面留凹口焊接；
(g) 立杆埋入踏板侧面预留孔内；(h) 立杆焊在踏板侧面钢板上；
(i) 立杆插入钢套筒内螺丝拧固；(j) 立杆穿过预留孔螺母拧固

在平行式双跑楼梯的平台转弯处，上下梯段扶手连接时，为保持适宜的高度，其构造处理方法主要有以下几种方法，如图 3-66。

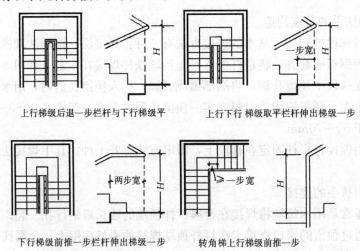

图 3-66　栏杆转弯保持扶手适宜高度的处理

六、室外台阶与坡道

室外台阶和坡道是建筑物入口处连接室内不同标高地面的构件。

（一）室外台阶

1. 室外台阶的组成和布置

室外台阶由踏步和平台两部分组成。

室外台阶踏步的高宽比一般为（1：2）～（1：4）。踏步宽度不宜小于300mm，常用

300～400mm。踏步高度不宜大于 150mm,平台深度一般不小于 900mm,平台面宜比室内地面低 20～60mm,并向外找坡 1%～4%。

室外台阶的布置形式主要有三种:三面踏步式;单面踏步式;踏步坡道结合式,如图 3-67 所示。

2. 室外台阶构造

室外台阶按材料不同,有混凝土台阶、石台阶和钢筋混凝土台阶等。混凝土台阶由面层、混凝土结构层、垫层和基层组成。是目前应用较普遍的一种做法,如图 3-68(a)、(b)、(c) 所示。

(二)坡道

在建筑物的出入口处,为便于车辆

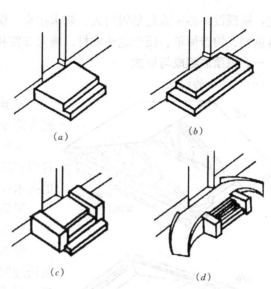

图 3-67 台阶的形式

出入,常做成坡道。坡道的坡度范围一般在 1:6～1:12 左右;室内坡道坡度不宜大于 1:8,室外不宜大于 1:10。供残疾人使用的坡道坡度不应大于 1:12,坡道的净宽度不应小于 0.9m。

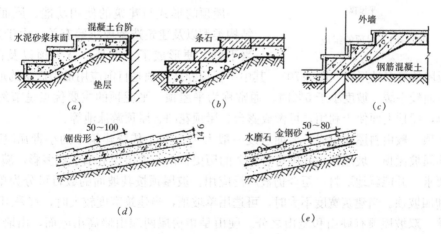

图 3-68 台阶、坡道构造类型
(a) 混凝土台阶;(b) 天然石台阶;(c) 钢筋混凝土室内台阶;
(d) 锯齿形混凝土坡道;(e) 带防滑条混凝土坡道

坡道材料一般选用抗冻性好和表面结实的材料,如混凝土坡道、天然石材坡道等。其面层光洁或坡度较大时应做好表面防滑处理,如图 3-68(d)、(e) 所示。

第六节 屋 顶

屋顶是建筑物最上层的覆盖构件。它主要有两个作用:一是防御自然界的风、雨、太阳辐射热和冬季低温等的影响;二是承受作用于屋顶上的风荷载、雪荷载和屋顶自重等。

因此，屋顶设计必须满足坚固耐久、防水排水、保温隔热、抵御侵蚀等要求。同时还应做到自重轻、构造简单、便于就地取材、施工方便和造价经济等。

一、屋顶的组成与形式

（一）屋顶的组成

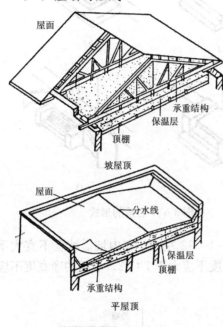

图 3-69　屋顶的组成

屋顶是由面层、承重结构、保温隔热层和顶棚等部分组成（图 3-69）。

屋顶面层暴露在大气中，直接承受自然界各种因素的长期作用。因此，屋面材料应具有良好的防水性能，同时也必须满足一定的强度要求。

屋顶承重结构，承受屋面传来的各种荷载和屋顶自重。

保温层是严寒和寒冷地区为防止冬季室内热量透过屋顶散失而设置的构造层。隔热层是炎热地区夏季隔绝太阳辐射热进入室内而设置的构造层。

顶棚是屋顶的底面。其类型及构造同楼地层部分。

（二）屋顶的形式

屋顶的形式与建筑的使用功能、屋面盖料、结构类型以及建筑造型要求等有关。由于这些因素不同，便形成了平屋顶、坡屋顶以及曲面屋顶、折板屋顶等多种形式（图 3-70）。其中平屋顶和坡屋顶是目前应用最为广泛的形式。

平屋面较平缓，坡度小于 5％时，通常称为平屋顶。平屋顶的主要优点是节约材料，构造简单，屋顶上面便于利用，可做成露台、屋顶花园、屋顶游泳池等。

坡屋顶一般由斜屋面组成，屋面坡度一般大于 10％，传统建筑中的小青瓦屋顶和平瓦屋顶均属坡屋顶。坡屋顶在我国有着悠久的历史，由于坡屋顶造型丰富多彩，满足人们的审美要求，并能就地取材，至今仍被广泛应用。坡屋顶按其坡面的数目可分为单坡顶、双坡顶和四坡顶。当建筑宽度不大时，可选用单坡顶，当建筑宽度较大时，宜采用双坡顶或四坡顶。双坡屋顶有硬山和悬山之分。硬山是指房屋两端山墙高出屋面，山墙封住屋面。悬山是指屋顶的两端挑出山墙外面。古建筑中的庑殿顶和歇山顶属于四坡顶。

曲面屋顶是由各种薄壳结构、悬索结构以及网架结构等作为屋顶承重结构的屋顶，如双曲拱屋顶、扁壳屋顶、鞍形悬索屋顶等。这类结构受力合理，能充分发挥材料的力学性能，因而能节约材料。但是，其屋顶施工复杂，造价高、故常用于大跨度的大型公共建筑中。

二、屋顶的坡度

屋顶的坡度大小是由多方面因素决定的，它与屋面选用的材料、当地降雨量大小、屋顶结构形式、建筑造型要求以及经济条件等有关。

屋顶坡度大小应适当，坡度太小易渗漏，坡度太大费材料，浪费空间。所以确定屋顶坡度时，要综合考虑各方面因素。从排水角度考虑，排水坡度越大越好；但从结构上、经

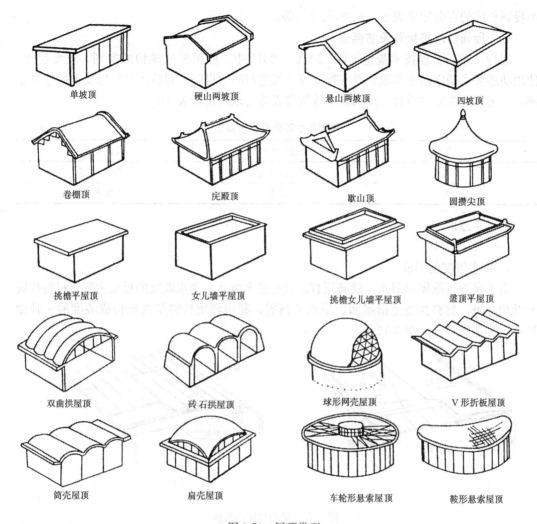

单坡顶	硬山两坡顶	悬山两坡顶	四坡顶
卷棚顶	庑殿顶	歇山顶	圆攒尖顶
挑檐平屋顶	女儿墙平屋顶	挑檐女儿墙平屋顶	盝顶平屋顶
双曲拱屋顶	砖石拱屋顶	球形网壳屋顶	V形折板屋顶
筒壳屋顶	扁壳屋顶	车轮形悬索屋顶	鞍形悬索屋顶

图 3-70 屋顶类型

济上以及上人活动等方面考虑，又要求坡度越小越好，如上人屋面一般采用1％～2％的坡度。此外，屋面坡度的大小还取决于屋面材料的防水性能。采用防水性能好、单块面积大、接缝少的屋面材料，如各种卷材、镀锌铁皮等，屋面坡度可以小一些；采用黏土瓦和小青瓦等单块面积小、接缝多的屋面材料时，坡度就必须大一些。图 3-71 列出了不同屋面材料适宜的坡度范围，粗线部分为常用坡度。

屋面坡度大小的表示方法有斜率法、角度法和百分比法。斜率法是以屋顶斜面的垂直投影高度与其水平投影长度之比来表示，如1：2、1：10 等。较大的坡度有时也用角度，即以倾斜屋面与水平面所成的夹角表示，如30°、45°等。较小的坡度则常用百分率，即以屋顶倾斜面的垂直投影高度与其水

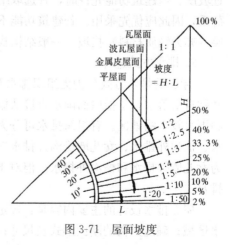

图 3-71 屋面坡度

163

平投影长度的百分比来表示，如2%、5%等。

三、屋面防水等级及设防要求

现行《屋面工程技术规范》GB 50345—2012 中，应根据建筑物的类别、重要程度、使用功能要求确定防水等级，并应按相应等级进行防水设防；对防水有特殊要求的建筑屋面，应进行专项防水设计。屋面防水等级和设防要求应符合表3-8。

<table>
<tr><td colspan="3" align="center">屋面防水等级和设防要求　　　　　　　　　　　　　　表 3-8</td></tr>
<tr><td align="center">防水等级</td><td align="center">建筑类别</td><td align="center">设防要求</td></tr>
<tr><td align="center">Ⅰ级</td><td align="center">重要建筑和高层建筑</td><td align="center">两道防水设防</td></tr>
<tr><td align="center">Ⅱ级</td><td align="center">一般建筑</td><td align="center">一道防水设防</td></tr>
</table>

四、平屋顶

（一）排水设计

1. 排水坡度的形成

为了迅速排除屋面雨水，就必须有适宜的排水坡度。排水坡度的形成主要有材料找坡和结构找坡。材料找坡是指屋面板呈水平搁置，利用轻质材料垫置而构成坡度的一种做法，又称垫置坡度（图3-72）。

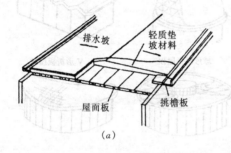
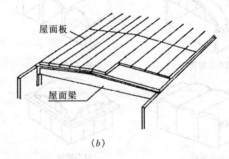

图 3-72　屋面坡度的做法
（a）材料找坡；（b）结构找坡

结构找坡是指将屋面板倾斜搁置在下部的墙体或屋面梁及屋架上的一种做法，又称搁置坡度。当建筑功能允许时，宜选取结构找坡，既可节省材料，降低成本，又减轻了屋面荷重，因此应优先采用。若建筑功能不允许，须采用材料找坡，通常采用轻质材料或保温层（亦为轻质材料）找坡。一般结构找坡坡度宜为3%，材料找坡坡度宜为2%。

2. 排水方式选择

屋面的排水方式分为无组织排水和有组织排水两大类，如图3-73所示。无组织排水又称自由落水，是指屋面雨水直接从檐口落至室外地面的一种排水方式，一般适用于低层和雨水较少的地区。有组织排水可分为外排水和内排水，常用的外排水方式有女儿墙外排水、檐沟外排水、女儿墙檐沟外排水三种。一般情况下，民用建筑中最常用的外排水方式为女儿墙外排水和檐沟外排水。但对于多跨房屋的中间跨、高层建筑、寒冷地区宜采用内排水。

屋面排水设计的主要内容是：确定坡度形成方法和坡度大小；选择排水方式和划分排水区域；确定天沟的断面形式及尺寸；确定水落管所用材料、大小及间距；绘制屋顶排水

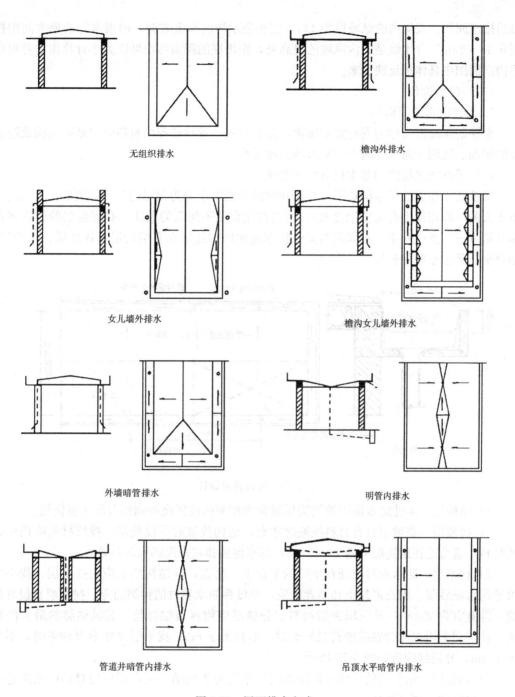

图 3-73　屋面排水方式

平面图。单坡排水的屋面宽度控制在 12～15m 以内，矩形天沟净宽不宜小于 200mm，天沟纵坡最高处离天沟上口的距离不小于 120mm，天沟纵向坡度取 1%。水落管的内径不宜小于 75mm，间距一般在 18～24m 之间，每根水落管可排除约 200m² 的屋面雨水。

　　按以上几点考虑后，即能比较顺利地绘出屋顶平面图来。例如图 3-74，该图为双坡流水的檐沟外排水方案，排水区的大小为虚线交叉的范围，也是每一雨水口和雨水管所担负的排水面积。天沟内的纵坡值为1‰，箭头表示沟内水流方向，两雨水管的最大间距控制在18～24m。分水线是天沟纵坡的最高处，距沟底的距离可由坡度大小计算出，并可在檐沟剖面图中具体地反映出来。

（二）防水设计

1. 柔性防水屋面构造

柔性防水屋面又称为卷材防水屋面，是指以防水卷材和胶结材料分层粘贴而构成防水层的屋面。适用于防水等级Ⅰ—Ⅳ级的屋面防水。

（1）柔性防水屋面的基本构造层次和做法

柔性防水屋面的基本构造层次根据建筑的功能要求分为保温的和不保温的，上人的和不上人的（即屋顶上有无使用要求）。这里首先介绍不保温的做法，有保温层的做法将在本节第（三）条中介绍。不保温的柔性防水屋面的构造层次有结构层、找坡层、找平层、结合层、防水层和保护层。

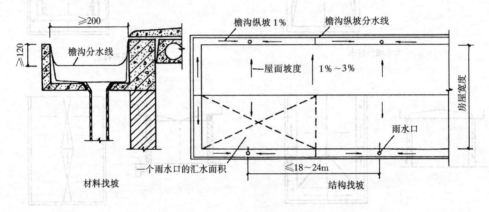

图 3-74 屋面排水设计

1）结构层 柔性防水屋面的结构层通常为预制的或现浇的钢筋混凝土屋面板。

2）找坡层 找坡层只有材料找坡时才有，结构找坡时不设此层。找坡材料应选用轻质材料，通常是在结构层上铺1∶（6～8）的水泥焦砟或水泥膨胀蛭石等。

3）找平层 防水卷材应铺在平整的平面上，所以，在结构层上应做找平层。找平层可选用水泥砂浆、细石混凝土和沥青砂浆，厚度视防水卷材的种类而定。找平层宜设分格缝，缝宽宜为20mm，并嵌填密封材料。分格缝应留在板端缝处，其纵横缝的最大间距为：找平层采用水泥砂浆或细石混凝土时，不宜大于6m；找平层采用沥青砂浆时，不宜大于4m。分格缝构造如图3-75所示。

4）结合层 结合层的作用是使防水层与基层易于粘结。结合层所用材料应根据卷材防水层材料的不同来选择。

5）防水层 防水层所用卷材种类有沥青防水卷材、高聚物改性沥青防水卷材和合成高分子防水卷材。当屋面坡度小于3%～15%之间时，卷材可平行或垂直屋脊铺贴；屋面坡度大于15%或屋面受震动时，沥青防水卷材应垂直屋脊铺贴，高聚物改性沥青防水卷材和合成高分子防水卷材可平行或垂直屋脊铺贴。铺贴卷材应采用搭接法，搭接宽度以沥青防水卷材为例，短边不小于100mm，长边应不小于70mm。

6）保护层 设置保护层的目的是保护防水层。保护层的材料做法，应根据防水层所用材料和屋面的利用情况而定。

不上人屋面保护层的做法：当采用普通油毡防水层时上铺的粒径为 3～6mm 的小石子，称为绿豆砂保护层；三元乙丙橡胶卷材采用银色着色剂，直接涂刷在防水层上表面；彩色三元乙丙复合卷材防水层直接用 CX-404 胶粘结，不需另加保护层。

上人屋面的保护层具有保护防水层和兼作地面面层的双重作用，其构造做法通常可采用水泥砂浆或沥青砂浆铺贴缸砖、大阶砖、混凝土板等；也可采用

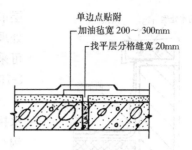

图 3-75　找平层分格缝做法

20mm 厚水泥砂浆或 30mm 厚 C20 细石混凝土（宜掺微膨胀剂）。当采用块材作保护层时，宜留设分格缝，分格面积不宜大于 $100m^2$；当采用水泥砂浆作保护层时，表面应抹平压光，并应设表面分格缝，分格面积宜为 $1m^2$；当采用细石混凝土作保护层时，混凝土应振捣密实，表面抹平压光，并应留设分格缝，分格面积不应大于 $36m^2$。保护层和防水层之间应设置隔离层。常见卷材防水屋面的构造做法如图 3-76 所示。

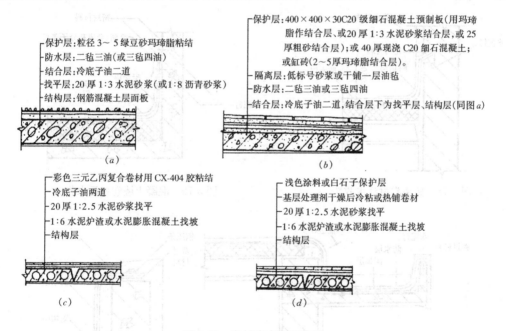

图 3-76　卷材防水屋面构造

(a) 不上人不保温的油毡屋面做法；(b) 上人不保温油毡屋面做法

(c) 彩色三元乙丙复合卷材屋面做法；(d) 改性柔性油毡卷材屋面做法

（2）柔性屋面的细部构造

1）泛水构造：凡屋面防水层与垂直于屋面的凸出物交接处的防水处理称为泛水。泛水的构造做法除了屋面与立墙交接处做成弧形，泛水高度不小于 250mm 外，现行《屋面工程技术规范》对泛水的构造还做了如下修订：铺贴泛水处的卷材应采取满粘法，当女儿墙较低时，卷材收头可直接铺压在女儿墙压顶下，压顶做防水处理，如图 3-77 所示。当女儿墙为砖墙时，也可在砖墙上留凹槽，卷材收头应压入槽内固定密封，凹槽距屋面找平

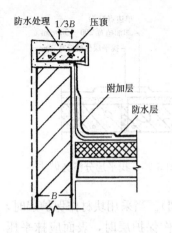

图 3-77 泛水收头

层最低高度不应小于 250mm，凹槽上部的墙体亦应做防水处理，如图 3-78 所示。当女儿墙为混凝土墙时，卷材收头可采用金属压条固定于墙上，并用密封材料封固，如图 3-79 所示。

2）檐口构造：柔性防水屋面的檐口构造有无组织排水挑檐沟和有组织排水挑檐沟及女儿墙檐口等。天沟、檐沟与屋面交接处应增铺附加层，且附加层宜空铺，空铺宽度应为 200mm，卷材收头应固定密封，如图 3-80 所示。无组织排水檐口 800mm 范围内卷材应采取满粘法，卷材收头应固定密封，如图 3-81 所示。

3）雨水口构造：雨水口有用于檐沟排水的直管式雨水口（即直式雨水口）和女儿墙外排水的弯管式雨水口（即横式雨水口）两种。在雨水口的构造做法中应注意在其周围加铺一层卷材，并应贴入雨水口内壁，如图 3-82 所示。

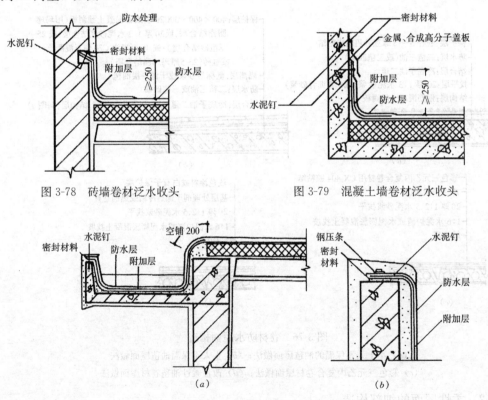

图 3-78 砖墙卷材泛水收头   图 3-79 混凝土墙卷材泛水收头

图 3-80 檐沟及檐沟卷材收头

2. 刚性防水屋面

刚性防水屋面是指以刚性材料作为防水层的屋面，如防水砂浆、细石混凝土、配筋细石混凝土防水屋面等。主要适用于防水等级Ⅳ级的屋面防水，也可用作Ⅰ、Ⅱ级屋面多道防水设防中的一道防水层；不适用于设有松散材料保温层的屋面以及受较大震动或冲击的建筑屋面。

（1）刚性防水屋面的层次和做法

刚性防水屋面一般由结构层、找平层、隔离层和防水层组成，如图 3-83 所示。在构造做法中应注意以下几个问题。

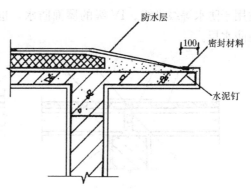

图 3-81　无组织排水檐口

1）刚性防水屋面的坡度宜为 2%～3%，并应采用结构找坡。细石混凝土防水层的厚度不应小于 40mm，并应配置直径为 $\phi4～\phi6mm$，间距为 100～200mm 的双向钢筋网片。钢筋网片在分格缝处应断开，其保护层厚度不应小于 10mm。

2）为了减少结构层变形及温度变化对防水层的不利影响，宜在防水层下设置隔离层，也称浮筑层。一般先在结构层上面用水泥砂浆找平，再用废机油、沥青、油毡、黏土、石灰砂浆、纸筋灰作隔离层。

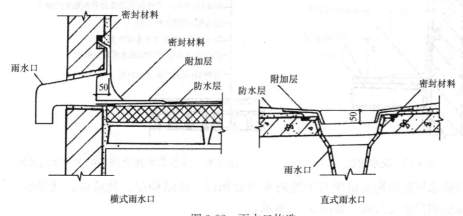

横式雨水口　　　　　　直式雨水口

图 3-82　雨水口构造

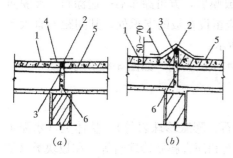

图 3-83　混凝土刚性防水屋面做法

1—刚性防水层；2—密封材料；3—背衬材料；
4—防水卷材；5—隔离层；6—细石混凝土

（2）刚性防水屋面的细部构造

1）分格缝　分格缝又称分仓缝。设置分格缝的目的在于防止温度变形引起防水层开裂，防止结构变形将防水层拉坏。因此，分格缝应设在屋面板的支承端、屋面转折处、防水层与突出屋面结构的交接处，并应与板缝对齐。一般分格缝的纵横间距不宜大于 6m；分格缝宽度宜为 20～40mm；分格缝中应嵌密封材料，上部铺贴防水卷材，如图 3-84 所示。

2）泛水　刚性防水层与山墙、女儿墙交接处应留宽度为 30mm 的缝隙，并应用密封材料嵌填；泛水处应铺设卷材或涂抹防水层，收头做法与柔性防水屋面泛水做法相同，如图 3-85 所示。

3.涂膜防水屋面

涂膜防水屋面又称涂料防水屋面，是指用可塑性和粘结力较强的高分子防水涂料，直接涂刷在屋面基层上，形成一层不透水的薄膜层，以达到防水目的的一种屋面做法。主要适用于防水等级Ⅲ级、Ⅳ级的屋面防水，也可作为Ⅰ级、Ⅱ级屋面多道防水设防中的一道防水层。

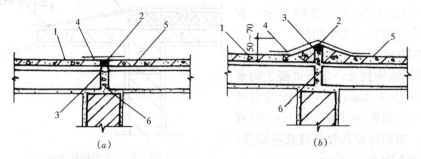

图 3-84　分格缝构造

1—刚性防水层；2—密封材料；3—背衬材料；4—防水卷材；5—隔离层；6—细石混凝土

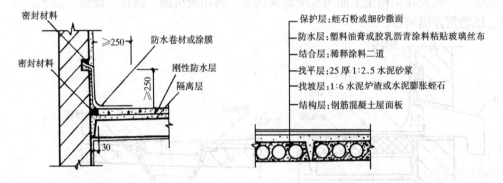

图 3-85　泛水构造　　　　　图 3-86　涂膜防水屋面构造层次及常用做法

涂膜防水屋面的构造层次与柔性防水屋面相同，由结构层、找坡层、找平层、结合层、防水层和保护层组成，如图 3-86 所示。

防水涂膜应分层分遍涂布。待先涂的涂层干燥成膜后，方可涂布后一遍涂料。涂膜防水屋面的找平层应设分格缝，缝宽宜为 20mm，并应留设在板的支承处，其间距不宜大于6m。分格缝应嵌填密封材料。构造做法如图 3-87 所示。

涂膜防水屋面的泛水构造和柔性防水屋面的泛水做法类同，如图 3-88 所示。

（三）平屋顶的保温与隔热

1. 平屋顶的保温材料

平屋顶保温材料有散料（炉渣、矿渣、膨胀蛭石、膨胀珍珠岩等）、整体类（水泥炉渣、水泥膨胀蛭石、水泥膨胀珍珠岩及沥青膨胀蛭石和沥青膨胀珍珠岩等）和板块类（加气混凝土、泡沫混凝土、膨胀蛭石、水泥膨胀珍珠岩、泡沫塑料等块材或板材）。保温材料的选择应根据建筑物的使用性质、构造方案、材料来源经济指标等因素综合考虑确定。根据保温层在屋顶中的具体位置有正铺法和倒铺法两种。

正铺法是将保温层设在结构层之上、防水层之下而形成封闭式保温层的一种屋面做法。当采用正铺法做屋面保温层时，宜做找平层。倒铺法是将保温层设置在防水层之上，形成敞露式保温层的一种屋面做法。当采用倒铺屋面保温时，宜做保护层，保护层可采用混凝土等板材、水泥砂浆或卵石。卵石保护层与保温层之间应铺设纤维织物；板状保护层可干铺，也可用水泥砂浆铺砌。构造做法见图 3-89 所示。

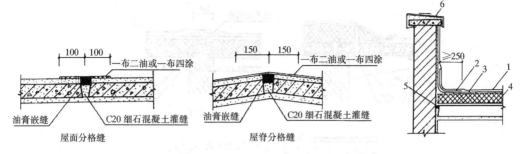

图 3-88　泛水构造
1—涂膜防水层；2—有胎体增强
材料的附加层；3—找平屋；4—保
温层；5—密封材料；6—防水处理

图 3-87　分格缝构造

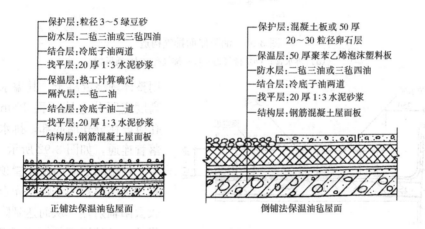

图 3-89　平屋顶的保温构造

　　屋面保温层和找平层干燥有困难时，宜设置隔气层。隔汽层的做法一般是在 20 厚 1:3 水泥砂浆找平层上刷冷底子油两道作为结合层，结合层上做一毡二油或两道热沥青隔气层。由于隔汽层的设置，保温层成为封闭状态，施工时保温层和找平层中残留的水分无法散发出去，在太阳照射下水分汽化成水蒸气而体积膨胀，水蒸气不排除会造成防水层鼓泡破裂。因此需有排汽措施，常见做法是在保温层中设排气道，排气道应纵横连通，并同与大气连通的排气孔相通，如图 3-90 所示。排汽道间距宜为 6m，纵横设置；屋面面积每 36m² 宜设置一个排气孔，排气孔应做防水处理。

　　2. 平屋顶的隔热

　　平屋顶的隔热可采用通风隔热屋面、蓄水隔热屋面、种植隔热屋面和反射降温屋面。

　　通风隔热屋面是指在屋顶中设置通风间层，使上层表面起着遮挡阳光的作用，利用风压和热压作用把间层中的热空气不断带走，以减少传到室内的热量，从而达到隔热降温的目的。架空隔热屋面是常用的一种通风隔热屋面，架空隔热层高度宜为 100～300mm，架空板与女儿墙的距离不宜小于 250mm，如图 3-91 所示。

　　蓄水屋面是指在屋顶蓄积一层水，利用水蒸发时需要大量的汽化热，从而大量消耗晒到屋面的太阳辐射热，以减少屋顶吸收的热能，从而达到降温隔热的目的。蓄水屋面宜采

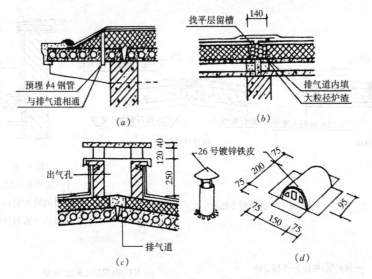

图 3-90 油毡屋面排气构造
(a) 排水管；(b) 排气道；(c) 排气孔 (d) 通风帽

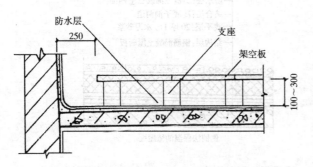

图 3-91 架空隔热屋面构造

用整体现浇混凝土，其溢水口的上部高度应距分仓墙顶面 100mm，过水孔应设在分仓墙底部，排水管应与水落管连通，如图 3-92 所示。

种植隔热屋面是在屋顶上种植植物，利用植被的蒸腾和光合作用，吸收太阳辐射热，从而达到降温隔热的目的。种植屋面的构造可根据不同的种植介质确定，与刚性防水屋面基本

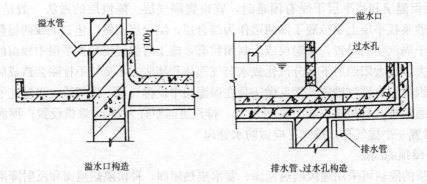

溢水口构造　　　　　排水管、过水孔构造

图 3-92 蓄水屋面构造

相同。

五、坡屋顶

坡屋顶有双坡、单坡、四坡、攒尖等多种形式。坡屋顶主要由承重结构和屋面两部分组成，必要时还有保温层、隔热层及顶棚等。

（一）坡屋顶的承重结构形式

坡屋顶中常用的承重结构有山墙承重、屋架承重和梁架承重三类。

1. 山墙承重

山墙常指房屋的外横墙，利用山墙砌成尖顶形状直接搁置檩条，以承担屋顶重量。这种承重方式称山墙承重，又称硬山搁檩，一般适合于多数相同开间并列的房屋，如宿舍、办公室等。

2. 屋架承重

屋架承重是指利用建筑物的外纵墙或柱支承屋架，在屋架上搁置檩条承受屋面重量的一种结构方式。这种承重方式多用于要求有较大空间的建筑，如食堂、教学楼等。

3. 梁架承重

梁架承重是我国的传统结构形式，用柱与梁形成的梁架支承檩条，并利用檩条及连系梁（枋），使整个房屋形成一个整体的骨架，墙只起围护和分隔作用，如图 3-93 所示。

（二）承重结构构件

坡屋顶承重结构构件主要有檩条和屋架。

1. 檩条

檩条又称桁条，是房屋纵向搁置在屋架或山墙上的屋面支承梁。檩条所用材料可为木材、钢材及钢筋混凝土。木檩条有矩形和圆形两种；钢筋混凝土檩条有矩形、L 形、T 形等；钢檩条有普通型钢和冷弯型钢檩条。

采用木檩条要注意搁置处的防腐处理。一般在端头涂以沥青，并在搁置点下设有混凝土垫块，以便荷载的分布。采用钢筋混凝土檩条时，为了在檩条上钉屋面板，常在其上设置木条，木条断面呈梯形，尺寸约 40～50mm 对开。

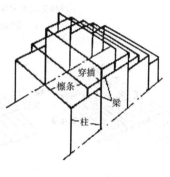

图 3-93　梁架承檩式屋架

2. 屋架

当坡屋面房屋内部需要较大空间时，可把部分山墙取消，用屋架作为横向承重构件。屋架形式常为三角形，由上弦、下弦及腹杆组成；所用材料有木材、钢材及钢筋混凝土等，如图 3-94 所示。为防止屋架的倾覆，提高屋架及屋面结构的空间稳定性，屋架间应设置支撑。屋架支撑主要有垂直剪力撑和水平系杆等。

（三）坡屋顶的平瓦屋面

平瓦屋面根据基层的不同有冷摊瓦屋面、木望板平瓦屋面和钢筋混凝土挂瓦板平瓦屋面三种做法，如图 3-95 所示。

冷摊瓦屋面是在檩条上钉椽条，然后在椽条上钉挂瓦条并直接挂瓦。木望板瓦屋面是在檩条上铺钉 15～20mm 厚的木望板（亦称屋面板）。望板可采取密铺法（不留缝）或稀铺法（望板间留 20mm 左右宽的缝）。在望板上平行于屋脊方向干铺一层油毡，在油毡上顺着屋面水流方向钉顺水条，然后在顺水条上面平行于屋脊方向钉挂瓦条并挂瓦。

钢筋混凝土挂瓦板屋面是用预应力或非预应力的钢筋混凝土挂瓦板代替冷摊瓦屋面及木望板瓦屋面的木基层，在挂瓦板上直接铺挂平瓦。挂瓦板的尺寸应与平瓦的尺寸相符，其中断面有单 T 形、双 T 形、F 形，并在板肋跟部留有泄水孔，以便排除由瓦面渗漏下

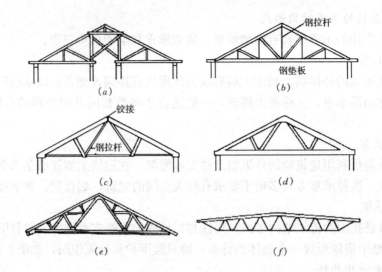

图 3-94　屋架形式

(a)四支点木屋架；(b)钢木组合豪式屋架；(c)钢筋混凝土土三铰式屋架；
(d)钢筋混凝土屋架；(e)芬式钢屋架；(f)梭形轻钢屋架

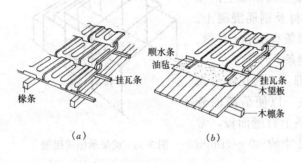

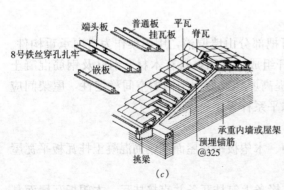

图 3-95　平瓦坡屋顶

(a)冷摊瓦屋面；(b)木望板平瓦屋面；
(c)钢筋混凝土挂瓦板屋面

的雨水。

（四）坡屋顶檐口构造

1. 纵墙檐口

纵墙檐口根据造型要求可做成挑檐或封檐两种。

（1）挑檐　挑檐是指屋面挑出外墙的部分，对外墙起保护作用。其构造有砖挑檐、屋面板挑檐、挑檐木挑檐、挑椽挑檐等做法，如图 3-96 所示。

（2）封檐　封檐是檐口外墙高出屋面将檐口包住的构造做法。为了解决排水问题，一般需做檐部内侧水平天沟，如图 3-96（f）所示

2. 山墙檐口

山墙檐口按屋顶形式有硬山和悬山两种做法。

（1）硬山檐口　硬山檐口是指山墙高出屋面的构造做法，在墙与屋面交接处应做泛水处理，如图 3-97 所示。

（2）悬山檐口　是指屋面挑出山墙的构造做法，其构造处理常用檩条挑出山墙，檩条端部用木封檐板（也称博风板）封住，如图 3-98 所示。

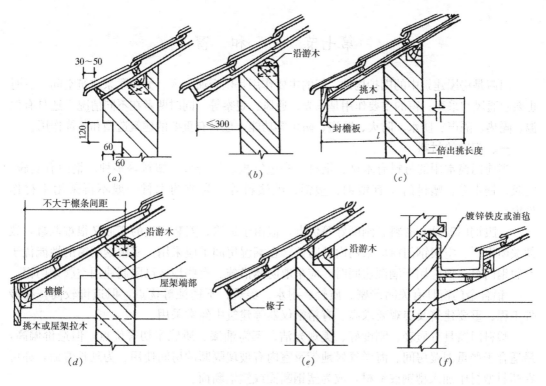

图 3-96 纵墙檐口构造

(a) 砖挑檐；(b) 屋面板挑檐；(c)、(d) 挑檐木挑檐；(e) 挑椽挑檐；(f) 封檐口

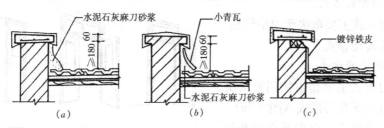

图 3-97 硬山檐口构造

(a) 挑砖砂浆抹灰泛水；(b) 小青瓦尘浆泛水；(c) 镀锌铁皮泛水

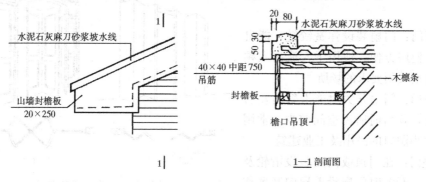

1—1 剖面图

图 3-98 悬山檐口构造

第七节 门 和 窗

门窗是房屋建筑中的围护构件。门的主要作用是供交通出入、分隔联系建筑空间，有时也兼起通风和采光；窗的主要作用是采光、通风、观察等。同时两者在不同情况下还具有保温、隔热、隔声、防水、防火、防盗、防尘等功能，也具有重要的建筑造型和装饰作用。

一、门窗的材料

当前门窗常用的材料有木材、钢材、彩色钢板、铝合金、塑料等多种。钢门有实腹、空腹、钢木等。塑料门窗有塑钢、塑铝、纯塑料等。为节约木材一般不再采用木材作外窗。

空腹钢门窗具有省料、刚度好等优点，但由于运输、安装产生的变形又很难调直，致使关闭不严。空腹钢门窗应采用内壁防锈，在潮湿房间不应采用。实腹钢门窗的性能优于空腹钢门窗，但应用于潮湿房间时，应采取防锈措施。有些地区已限制使用空腹钢门窗。

铝合金门窗具有关闭严密、质轻、耐水、美观、不锈蚀等优点，但造价较高。在涉外工程、重要建筑及美观要求高、有精密仪器等建筑中经常采用。

塑料门窗具有质轻、刚度好、美观光洁、不需油漆、质感亲切等优点，但造价偏高，最适合于严重潮湿房间、海洋气候地带及室内有玻璃隔断的房间使用。为延长寿命，亦可在塑料型材中加入型钢或铝材，成为塑钢断面或塑铝断面。

二、门窗的开启方式

（一）窗的开启方式

窗的开启方式主要取决于窗扇转动五金的位置及转动方式。

（二）门的开启方式

门的开启方式主要是由使用要求决定的，通常有以下几种形式（图3-99）：

平开门：有单扇、双扇及内开和外开之分，制作安装方便、开启灵活、构造简单，是一般建筑中使用最广泛的门。

弹簧门：门扇装设弹簧铰链，能自动关闭，使用方便，适用于人流出入频繁或有自动关闭要求的场所。

推拉门：门扇开关时能沿轨道左右水平滑行，开启时所占空间较少，常用于各种大小洞口的民用及工业建筑。

折叠门：在门顶或门底装设滑轮及导向装置，开关时门扇沿着导向装置移动，适用于宽度较大的门洞，如仓库、商店等。

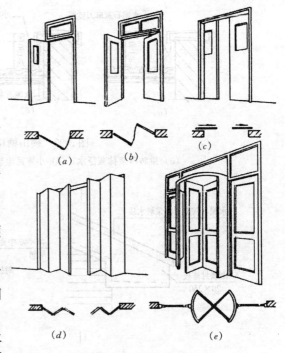

图3-99 门的开启方式
(a) 平开门；(b) 弹簧门；(c) 推拉门；
(d) 折叠门；(e) 转门

176

转门：三扇或四扇门组合在同一个垂直轴上，可水平旋转，一般都有两个弧形门套，使用时可减少室内冷气或暖气的损失，但制作复杂，常用于公共建筑中的主要入口。

另外还有上翻门、升降门、卷帘门等，一般适用于较大的活动空间如车间、车库及商业建筑等。

三、门窗构造

（一）木窗构造

窗不论材料如何，一般均由窗框、窗扇及附件等组成，下面主要以木窗为例说明其构造组成与节点做法。

1. 木窗的组成、尺度及开启方式

木窗主要由窗框、窗扇、五金零件及附件组成。窗框由边框、上框、下框、中横框和中竖框组成；窗扇由上冒头、下冒头、边梃、窗芯、玻璃等组成；五金零件如铰链、风钩、插销等；附件有贴脸板、筒子板、木压条等，如图 3-100 所示。

窗的尺度一般根据采光通风要求、结构构造要求和建筑造型等因素决定，同时应符合《建筑模数协调统一标准》GBJ2—86 的要求。一般平开窗的窗扇宽度为 400～600mm，高度为 800～1500mm，腰头上的气窗高度为 300～600mm，固定窗和推拉窗尺寸可大些。

木窗的开启方式有固定窗、平开窗、上悬窗、中悬窗、下悬窗、立转窗、推拉窗、百叶窗等。

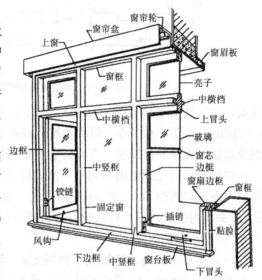

图 3-100　木窗的组成

2. 平开木窗构造

（1）窗框的断面形式及尺寸

1）窗框的断面形式及尺寸

窗框的断面尺寸为经验尺寸，各地都有标准详图供设计选用，一般尺度的单层窗四周窗框的厚度常为 40～50mm，宽度为 70～95mm，中竖梃双面窗扇需加厚一个铲口的深度 10mm，中横档除加厚 10mm 外，若要加做披水，一般还要加宽 20mm 左右。断面尺寸是指净尺寸，当一面刨光时，应将毛料的厚度减去 3mm，两面刨光时；将毛料厚度减去 5mm，如图 3-101 所示。

2）窗框的安装

窗框与墙身的结合位置，根据房间使用要求和墙体材料、厚度的不同有窗框与墙内表面相平、窗框与墙外表面相平和窗框居中三种情况。

为了减少木窗框架靠墙一面因受潮而变形，常在窗框背面开一较宽的槽或两窄槽，即背槽，同时涂沥青做防腐处理。

窗框的安装方法有立口和塞口两种。

立口是当墙体砌到窗洞口高度时，先安装窗框，然后再砌墙的方法。为加强窗框与墙

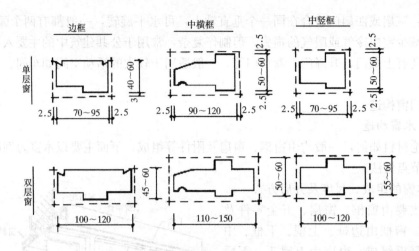

图 3-101　常用木窗框的断面形状与参考尺寸

的联系，在窗框上下档各伸出约半砖长的木段（俗称羊角或走头），同时在边框外侧每500～700mm 处设一木拉砖（俗称木鞠）或铁脚砌入墙身。由于"立口"法使施工不便，窗框及其临时支撑易被碰撞，有时还会产生移位或破损，已较少采用。

塞口是砌墙时先预留出窗洞口，然后再安装窗框的方法。为了加强窗框与墙的联系，砌墙时需在洞口两侧 500～700mm 处砌入一块半砖大小的防腐木砖（窗洞每侧应不少于两块），安装窗框时，用长钉或螺钉将窗框钉在木砖上，如图 3-102 所示。

3）窗框与窗扇的关系

一般窗扇都用铰链、转轴或滑轨固定在窗框上，为了关闭紧密，通常在窗框上做铲口，深约 10～12mm，也可钉小木条形成铲口，以减少对窗框木料的削弱，如图 3-103（a）、（b）所示。为了提高防风能力，可适当提高铲口深度（约 15mm）或在铲口处镶密封条，如图 3-103（e）所示，或在窗框留槽，开成空腔的回风槽，如图 3-103（c）、（d）所示。

外开窗的上口和内开窗的下口，都是防水的薄弱环节，一般需做披水板及滴水槽以防止雨水内渗，同时在窗框内槽及窗盘处做积水槽及排水孔，将渗入的雨水排除。

（2）窗扇

1）窗扇的断面形状和尺寸

窗扇的厚度约为 35～42mm，一般为 40mm；上下冒头及边梃的宽度视木料材质和窗扇大小而定，一般为 50～60 mm。下冒头加做滴水槽或披水板，可较上冒头适当加宽 10～25mm；窗芯的宽度约 27～40mm。为镶嵌玻璃，在冒头、边梃和窗芯上，做 8～12mm 宽的铲口，铲口深度视玻璃厚度而定，一般为 12～15mm，不超过窗扇厚度的 1/3，为减少木料的挡光和美观要求，尚可做线脚，如图 3-104 所示。

2）玻璃的选择与镶装

一般常用的窗玻璃厚度为 3mm，面积较大的可采用 5mm 或 6mm，为了隔声保温等需要可采用双层中空玻璃。根据使用要求还可选用磨砂玻璃或压花玻璃、夹丝玻璃、钢化玻璃、有机玻璃以及有色、吸热和涂层、变色等种类的玻璃。窗上的玻璃一般多用油灰（桐油石灰）镶嵌成斜角形，必要时也可采用小木条镶钉。

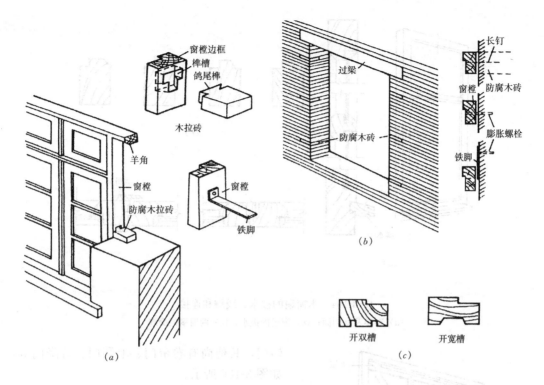

图 3-102　窗框的安装

(a) 立口；(b) 塞口；(c) 窗框靠墙一面的防变形处理

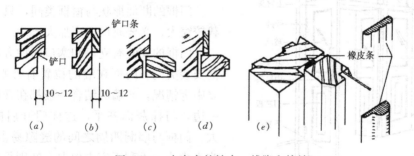

图 3-103　木窗扇的披水、线脚和接缝

(a) 窗扇及其剖面；(b) 窗扇的线脚；(c)、(d) 两窗扇交缝处理；(e) 窗扇密封处理

（二）门的构造

1. 木门的组成、尺度及开启方式

门主要由门框、门扇、亮子、五金零件及附件部分组成。门框由上框、边框、中横框、中竖框组成，一般不设下框。门扇由边梃、上冒头、中冒头、下冒头、门芯板、玻璃等组成。亮子又称腰头窗，它位于上方，起辅助采光及通风作用。五金零件有铰链、拉手、插销、门锁和门碰头等。附件有贴脸板、筒子板等，如图 3-105 所示。

门的尺度需根据交通运输和安全疏散要求设计。门扇高度常在 1900～2100mm 左右；宽度：单扇门为 800～1000mm，辅助房间的门为 600～800mm，双扇门为 1200～1800mm；腰头窗高度一般为 300～600mm。公共建筑和工业建筑的门可按需要适当提高。

门的开启方式主要是由使用要求决定的。通常有平开门、弹簧门、推拉门、折叠门、

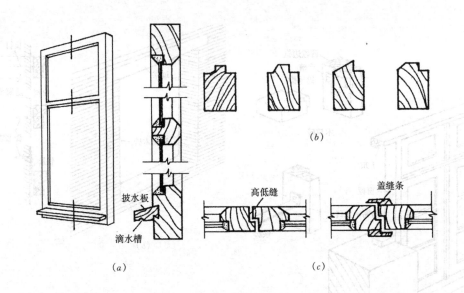

图 3-104 木窗扇的披水、线脚和连接
(a) 窗扇及其剖面；(b) 窗扇的披水；(c) 两窗扇的交缝

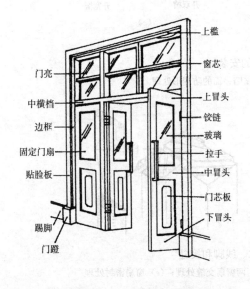

图 3-105 平开木门的组成

（上槛、窗芯、上冒头、铰链、玻璃、拉手、中冒头、门芯板、下冒头、门亮、中横档、边框、固定门扇、贴脸板、踢脚、门蹬）

转门，其他尚有卷帘门、上翻门、升降门等，如图 3-106 所示。

2. 平开木门构造

(1) 门框

门框的断面形状与窗框类同，只是门的负载较窗大，必要时可适当加大尺寸。

门框的安装有立口和塞口两种方法，与窗框安装类同。门框在墙的位置有外平、内平、立中等情况，与墙的结合一般都在开门方向的一边，与抹灰面齐平，这样门开启的角度较大。门框与墙洞四周之间的缝隙易飘入雨水，吹入尘土，不利于室内保温，特别是木门框采用塞口法安装时，其缝隙更大。门框墙缝处理方法有：钉木压条、贴脸板和筒子板。

门框靠墙一面容易受潮变形，常在该面开背槽，以减少木门框受潮或干缩引起的变形，背槽深约 5～10mm，宽约 8～20mm，与墙接触面及木拉砖均应刷防腐沥青。

(2) 门扇

1) 镶板门、玻璃门、纱门和百叶门。门扇边框内安装门芯板者一般都称镶板门，门芯板可用 10～15mm 厚木板拼成整块，镶入边框，其构造如图 3-107 所示。门芯板换成玻璃，则为玻璃门；门芯板改为纱或百叶则为纱门或百叶门。玻璃、门芯板及百叶可根据需要组合，形成不同风格的门。

2) 夹板门。夹板门是中间为轻型骨架双面贴薄板的门。夹板门的骨架一般用厚 32～

180

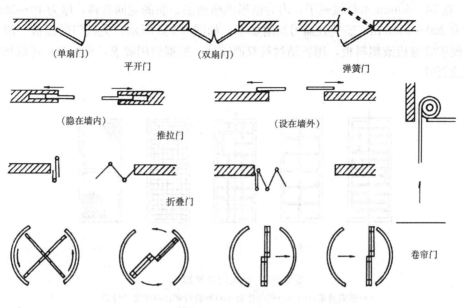

（单扇门） （双扇门）
平开门 弹簧门

（隐在墙内） （设在墙外）
推拉门

折叠门

转门

卷帘门

图 3-106 门的开启方式

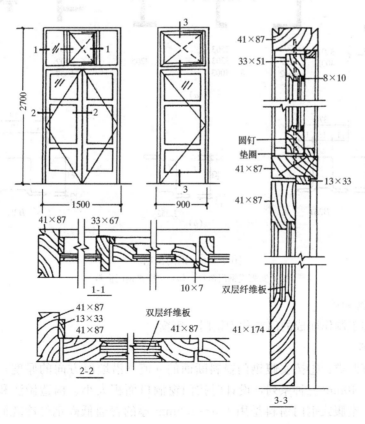

图 3-107 镶板门构造

35mm，宽 34～60mm 木料做框子，内为格形纵横肋条。肋的宽同框料，厚为 10～25mm，肋距约为 200～400mm，装锁处需另加附加木，如图 3-108 所示。夹板门的面板一般为胶合板、硬质纤维板或塑料板，用胶结材料双面胶结。根据使用要求，夹板门也可以加做局部玻璃或百叶。

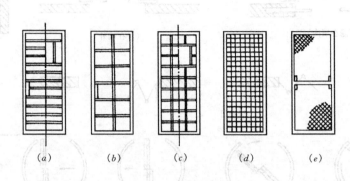

图 3-108　夹板门骨架形式

(a)横向骨架；(b)、(c)双向骨架；(d)密肋骨架；(e)蜂窝纸骨架

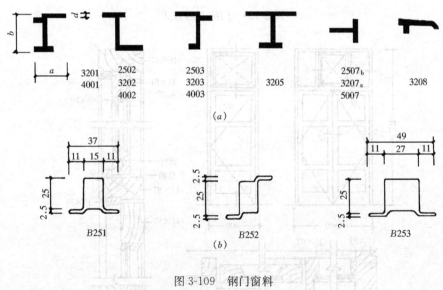

图 3-109　钢门窗料

(a) 实腹式钢门窗料；(b) 空腹式钢门窗料

（三）钢门窗构造

采用钢材加工制作而成的门窗称为钢门、钢窗。

1. 钢门窗料

钢门窗料有两类：①按实腹钢门窗料断面的 b 值（沿墙厚方向的厚度）门窗料分为 25mm、32mm、40mm 三种系列，设计时按门窗洞口面积大小、构造做法和风荷载级别来选用规格。②空腹式钢门窗料是用 1.5～2.5mm 厚的普通低碳钢经冷轧而成的薄壁型钢材，如图 3-109 所示。

2. 实腹式钢门窗的基本单元

为了使用上的灵活性及组合和制作运输的方便，通常有工厂将钢门窗制作成标准化的基本门窗单元，大面积钢门窗可用基本门窗单元进行组合。表 3-9 是实腹式钢门窗基本单元。

3. 钢门窗的组合与连接

实腹腔式基本钢门窗举例 表 3-9

宽（mm） 高（mm）	600	900 1200	1500 1800
平开窗	600		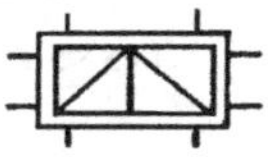	
	900 1200 1500	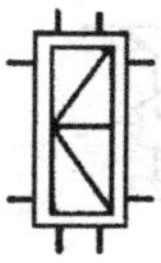	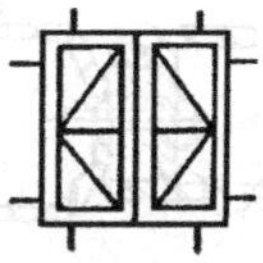	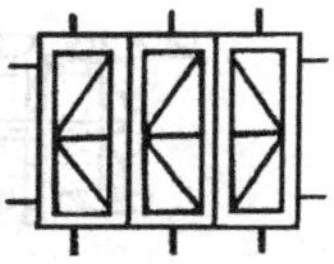
	1500 1800 2100	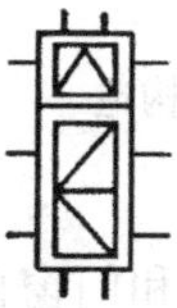	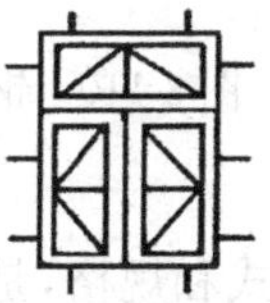	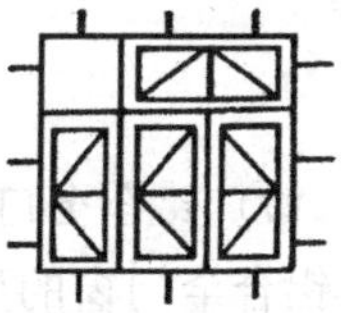
	600 900 1200		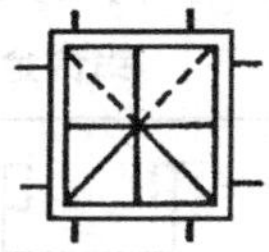	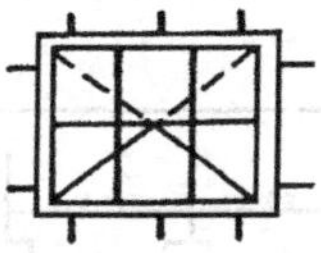

宽（mm） 高（mm）	600	1200	1500 1800
门	2100 2400	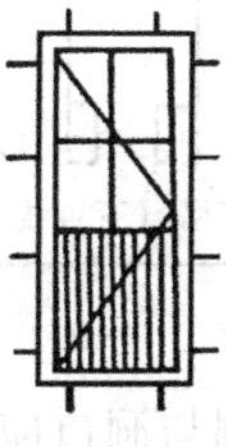	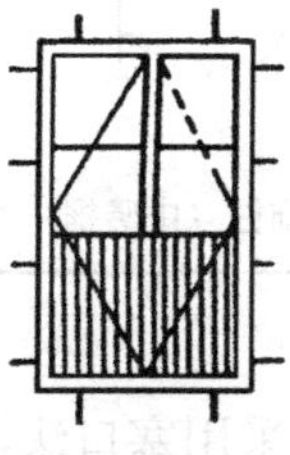	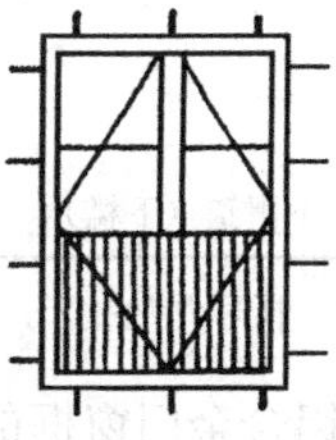

183

钢门窗的安装应采用塞口法。钢门窗组合时各基本单元之间需插入 T 型钢、钢管、角钢、槽钢等作为支撑构件，如图 3-110 所示。这些支撑构件与墙、柱、过梁等牢固连接，然后各门窗基本单元再和它们用螺钉拧紧，油灰嵌缝。

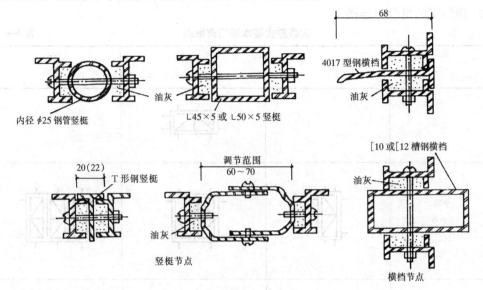

图 3-110　钢门窗组合节点构造

（四）铝合金门窗

铝合金门窗的型材截面形式和规格,是随开启方式和门窗面积划分的。开启方式有推拉式、平开式、固定式、悬挂式、回转式、弹簧式等。截面按其高度分为 38 系列、55 系列、60 系列、90 系列、100 系列等。表 3-10 为常用铝合金门窗举例。

铝合金门窗断面形式　　　　　　　　　　　　　　　　　表 3-10

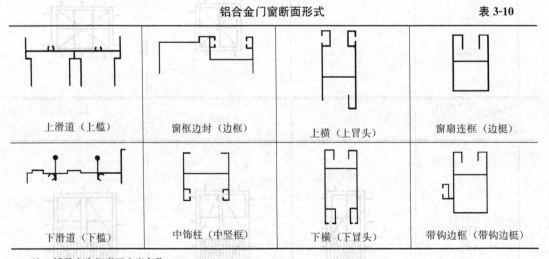

上滑道（上槛）	窗框边封（边框）	上横（上冒头）	窗扇连框（边梃）
下滑道（下槛）	中饰柱（中竖框）	下横（下冒头）	带钩边框（带钩边梃）

注：括号内为相当于木窗名称。

铝合金门窗框的安装也应采用塞口法，窗框外侧与洞口应弹性连接牢固，不得将外框直接埋入墙体，以防止碱对外框腐蚀，一般用螺钉固定着钢质锚固件，安装时与墙柱中的预埋钢件焊接或铆固。门窗框与洞口四周缝隙，一般采用软质保温材料填塞，如矿棉毡条、泡沫塑料条等。门窗扇安装滑轮，在上下框轨道上滑动。门窗扇四周有尼龙密封条与窗框之间密封，窗扇内用橡胶压条固定玻璃，如图 3-111 所示。

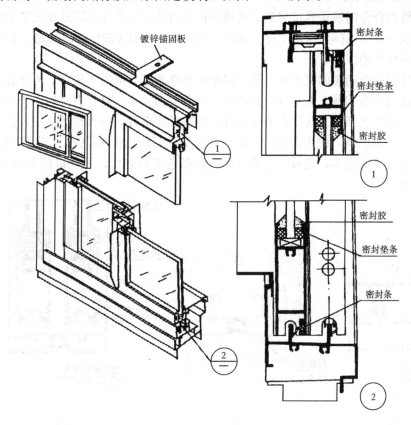

图 3-111　铝合金推拉门窗构造

（五）塑钢门窗

塑钢门窗是以聚氯乙烯改性硬质聚氯乙烯或其他树脂为主要原料，经挤压机挤出成型为各种断面的中空异型材，经切割后，在其内腔衬以型钢加强筋，用热熔焊接机焊接成型，即为门窗框。

塑钢门窗线条清晰、挺拔、造型美观，表面光洁细腻，不但具有良好的装饰性，而且有良好的隔热性和密封性。

塑钢门窗按其型材的截面高度分 45 系列、53 系列、60 系列、85 系列等。

塑钢门窗塞口法安装，绝不允许与洞口同砌。安装前先核准洞口尺寸、预埋木砖位置和数量。安装时，用金属铁卡或膨胀螺钉把窗框固定到预留洞口上，每边固定点不应少于三点，安装固定检查无误后，在窗框与墙体间的缝隙处填入防寒毛毡卷或泡沫塑料，再用 1：2 水泥砂浆填实，抹平。

（六）其他门窗

伴随着建筑技术的进步，单一材料的门窗已经不能满足各类建筑功能、造型，特别是建筑节能的需要。人们开始着眼于新型金属门窗、复合门窗等开发。目前市场中常见的新型金属门窗有隔热断桥铝门窗、彩板门窗等。常见的复合门窗有：铝木复合门窗、铝塑复合门窗、木塑复合门窗及玻璃钢门窗等。

1. 隔热断桥铝门窗

隔热断桥铝合金门窗是通过增强尼龙隔条将室内外两层铝合金既隔开又紧密连接成一个整体，构成一种新的隔热型铝型材，如图 3-112 所示。用这种型材做门窗，兼顾了塑料和铝合金两种材料的优势。

隔热断桥铝合金门窗的突出优点是：保温隔热性能好，解决了铝合金传导散热快、不符合节能要求的致命问题，刚性好，强度高；由于铝塑复合型材外表面为铝合金材料，硬度超强，配置高级装饰锁及优质的五金配件后防盗性能良好，防火性好；铝合金为金属材料，因此，它不易燃烧，使用寿命长；铝塑复合型材不易受酸碱侵蚀，长期使用门窗不会变黄褪色，几乎不必保养；此外，此类金属门窗颜色多种多样，可获得较大的采光面积，装饰效果很好。

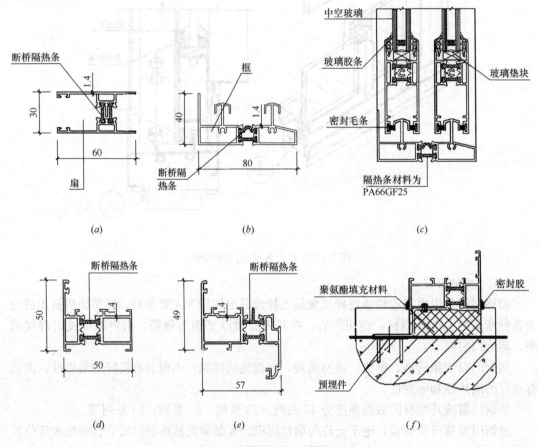

图 3-112 隔热断桥铝合金窗构造

(a) 推拉窗框；(b) 推拉窗扇；(c) 推拉型剖面示意图；
(d) 平开窗框；(e) 平开窗扇；(f) 平开型剖面示意图

2. 彩板门窗

彩板门窗是以彩色钢板为原料，经过薄壁异型材轧制生产线的轧制，生产出外形相当复杂的彩板异型材，并且以这种异型材为原料，再经过一定的加工过程，最终得到彩板门窗。这种门窗保留了普通钢门窗的所有优点，如原料来源丰富，价格低廉，强度刚度好，容易加工等，同时又克服了普通钢门窗容易锈蚀、密封不严、油漆易脱落、装饰效果不好等缺点。

彩板门窗目前有两种类型，（即带副框和不带副框的两种）。当外墙面为花岗石、大理石、面砖等贴面材料时，选用带副框的门窗；先安副框，待室内外粉刷完工后，再将门窗用自攻螺钉固定在副框上，并将缝隙进行密封。当室内外装修为普通粉刷墙面时，选用不带副框的门窗，直接将门窗樘子固定在墙上，如图 3-113 所示。

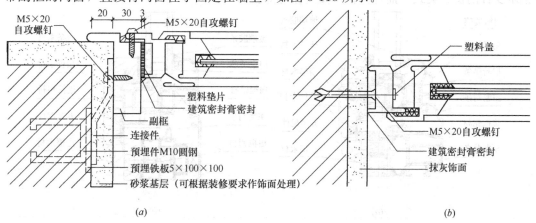

(a)   (b)

图 3-113　彩板门窗安装节点构造
(a) 带副框彩板平开窗安装构造；(b) 不带副框彩板平开窗安装构

3. 铝木复合门窗

铝木复合窗是一种全新结构的门窗，和传统的门窗结构形式不同，它的门窗框体是由铝、木等材料构成，通过特殊的结构设计，使其最大限度地保留了铝合金门窗以及木门窗的优点，同时又相应地克服其门窗的某些缺陷，如图 3-114 所示。

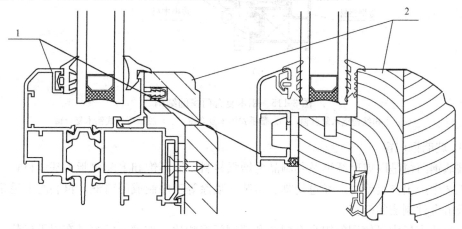

图 3-114　铝木复合门窗构造示意图
1— 铝合金型材；2—木材

铝木复合门窗集木材的优异性能及铝材耐腐蚀、硬度高等优点于一体，由铝合金型材与木材通过机械方法连接而成。与传统门窗相比，该产品在抗风压、保温、隔声、气密、水密性能等方面有了质的提高，性能指标优越。从装饰效果看，铝木复合窗从室内看是温馨高雅的木窗，从室外看又是高贵豪华的铝合金窗。室内一侧的木质表面经过无毒、无味的环保水性漆涂刷，具有很好的装饰性能和视觉效果，耐火性及耐久性能好。而且木结构的窗体开启方式多样，可以满足不同消费者的需求。

目前国内外铝木复合门窗的主流结构有三种，即卡扣式、塑桥式、胶条压合式，如图3-115。就开启方式来说，除了最为普及的内开式之外，还有外开式铝木复合窗、推拉式铝木复合门窗、美式手摇外开铝木复合窗等等。

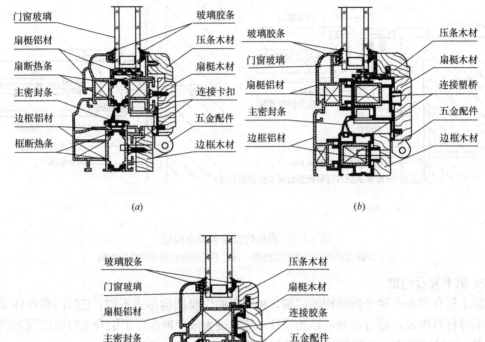

图 3-115　铝木复合门窗的结构

（a）卡扣结构铝木复合窗；（b）塑桥式铝木复合窗；（c）胶条压合式铝木复合窗

4. 玻璃钢门窗

玻璃钢门窗是以玻璃纤维及其制品为增强材料，以不饱和聚酯树脂为基体材料，通过拉挤工艺生产出空腹型材，经过切割、组装、喷涂等工序制成门窗框，再装配上毛条、橡胶条及五金件制成的门窗。

与目前市场大量使用的铝合金门窗和塑钢门窗相比，玻璃钢门窗具有以下优势：轻质高强、保温隔热、尺寸稳定、隔声性好、耐腐蚀、抗老化、绿色环保等。

玻璃钢门窗型材有很高的纵向强度，一般情况下，可以不用增强型钢。但门窗尺寸过大或抗风压要求高时，应根据使用要求，确定增强方式。型材横向强度较低。玻璃钢门窗框角梃联结为组装式，联结处需用密封胶密封，防止缝隙渗漏。

（七）门窗发展方向及展望

采用节能玻璃是现代门窗发展的趋势。采用节能玻璃可以有效提高门窗玻璃的热工性能，也是门窗节能乃至建筑节能的重要手段。玻璃节能主要反映在保温和隔热两个方面：保温即通过降低玻璃热传导性能，控制室内热能向室外的流失；隔热即通过提高玻璃对太阳能热辐射的遮蔽特性，控制室外热能向室内的传导。用于节能的玻璃主要有吸热玻璃、镀膜玻璃、中空玻璃、真空玻璃等。镀膜玻璃又分为反辐射膜玻璃（热反射玻璃）、低辐射膜玻璃（Low—E玻璃）、多功能镀膜玻璃。

将门窗自动化、智能化，让建筑拥有可以根据自身感应自动调节的门窗，是门窗发展的又一趋势。智能门窗是将门窗配置雨水传感、风速传感、温度传感等系统，可以自己根据外界天气情况和室内温度变化智能开启关闭，也可使用遥控器控制其开启关闭；同时不仅使其具有风感、雨感、光感、烟感等的自动控制能力，还可以进一步与家庭控制中心连接起来，做到远程控制。

将太阳能技术运用到门窗上，是绿色建筑对门窗发展的要求。如设计成遮阳天窗形式的新型"太阳能窗系统"，又被称为动态凉窗系统。它运用最新开发的太阳能科技，将阳光热能转化为可储存的太阳能，满足建筑的照明、供热、制冷需求。此外，英国研发的像玻璃贴膜一样的新型太阳能电池，也是太阳能在门窗上应用的典范。这种电池材料是通过在透明化合物中嵌入直径10纳米左右的金属微粒而获得。它的突出特点是可以在吸收一部分光能发电的同时，还透过一部分光，使用者会感觉像装了有色玻璃。此种电池有望广泛应用于建筑物屋顶或门窗等处。

第八节 变 形 缝

为防止建筑物在外界因素作用下产生变形、开裂甚至破坏，常在建筑物适当位置留设缝隙，将建筑物分成若干独立部分，自由变形。这种在建筑物中预留的构造缝叫变形缝。

变形缝可分为伸缩缝（温度缝）、沉降缝和防震缝三种。

一、伸缩缝

（一）伸缩缝的设置

建筑构件因温度、湿度等外界因素的变化，使其内部产生附加应力并胀缩变形。当建筑物长度超过一定限度时，会因变形过大而产生裂缝甚至破坏。因此，常在较长的建筑物的适当部位设置竖缝，将其分离成独立的区段，使各部分有伸缩的余地。这种主要考虑温度变化而预留的构造缝叫伸缩缝。

伸缩缝的最大间距，即建筑物的容许连续长度，应根据建筑材料、结构形式、施工方式等因素确定。

伸缩缝应自基础以上将建筑物的墙体、楼地层、屋顶等构件全部断开，基础不必断开。伸缩缝的宽度一般为 20~30mm。

（二）伸缩缝构造

1. 墙体伸缩缝

墙体伸缩缝的形式根据墙的布置及墙厚不同，可做成平缝、错口缝和企口缝等，如图

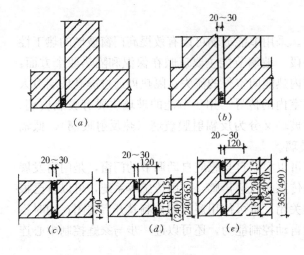

图 3-116　砖墙伸缩缝形式

(a)、(b)、(c) 平缝；(d) 错口缝；(e) 企口缝

3-116 所示。

外墙上的伸缩缝，为防止风雨侵入室内，并保证缝两侧的构件在水平方向能自由伸缩，应采用防水且不易被挤出的弹性材料填塞缝隙。常用的材料有沥青麻丝、泡沫塑料条、橡胶条等。外墙外侧缝口可用镀锌铁皮、铝板等做盖缝处理，如图 3-117 所示。外墙内侧的缝口，通常用具有一定装饰效果的木质盖缝板或盖缝条。为保证能自由伸缩，只能将其一端固定在缝边的墙上；也可采用金属片、塑料板等盖缝。

内墙上的伸缩缝，通常只在缝口做盖缝处理，其构造如图 3-118 所示。

2. 楼地层伸缩缝

楼地层伸缩缝要求其面层、结构层等在缝处全部脱开，对于沥青类材料的整体面层和铺在砂、沥青胶结合层上的块材面层，可只在混凝土层或楼板结构中设置伸缩缝。

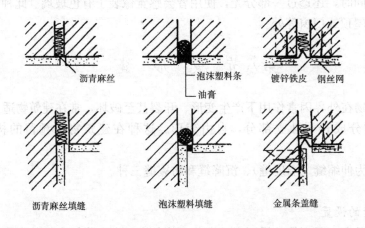

图 3-117　外墙外侧伸缩缝构造

为了室内美观及防止灰尘下落，伸缩缝内常用沥青麻丝、油膏等弹性防水材料填缝，并用金属调节片封缝，上铺活动盖板、橡胶条等，或填缝后直接用油膏嵌缝。顶棚处应做盖缝处理，其构造要求和做法同内墙缝处。楼地层伸缩缝如图 3-119 所示。

3. 屋顶伸缩缝

屋顶伸缩缝的位置和缝宽应与墙体、楼地层伸缩缝一致。在构造上应着重做好缝处防水

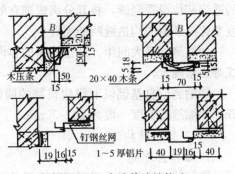

图 3-118　内墙伸缩缝构造

处理。

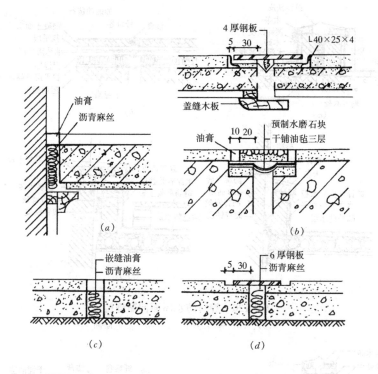

图 3-119 楼地层伸缩缝构造

(*a*)、(*b*) 等高屋面；(*c*)、(*d*) 高低屋面

卷材防水屋顶伸缩缝常见的有等高屋顶伸缩缝和高低屋顶伸缩缝两种。为防止缝处渗水，可在缝两侧或一侧加砌厚度不小于 120mm 的矮墙，然后将防水层进行泛水构造处理。另外，按构造要求进行堵缝和盖缝。通常缝内用沥青麻丝嵌缝，金属调节片封缝，顶部用镀锌铁皮、铝板或预制钢筋混凝土等盖缝。上人屋顶为满足使用要求，等高屋顶伸缩缝处通常不设矮墙，而用嵌缝油膏嵌缝。卷材防水屋面伸缩缝构造如图 3-120 所示。

刚性防水屋顶伸缩缝的构造要求和做法与卷材防水屋顶基本相同，具体构造如图3-121 所示。

二、沉降缝

（一）沉降缝的设置

为了避免建筑物由于地基不均匀沉降，以致发生错动开裂，通常在建筑物中设置贯通的垂直缝隙，将其划分成若干个可以自由沉降的独立部分，这种贯通的垂直缝称为沉降缝。当建筑物符合以下条件之一者时应设置沉降缝：建筑物相邻部分高度、荷载或结构形式相差较大；基础埋深和宽度相差悬殊；新建与原有建筑毗连；地基土的地耐力相差较大等。

沉降缝与伸缩缝的主要区别在于沉降缝是将建筑物从基础到屋顶全部构件贯通，即基础必须断开，从而保证缝两侧构件在垂直方向能自由沉降。

沉降缝的宽度应根据地基性质、建筑物的高度或层数确定，见表 3-11。

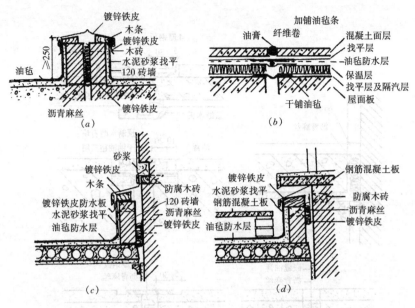

图 3-120　卷材防水屋面伸缩缝构造

(a)、(b) 等高屋面；(c)(d) 高低屋面

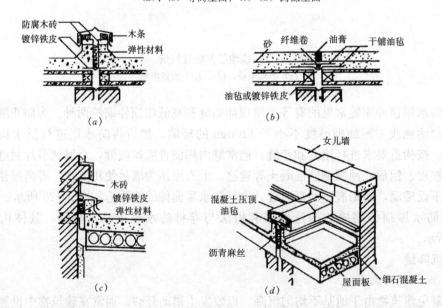

图 3-121　刚性防水屋面伸缩缝构造

(a)、(b) 等高屋面；(c) 高低屋面；(d) 女儿墙屋面

沉 降 缝 的 宽 度　　　　　　　　　　　　　表 3-11

地基情况	建筑物高度	沉降缝宽度（mm）
一般地基	$H<5m$	30
	$H=5m-10m$	50
	$H=10m-15m$	70

地基情况	建筑物高度	沉降缝宽度（mm）
软弱地基	2～3层	50～80
	4～5层	80～120
	6层以上	>120
湿陷性黄土地基		≥30～70

（二）沉降缝构造

1. 墙体、楼地层、屋顶沉降缝

墙体、楼地层、屋顶等部位的沉降缝构造与伸缩缝基本相同，盖缝的做法必须保证缝两侧在垂直方向能自由沉降。如墙体伸缩缝中使用的 V 形金属盖缝片就不适应于沉降缝，需要换成如图 3-122 所示的金属调节片。

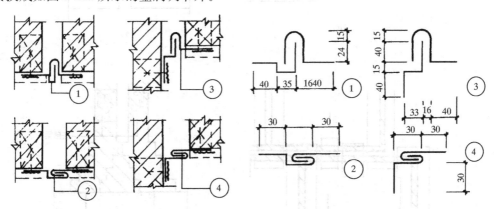

图 3-122　外墙沉降缝构造

2. 基础沉降缝

在砖混结构中，基础沉降缝的构造方案通常有双墙式、悬挑式和交叉式三种，如图 3-123 所示。

三、防震缝

（一）防震缝的设置

在地震区，若建筑物采用较复杂的体形或各部分结构刚度、高度等相差较大时，为避免建筑物各部分在地震时相互挤压、拉伸造成变形和破坏，宜在变形敏感部位设置竖缝，将建筑物分成若干体形简单规则、结构刚度和质量分布均匀的独立单元。这种考虑地震影响而设置的缝隙称为防震缝。

对多层砌体房屋，在设防裂度为 8 度和 9 度且有下列情况之一时宜设置防震缝：

建筑物立面高差在 6m 以上时；

建筑物有错层，且楼板高差较大时；

建筑物各部分结构刚度质量截然不同时；

对钢筋混凝土房屋宜选用合理的建筑结构方案，尽量不设防震缝，必要时也可设置。

防震缝应将建筑物的墙体、楼地层、屋顶等构件全部断开，且在缝两侧均应设置墙体或柱，形成双墙、双柱或一墙一柱，使各部分结构封闭连接，提高其整体刚度。一般情况

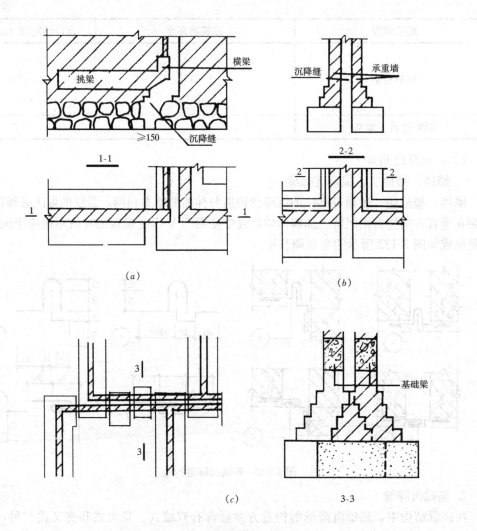

图 3-123 基础沉降缝的处理

(a) 挑梁基础方案；(b) 双墙基础方案；(c) 交叉式基础方案

下，基础可不设防震缝，但在平面复杂的建筑中，各相连部分的刚度差别很大时，以及防震缝与沉降缝合并设置时，基础也应设缝分开。

防震缝应根据设防烈度、结构类型和建筑物的高度等留有足够的宽度。在多层砌体建筑中，防震缝的宽度取 50～100mm。在多层和高层钢筋混凝土框架建筑中，当建筑物高度不超过 15m 时，缝宽取 70mm；当高度超过 15mm 时，缝宽见表 3-12。

多（高）层钢筋混凝土建筑防震缝最小宽度（mm）　　　　　表 3-12

结构体系	建筑高度 $H \leqslant 15\text{m}$	建筑高度 $H > 15\text{m}$，每增高 5m 加宽		
		7 度	8 度	9 度
框架结构、框—剪结构	70	20	33	50
剪力墙结构	50	14	23	35

194

在地震区，凡设置伸缩缝或沉降缝，均应符合防震缝的要求，防震缝应同伸缩缝、沉降缝结合布置。

（二）防震缝构造

防震缝在墙体、楼地层、屋顶等部位的构造与伸缩缝、沉降缝构造基本相同。在宽度较大时，应注意做好盖缝防护措施，如图 3-124 所示。

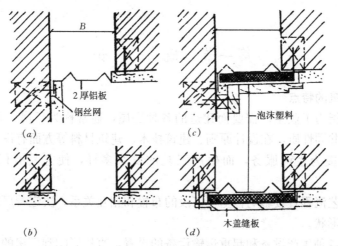

图 3-124　墙体防震缝构造
(*a*)、(*b*) 金属片盖缝；(*c*)、(*d*) 泡沫塑料、木板盖缝

第四章　工业建筑设计和构造

第一节　概　　论

一、工业建筑的特点

工业建筑是指为工业生产需要而建造的各种房屋，通常称为厂房。它和民用建筑一样，具有建筑的共同性质，在设计原则、建筑技术、建筑材料等方面有许多相同之处。但由于工业建筑直接为生产服务，而生产工艺的复杂多样，使它具有以下几个方面的特点：

（1）生产工艺流程直接影响各生产工段的布置和相互关系，决定着厂房的建筑空间形式、平面布置和形状。

（2）厂房内各种生产设备和起重运输设备的设置，直接影响到厂房的大小、布置及结构形式的选择。由于设备之间生产联系或运行上的需要，使得厂房具有较大的柱网尺寸及高大畅通的内部空间。

（3）生产特征直接影响建筑平面布置、结构和构造等方面。由于生产工艺不同的厂房具有不同的生产特征，需要采用相应的措施，致使结构和构造比较复杂，技术要求较高。

二、工业建筑的分类

工业建筑种类繁多，为了便于掌握工业建筑的设计规律，通常按用途、内部生产状况和层数进行分类。

（一）按厂房的用途分

（1）主要生产厂房　用于直接进行主要产品加工及装配的厂房，如机械制造厂中的铸造车间、机械加工车间和装配车间等。

（2）辅助生产厂房　为主要生产厂房服务的厂房，如机械制造厂中的工具车间、机修车间等。

（3）动力用厂房　为生产提供能源的厂房，如发电站、氧气站、压缩空气站等。

（4）贮藏用建筑　用于贮存各种原材料、半成品、成品的仓库，如金属材料库、燃料库、成品库等。

（5）运输用建筑　用于存放、检修各种运输工具的建筑，如汽车库、电瓶车库等。

（二）按厂房内部生产状况分

（1）热加工车间　在生产过程中散发大量余热、烟尘的车间，如铸造车间、锻压车间等。

（2）冷加工车间　在正常的温湿度条件下进行生产的车间，如机械加工车间、装配车间等。

（3）恒温恒湿车间　在稳定的温湿度条件下进行生产的车间，如纺织车间、精密机械车间等。

（4）洁净车间　控制生产环境中的尘粒、温湿度等，在洁净条件下进行生产的车间，如集成电路车间、精密仪器仪表加工及装配车间等。

（三）按厂房层数分

（1）单层厂房　只有一层的厂房。广泛应用于机械制造、冶金等部门。主要适用于需要水平方向组织工艺流程、使用大型设备、生产重型产品的车间（图4-1a）。

（2）多层厂房　两层及两层以上的厂房。多用于轻工业、食品、电子、精密仪器仪表等工业部门。适用于需要垂直方向布置工艺流程、设备和产品较轻且运输量不大的车间（图4-1b）。

（3）混合层次厂房　既有单层跨也有多层跨的厂房。多用于化学、电子等工业部门（图4-1c）。

（a）　　　　　　　　　　（b）　　　　　　　　　　（c）

图 4-1　工业建筑的类型（按层数分）

（a）单层厂房；（b）多层厂房；（c）混合层次厂房

三、厂房内部的起重运输设备

为在生产中运送原材料、半成品、成品及安装和检修设备，厂房内常需设置起重运输设备，其中各种形式的吊车与厂房的设计关系密切。常用的吊车有以下几种：

1. 单轨悬挂式吊车

在厂房的屋架下弦（或屋面梁的下翼缘）悬挂工字形钢轨（单轨），吊车安装在钢轨上，沿轨道运行。单轨悬挂式吊车的起重量较小，一般为1~2t，且起吊范围较窄。

2. 梁式吊车

梁式吊车由起重行车和工字形横梁组成。吊车可悬挂在屋架下弦（或屋面梁下翼缘）上，也可支承在柱牛腿上的吊车梁上。梁式吊车的起重量不大，一般不超过5t，但起吊范围较大。

3. 桥式吊车

桥式吊车由起重行车和桥架组成。起重行车安装在桥架上面的轨道上，沿桥架轨道（厂房横向）运行。桥架支承在吊车梁上面的钢轨上，沿厂房纵向运行。司机室通常设在桥架一端。桥式吊车起重量可为5t至数百吨，起吊范围较大，在工业建筑中应用较为广泛（图4-2）。

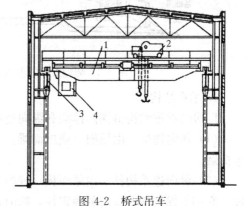

图 4-2　桥式吊车

1—桥架；2—起重行车；3—吊车梁；4—司机室

第二节 单层厂房设计

一、单层厂房的组成

(一) 单层厂房的空间组成

单层厂房是由生产工段、辅助工段、仓库及生活间组成。

(1) 生产工段 是厂房的主要生产部分,它的位置应符合生产工艺流程的要求。

(2) 辅助工段 是为生产工段服务的部分,应靠近主要服务对象布置,并与之有密切的联系。

(3) 仓库 是存放原材料、半成品、成品及工具的地方,应布置在使用和运输方便的地方。

(4) 生活间 包括生活和办公用房等,可集中布置在厂房附近或贴建于厂房周围,也可布置在厂房内部。

(二) 单层厂房的构件组成

结构形式不同,组成厂房的构件种类有所不同,下面着重介绍装配式钢筋混凝土排架结构的单层厂房构件组成 (图 4-3)。

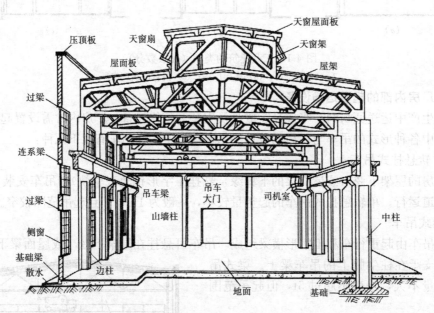

图 4-3 装配式钢筋混凝土排架结构的单层厂房构件组成

1. 承重结构

厂房的承重结构由横向排架和纵向连系构件组成。

(1) 横向排架 由屋架 (或屋面梁)、柱和基础组成,它承受屋顶、天窗、外墙和吊车荷载。

(2) 纵向连系构件 由屋面板 (或檩条)、吊车梁、连系梁、柱间和屋架间支撑等组成。它们能保证横向排架的稳定性,同时,承受作用在山墙上的纵向风荷载及吊车的纵向水平荷载,并通过柱传给基础。

2. 围护结构

厂房的围护结构主要由屋面、外墙、门窗、天窗和地面等组成。屋面、门窗和地面的作用与民用建筑基本相同。外墙是非承重墙，只起围护作用。天窗是开设在厂房屋顶的窗，起着采光和通风作用。

二、单层厂房平面设计

厂房建筑平面设计是在生产工艺平面布置图的基础上进行的，它既受生产工艺的制约，又可促进生产工艺的合理布置。生产工艺平面布置图是由工艺设计人员根据生产工艺要求设计的。它的主要内容有：生产工艺流程的组织；生产设备和起重运输设备的选择及布置；工段的划分；运输通道的布置；厂房面积大小以及生产工艺对建筑设计的要求等。建筑平面设计除应满足上述内容的要求外还应注意以下几个方面：

（1）选择合适的厂房平面形式，以满足生产工艺流程和生产环境要求。

（2）合理确定柱网，以满足生产设备布置的要求，并为结构方案的经济合理、生产工艺的变革和发展创造有利条件。

（3）妥善安排生活及办公用房。

此外，还应考虑总平面布置的要求。如：厂房平面形状应与所用地段、地形协调；厂房的方位应有利于天然采光和自然通风；厂房与周围建筑物在工艺、交通运输方面有合理的联系等。

（一）平面形式

单层厂房可采用单跨平面或多跨组合平面。多跨组合平面的各跨多为平行布置，形成平行多跨，也可相互垂直布置，形成垂直多跨（又称纵横跨）。厂房的平面形式多为矩形，垂直多跨布置的厂房也有 L 形、U 形、山形等（图 4-4）。

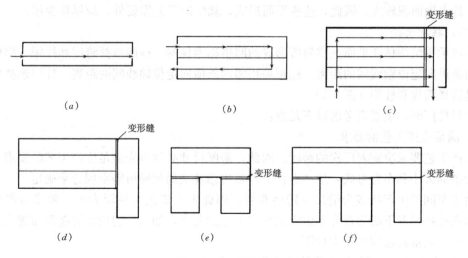

图 4-4 厂房的平面形式

（a）矩形（单跨）；（b）矩形（平行多跨）；（c）矩形（垂直多跨）；（d）L 形（垂直多跨）；
（e）U 形（垂直多跨）；（f）山形（垂直多跨）

影响厂房平面形式的因素主要有以下几个方面：

1. 生产工艺流程

生产工艺流程是指产品的制作过程。工艺流程方式一般有直线式、往复式和垂直式三种。直线式工艺流程是指原材料从厂房一端进入，产品由另一端运出（图 4-4a）。往复式工艺流程是指原材料由厂房一端进入，产品由同一端运出（图 4-4b）。垂直式工艺流程是指原材料从厂房一端进入，经过加工工段加工，再到与加工工段相垂直的装配工段装配成成品或半成品运出（图 4-4c）。

单跨和平行多跨布置适用于直线式和往复式的生产工艺流程，生产规模较大、要求厂房面积较大时，常为平行多跨布置。垂直多跨布置适用于垂直式的生产工艺流程。

2. 生产特征

生产工艺不同的车间，具有不同的生产特征。如有些车间生产过程中散发出大量的余热和烟尘，或排出有腐蚀性的物质及有毒、易燃、易爆气体，也有一些车间有恒温恒湿、防尘防菌等要求。这些生产特征对厂房的平面形式产生一定的影响。

例如在生产中散发出大量余热、烟尘的热加工车间，在建筑设计中应使厂房具有良好的自然通风条件，厂房不宜太宽。当跨数少于三跨时，可采用矩形平面。但当平行跨超过三跨时，如仍使用矩形平面，则必将影响厂房的自然通风，故一般将其中的一跨或两跨与其他跨相垂直布置，形成 L 形平面。当车间产量大、产品品种多、所需厂房面积较大时，可采用 U 形、山形等平面。L 形、U 形、山形等平面的厂房外墙面积较大，可增加窗的面积和数量，使厂房获得良好的采光和通风条件。

3. 结构、施工等技术条件

矩形平面外形规整，结构和构造简单，施工方便，工程管线较短，占地面积少，造价较低，故采用较多。

L 形、U 形、山形等平面在纵横跨相交处的构件类型较多，致使结构和构造复杂，施工麻烦，且对抗震不利。另外，外墙长度较长，室内各种工程管线增加，造价和维修费用较高，且占地面积较大。因此，这些平面形式，除生产工艺需要外，应尽量少用。

（二）柱网选择

厂房承重结构柱在平面上排列所形成的网格称为柱网。柱网包括跨度和柱距，跨度是相邻两条纵向定位轴线间的距离。柱距是相邻两条横向定位轴线间的距离。柱网选择实际上就是选择跨度和柱距（图 4-5）。

选择柱网时，主要应考虑以下几点：

1. 满足生产工艺的要求

生产工艺要求决定着厂房的跨度。因此，跨度尺寸必须首先满足生产工艺的要求，即根据设备的大小和布置方式，生产操作、设备检修及交通运输所需空间等来确定。

由于车间的生产线多为沿厂房跨间布置，因此生产工艺对柱距大小一般没有严格要求。但在有些情况下必须首先考虑满足生产工艺的要求，如当厂房内需要越跨布置大型设备时，至少局部地段应采用大柱距。

2. 考虑结构、施工等技术经济等方面的要求

除生产工艺要求外，跨度和柱距还受技术经济条件的限制。选择柱网时，应充分考虑建筑材料、结构形式、施工技术水平及经济效果等方面的影响。例如采用砖木结构时，应选择较小的柱网尺寸；当采用钢筋混凝土结构时，可选择较大的柱网尺寸；而采用空间结构的厂房，则可选择更大的柱网尺寸。

3. 符合《厂房建筑模数协调标准》GB/T 50006—2010 的要求

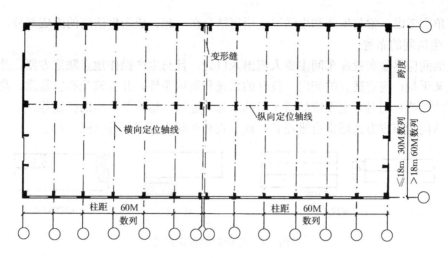

图 4-5 厂房柱网示意

柱网尺寸同时也决定着屋架（或屋面梁）、屋面板、吊车梁等构件的相关尺寸。为减少厂房构件的规格类型，提高厂房建设的工业化水平，对于采用装配式钢筋混凝土排架结构的单层厂房，柱网尺寸应符合《厂房建筑模数协调标准》GB/T 50006—2010 的要求：厂房跨度在 18m 和 18m 以内时，应采用扩大模数 30M 数列，如 9m、12m、15m、18m；超过 18m 时，应采用扩大模数 60M 数列，如 24m、30m、36m…。厂房的柱距应采用扩大模数 60M 数列，如 6m、12m…。

4. 尽量扩大柱网

目前我国装配式钢筋混凝土排架结构单层厂房的基本柱距是 6m。6m 柱距的厂房所使用的构配件已经配套，并积累了比较成熟的设计和施工经验。但 6m 柱距较小，不利于设备布置，厂房的通用性较差。

随着科学技术的发展，生产工艺、设备等也在不断地变化、更新。为使厂房适应这种变化，厂房应有相应的灵活性和通用性。要达到这一点，就须将 6m 柱距扩大，如采用 12m、18m 等柱距，即为扩大柱网。扩大柱网能提高厂房的面积利用率，有利于设备布置和工艺变革，可加快厂房的建设速度。

（三）生活间的布置

在工厂中，通常有全厂性的行政管理及生活福利类的建筑。但为了满足生产卫生及工人生活上的需要，各车间还相应地设有这类用房，一般称之为生活间。

1. 生活间的组成

生活间的组成应根据生产特点、卫生要求、车间规模及地区气候条件等因素来确定，一般包括以下几个部分：

（1）生产卫生用房　包括浴室、存衣室、盥洗室等。

（2）生活卫生用房　包括休息室、厕所等。

（3）行政办公用房　包括办公室、会议室、接待室、值班室等。

（4）生产辅助用房　包括材料库、工具库、计量室等。

需要设置哪些生产卫生用房和生活卫生用房，应根据《工业企业设计卫生标准》中的规定及实际需要确定。行政办公用房和生产辅助用房本不属于生活间，但从使用、管理和经济等角度考虑，常与生产和生活卫生用房结合在一起，成为生活间的组成部分。

2. 生活间的布置

生活间应尽量布置在车间主要人流出入口处，且与生产操作地点联系方便，并避免人货流交叉干扰；应有适宜的朝向、良好的采光和通风条件，并应避免有害物质、高温等有害因素的影响；同时，也不应妨碍车间的采光、通风、运输及厂房的扩建等。

生活间的布置方式通常有毗连式、独立式和车间内部式三种（图4-6）。

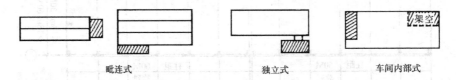

毗连式　　　　　　　　　独立式　　　　　　　车间内部式

图4-6　生活间的布置方式

（1）毗连式生活间　是指与厂房纵墙或横墙毗连而建的生活间。这种布置方式，生活间与车间联系紧密，使用方便，且用地经济，节省外墙面积，有利于保温。但当生活间与厂房纵墙毗连时，易影响车间的采光和通风，故毗连长度不宜过长。

毗连式生活间多采用单面走廊的平面组合方式，各房间的尺寸与民用建筑相似。

（2）独立式生活间　是指单独建在厂房附近的生活间，生活间与车间之间可采用通廊或天桥、地道连接。这种布置方式，生活间与车间之间干扰少，生活间布置灵活，卫生条件较好，但占地较多，与车间联系不便，适用于热加工车间或散发有害物质及振动较大的车间。

（3）车间内部式生活间　是指在生产、卫生状况允许的情况下，利用车间内部空闲位置灵活布置的生活间。这种布置方式，可充分利用厂房内部空间，使用方便，经济合理。

车间内部可布置生活间的空闲位置有柱间、厂房端部等不便安放生产设备的部位或吊车"死角"处，以及车间上部生产过程中不能利用的空间等。

三、单层厂房剖面设计

单层厂房剖面设计是在平面设计的基础上进行的，是从厂房的空间处理上来满足生产工艺要求，并创造良好的生产环境。

剖面设计的内容主要有以下几个方面：

（1）确定厂房的高度，使其适应生产的需要，并有效利用和节约空间，做到经济合理。

（2）妥善处理厂房的天然采光和自然通风，以保证良好的生产环境。

此外，进行厂房剖面设计时，还应考虑承重结构和围护结构形式，以及建筑工业化的要求等。

（一）厂房高度的确定

单层厂房的高度是指室内地面至屋顶承重结构下表面的垂直距离。厂房室内地面的相对标高为±0.000，而屋顶承重结构下表面的标高与厂房柱顶标高基本相同（下撑式屋架除外），故厂房的高度常用柱顶标高表示。

厂房的高度应根据生产工艺要求及《厂房建筑模数协调标准》GB/T 50006—2010的规定来确定，同时还应考虑采光、通风和空间利用等问题。

1. 柱顶标高的确定

无吊车的厂房，柱顶标高是根据最大生产设备的高度及安装、检修设备时所需空间高度，结合采光通风要求确定的，一般不低于3.9m，并应采用3M数列。

有吊车的厂房，一般先由工艺设计人员根据设备尺寸、吊车规格、起吊构件大小和超越设备的最小净空尺寸等提出吊车轨顶标高 H_1，再由建筑设计人员根据吊车的构造尺寸及吊车运行的安全净空尺寸确定柱顶标高（图4-7）。计算公式如下：

$$H = H_1 + h + C_h$$

式中　H——柱顶标高，应采用3M数列；

　　　H_1——轨顶标高，由工艺设计人员提出；

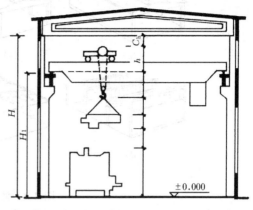

图4-7　厂房高度的确定

　　　h——轨顶至吊车顶面的高度，可根据吊车起重量由吊车规格表查出；

　　　C_h——屋架下弦底面至吊车顶面的安全空隙，可根据吊车起重量取300mm、400mm及500mm。

2. 室内外地面高差的确定

为便于运输工具通行，单层厂房室内外地面高差不宜太大，一般为150mm左右，并在厂房出入口处设坡道。

3. 厂房高度调整

《厂房建筑模数协调标准》GB/T 50006—2010中规定："在工艺有高低要求的多跨厂房中，当高差不大于1.2m时，不宜设置高差。在不采暖的多跨厂房中，当高跨一侧只有一个低跨，且高差不大于1.8m时，也不宜设置高差。"这样，可简化结构和构造，便于施工，且比较经济。

（二）天然采光和自然通风的处理

1. 天然采光方式的选择

单层厂房采用的天然采光方式有侧面采光、顶部采光和混合采光三种。

（1）侧面采光　是通过开设在厂房外墙上的侧窗来采光，有单侧采光和双侧采光两种。单跨或平行双跨厂房，当宽度不大时，一般可采用单侧采光。在有桥式吊车的厂房中，常将侧窗分成上下两段布置，上段称之为高侧窗，下段称之为低侧窗。这种高低侧窗结合的布置形式，既可以使室内采光较为均匀，又能解决吊车梁挡光的问题（高侧窗窗台一般宜高于吊车梁顶面约600mm）。有高低跨的厂房，可利用高低跨之间的高差设置高侧窗（图4-8）。

（2）顶部采光　是通过开设在屋顶上的天窗采光。常用的采光天窗形式有矩形天窗、M形天窗、三角形天窗、锯齿形天窗、横向下沉式天窗、平天窗等

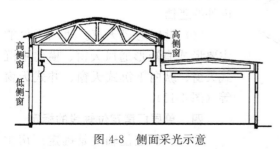

图4-8　侧面采光示意

（图 4-9）。连续三跨及三跨以上的厂房，其中间各跨通常应采用顶部采光。

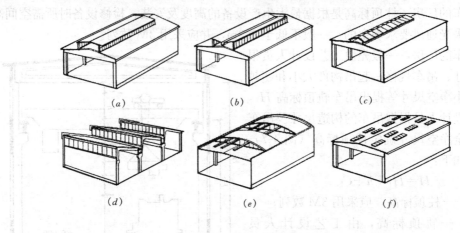

图 4-9　采光天窗的形式

(*a*) 矩形天窗；(*b*) M 形天窗；(*c*) 三角形天窗；(*d*) 锯齿形天窗；
(*e*) 横向下沉式天窗；(*f*) 平天窗

（3）混合采光　即在一跨内既有侧面采光又有顶部采光（图 4-10）。当厂房跨度较大，采用侧面采光不能满足要求时，可增设天窗，形成混合采光。

2. 采光面积的确定

根据《工业企业采光设计标准》GB 50033—91 中规定的采光等级及对应的窗地面积比，来估算采光口的面积。采光要求较高的厂房，还应通过采光计算进行校核。

3. 自然通风的组织

自然通风是利用室内外的温度差而造成的热压和室内外空气流动而产生的风压来进行空气交换的。厂房自然通风的组织应主要考虑以下几点：

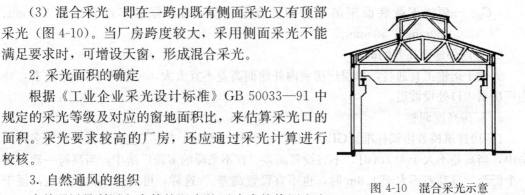

图 4-10　混合采光示意

（1）注意加大厂房进排风口的面积、缩小厂房的宽度，以增大排风量，加速厂房内外空气的交换。

（2）根据热压和风压的通风特点，安排和组织厂房通风口的位置。

（3）合理布置热源，尽量减少室内外的遮挡。

（4）设置通风天窗。通风天窗的主要形式有矩形通风天窗、横向下沉式天窗、纵向下沉式天窗、井式天窗等（图 4-11）。

四、单层厂房定位轴线的标定

单层厂房定位轴线是确定厂房主

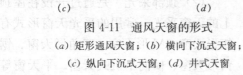

图 4-11　通风天窗的形式

(*a*) 矩形通风天窗；(*b*) 横向下沉式天窗；
(*c*) 纵向下沉式天窗；(*d*) 井式天窗

要承重构件的位置及其标志尺寸的基准线，同时也是厂房施工放线和设备安装定位的依据。厂房定位轴线的标定应符合《厂房建筑模数协调标准》GB/T 50006—2010 的规定。

厂房定位轴线有横向和纵向之分。定位轴线的划分与柱网布置是一致的。通常，与厂房横向排架平面相平行的轴线称为横向定位轴线；与厂房横向排架平面相垂直的轴线称为纵向定位轴线。横向定位轴线间的距离是柱距，纵向定位轴线间的距离是跨度。在厂房建筑平面图中，横向编号应用阿拉伯数字（1、2、3、4…）从左至右顺序编写，竖向编号应用大写拉丁字母（A、B、C、D…）从下至上顺序编写（图 4-12）。

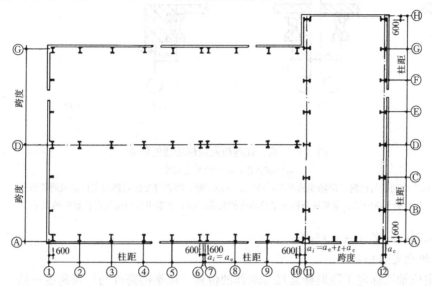

图 4-12　单层厂房定位轴线的标定

a_i—插入距；a_e—变形缝宽度；a_c—联系尺寸；t—封墙厚度

（一）横向定位轴线

横向定位轴线标定了厂房纵向构件（如屋面板、吊车梁、连系梁、基础梁、墙板等）标志尺寸端部的位置。纵向构件长度方向的标志尺寸（即跨度）与厂房柱距一致。

1. 中间柱与横向定位轴线的联系

除横向变形缝处的柱和端部柱以外，其他柱（即中间柱）的中心线与横向定位轴线相重合。这样，屋架（或屋面梁）的纵向中心线也与横向定位轴线相重合，屋面板、吊车梁等纵向构件标志尺寸端部与柱中心线相重合（图 4-13a）。

2. 横向伸缩缝、防震缝处柱与横向定位轴线的联系

横向伸缩缝、防震缝处应采用双柱及两条横向定位轴线，柱中心线均应自定位轴线向两侧各移 600mm，两条横向定位轴线间的距离即插入距（a_i）应为变形缝的宽度（a_e）（图 4-13b）。

3. 山墙、端部柱与横向定位轴线的联系

山墙为非承重墙时，墙内缘应与横向定位轴线相重合，使屋面板与山墙之间无空隙，形成封闭结合，可避免加设补充构件。而端部柱的中心线应自横向定位轴线向内移 600mm，以保证山墙抗风柱能伸入顶部，与屋架相连接，传递风荷载（图 4-13c）。山墙为砌体承重时，墙内缘与横向定位轴线间的距离，应按砌体的块材类别分别为半块或半块

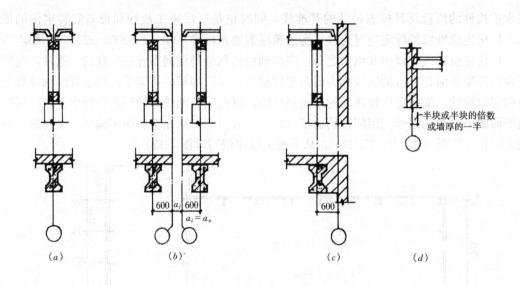

图 4-13 墙、柱与横向定位轴线的联系

a_i—插入距；a_e—变形缝宽度

(a) 中间柱与横向定位轴线的联系；(b) 横向伸缩缝、防震缝处柱与横向定位轴线的联系；
(c) 非承重山墙、端部柱与横向定位轴线的联系；(d) 承重山墙与横向定位轴线的联系

的倍数或墙厚的一半（图 4-13d）。

（二）纵向定位轴线

纵向定位轴线标定了屋架标志尺寸端部的位置。屋架的跨度与厂房跨度一致。

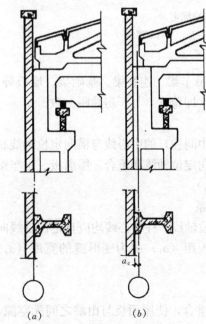

图 4-14 非承重外墙、边柱
与纵向定位轴线的联系
(a) 封闭结合；(b) 非封闭结合

1. 外墙、边柱与纵向定位轴线的联系

当外墙为非承重墙时，由于厂房内有无吊车以及吊车类型和起重量、柱距、构造要求等因素的影响，外墙、边柱与纵向定位轴线的联系有以下两种情况：

（1）封闭结合　指外墙内缘和边柱外缘与纵向定位轴线相重合，使屋面板与外墙之间无空隙，形成封闭结合。这种轴线称为封闭式轴线。它适用于无吊车或只有悬挂式吊车的厂房以及柱距为 6m、吊车起重量 $Q \leqslant 20/5t$ 的厂房（图 4-14a）。

（2）非封闭结合　指外墙内缘和边柱外缘与纵向定位轴线间加设联系尺寸（a_c），即外墙内缘和边柱外缘自纵向定位轴线向外移一个联系尺寸。在这种情况下，屋面板与外墙之间出现空隙，形成非封闭结合，须加设补充构件。这种轴线称为非封闭式轴线。当柱距为 6m 而吊车起重量 $Q \geqslant 30/5t$，或柱距较大以及有特殊构造要求时，为了满足吊车运行时所需安全空隙尺寸的要求，保证吊车正常运行，

应采用非封闭式轴线（图 4-14b）。

2. 中柱与纵向定位轴线的联系

等高跨处中柱宜设置单柱和一条纵向定位轴线，柱中心线宜与纵向定位轴线重合（图 4-15a）。当相邻跨内的吊车起重量较大、柱距较大或有构造要求需设插入距时，中柱可采用单柱及两条纵向定位轴线，插入距（a_i）应符合 3M，柱中心线宜与插入距中心线相重合（图 4-15b）。

高低跨处的中柱，当采用单柱时，宜采用一条纵向定位轴线，即高跨上柱外缘和封墙内缘与纵向定位轴线相重合（图 4-16a）。当高跨柱距为 6m 而吊车起重量 $Q \geqslant 30/5t$，或柱距较大以及有构造要求需设插入距时，中柱应采用两条纵向定位轴线（图 4-16b、c、d）。高低跨处中柱也可采用双柱及两条纵向定位轴线，并设插入距，柱与纵向定位轴线的联系与边柱相同。

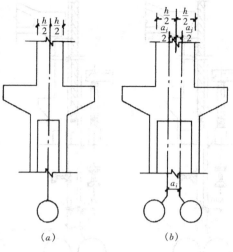

图 4-15 等高跨处中柱与
纵向定位轴线的联系

h—上柱截面高度；a_i—插入距

（三）纵横跨相交处的定位轴线

厂房纵横跨相交处，应采用双柱，并设置伸缩缝或防震缝，使纵横跨在结构上各自独

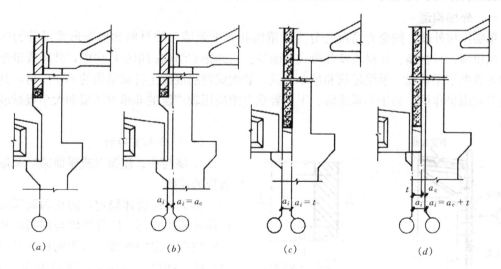

图 4-16 高低跨处中柱与纵向定位轴线的联系

a_i—插入距；a_c—联系尺寸；t—封墙厚度

立，有各自的柱列和定位轴线，各柱与定位轴线的联系按前面所述原则进行处理。纵横跨相交处两条定位轴线间的插入距 $a_i = a_e + t$（横跨为封闭结合）或 $a_i = a_e + t + a_c$（横跨为非封闭结合）（图 4-17）。

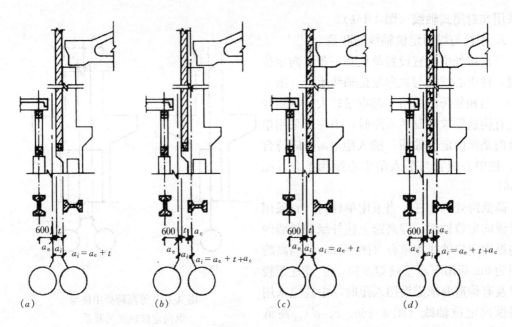

图 4-17 纵横跨相交处柱与定位轴线的联系

a_i—插入距；t—封墙厚度；a_c—联系尺寸；a_e—变形缝宽度

第三节 单层厂房构造

一、外墙构造

单层厂房外墙，按受力情况可分为承重墙和非承重墙；按材料和构造形式可分为砖墙、砌块墙、板材墙、瓦材墙及开敞式外墙等。在砖排架结构的单层厂房中，外墙或带壁柱的外墙属于承重墙，承受屋顶和吊车荷载。装配式钢筋混凝土排架结构的单层厂房，其外墙只起围护作用，属于非承重墙。下面着重介绍应用较广泛的非承重砖墙和大型板材墙构造。

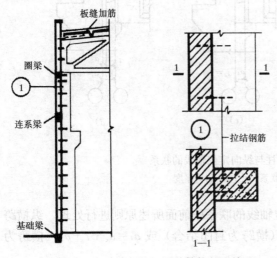

图 4-18 砖墙与柱、屋盖结构的连接

（一）非承重砖墙

1. 墙与柱、屋架（或屋面梁）及屋面板的连接

为了加强墙体稳定，防止因风压或振动使墙体破坏，厂房外墙与屋盖结构之间应有一定的连接。常用的做法是钢筋拉结，即沿柱和屋架高度每隔 500～600mm 伸出两根 $\phi6$ 的钢筋砌入墙内，在屋面板处可从板缝中伸出钢筋与墙拉结（图 4-18）。

2. 基础梁、连系梁和圈梁

单层厂房非承重砖墙一般支承在基础梁上，基础梁的两端搁置在柱下基础顶面，将墙体重量传给基础。基础梁的截面形式一般为倒梯形。基础梁顶面通常比室内地面低 50mm，以便于在出入口处的地面上做面层保护基础梁，同时还可以利用基础梁来代替防潮层。为此，当基础埋置较深时，为使基础梁顶面保持这一位置，可在基础顶面加设混凝土垫块，或采用高杯口基础，也可将基础梁直接搁置在柱牛腿上（图 4-19）。

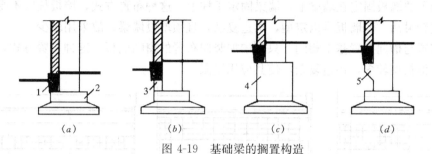

图 4-19　基础梁的搁置构造
1—基础梁；2—基础；3—垫块；4—高杯口基础；5—柱牛腿

当厂房外墙较高或有加强厂房纵向刚度的必要时，须在墙体适当的位置上设置连系梁，以加强墙身稳定，增强厂房的纵向刚度。连系梁的截面形式一般为矩形或 L 形。连系梁的两端搁置在柱牛腿上，承受其上墙体的自重，并传给柱。连系梁以下部分墙体的自重由基础梁承担。

为了增强厂房的整体性，提高厂房的抗震能力，须在墙身设置圈梁。圈梁宜设置在柱顶、吊车梁附近、窗过梁等处。圈梁与柱之间常用钢筋拉结。

3. 山墙抗风柱

单层厂房的山墙面积较大，须承受较大的风荷载。为加强墙体稳定，提高山墙的抗风能力，应在山墙处设置抗风柱。靠近厂房排架柱处的山墙可局部加厚，与排架柱连接在一起，不必另设抗风柱。抗风柱的间距宜采用扩大模数 15M 数列，并尽量与厂房柱距一致，以便于构件统一（图 4-20）。为使抗风柱有效地承受风荷载，应将其下端嵌固在基础上，上端通过弹簧钢板与屋架上弦相连接。

（二）大型板材墙

采用大型板材墙，可以减轻劳动强度，加快建设速度，促进厂房工业化发展，还可以充分利用工业废料，节

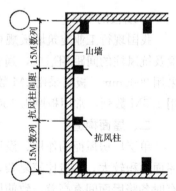

图 4-20　抗风柱的设置

省耕地。大型板材墙具有较好的抗震性能，但连接构造复杂，设计时应妥善解决防水、热工等技术问题。

1. 墙板的类型

按墙板的材料和构造方式可分为单一材料墙板和复合材料墙板。

（1）单一材料墙板　有钢筋混凝土墙板、配筋轻混凝土墙板等。钢筋混凝土墙板按断面形式分有槽形板、空心板等，适用于保温要求不高的厂房。配筋轻混凝土墙板按材料分有加气混凝土墙板、陶粒混凝土墙板等，适用于保温要求较高但湿度不大的厂房。

（2）复合材料墙板　由承重骨架、外壳及轻质高效的夹芯保温材料组成，适用于有保温要求的厂房。

2. 墙板的布置

单层厂房墙板的布置方式有横向布置、竖向布置和混合布置三种（图 4-21）。

横向布置的墙板两端固定于柱外侧，墙板长度与厂房柱距一致。这种布置方式，墙板的规格少，构造简单，制作安装方便，故采用较多。

竖向布置的墙板固定在墙梁上，墙梁固定于柱上。这种布置方式，墙板长度不受柱距限制，布置较灵活。但墙板难以定型，构造复杂，且须增设墙梁，故采用较少。

混合布置与横向布置基本相同，只需增加竖向布置的窗间墙板。这种布置方式，立面处理灵活，但板型较多，构造复杂，使其应用受限。

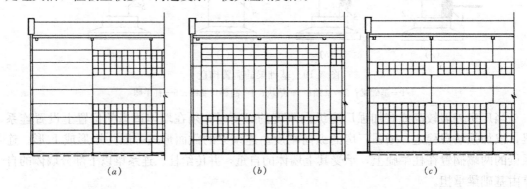

(a) (b) (c)

图 4-21 墙板布置方式

(a) 横向布置；(b) 竖向布置；(c) 混合布置

3. 墙板的规格

我国现行工业建筑墙板规格中，板长一般采用扩大模数 15M 数列，与厂房柱距、跨度及抗风柱的间距相适应，通常有 4500、6000、7500、12000（mm）四种，必要时也可采用 9000mm。板高采用 3M 数列，一般有 900、1200、1500、1800（mm）四种。板厚采用 1/5M 数列，常用板厚为 160～240mm。

二、屋面构造

单层厂房屋面的作用、设计要求和构造与民用建筑类似，但也有其自身的特点。例如屋面面积较大，构造比较复杂，特别是连续多跨的厂房，屋面上常设有各种形式的天窗，有时各跨屋面间有高差，致使屋面排水、防水等构造处理比较复杂；厂房屋面常受吊车冲击、机械振动等不利影响，必须具有足够的强度和刚度；对于不同生产特征的厂房，要求屋面应有相应的防护措施等等。

（一）屋面基层类型及组成

屋面基层分有檩体系和无檩体系两种。

有檩体系是在屋架（或屋面梁）顶面先搁置檩条，再在檩条上铺设小型屋面板（或瓦材）。这种体系的构件小，便于吊装，但构件类型和数量较多，一般用于施工吊装能力较小的施工现场。

无檩体系是在屋架（或屋面梁）顶面直接铺设大型屋面板。这种体系的构件大，类型和数量较少，便于工业化施工，故应用较广。常用的钢筋混凝土大型屋面板有槽形板、F形板、空心板等（图 4-22）。

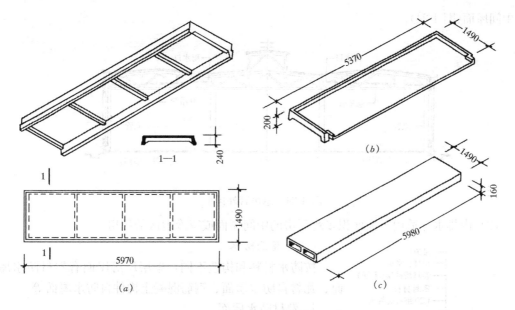

图 4-22　钢筋混凝土大型屋面板的类型
(a) 槽形板；(b) F形板；(c) 空心板

（二）屋面排水

单层厂房一般均采用坡屋顶，屋面排水坡度视屋面防水材料、屋盖构造、屋架形式、生产状况及当地气候条件而定。屋面排水方式同民用建筑一样，分无组织排水和有组织排水两大类。

1. 无组织排水

无组织排水一般适用于降雨量不大的地区或高度较低的厂房，对生产过程中散发出大量粉尘或腐蚀性物质的厂房，也应采用无组织排水。

2. 有组织排水

有组织排水有外排水和内排水之分。

（1）外排水　在单层厂房中常用檐沟外排水、长天沟外排水、悬吊管外排水等。

檐沟外排水适用于非寒冷地区中高度较大或降雨量较大的单跨厂房，或多跨厂房的边屋面。

长天沟外排水是将汇集于厂房屋面中间天沟的雨水经由两端山墙处的雨水管排出。这种排水方式，可避免在屋面范围内设雨水口及厂房内设雨水管和地沟，适用于长度在 100m 以内的多跨厂房中间屋面（图 4-23）。

悬吊管外排水是将汇集于中间天沟的雨水经由悬吊管引向外墙处的雨水竖管排至室外。这种排水方式可用于设备和地下排水管沟较多的多跨厂

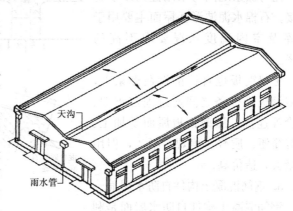

图 4-23　长天沟外排水示意

房中间屋面(图 4-24)。

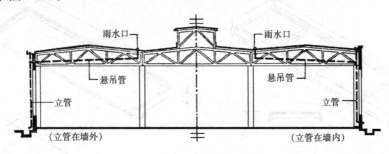

图 4-24　悬吊管外排水

（2）内排水　适用于大面积多跨厂房的中间屋面或寒冷地区的厂房。

（三）屋面防水

按防水材料和构造不同，单层厂房屋面有卷材防水屋面、瓦材自防水屋面、钢筋混凝土构件自防水屋面等。

1. 卷材防水屋面

卷材防水屋面的构造与民用建筑基本相同，但由于厂房屋面面积较大，且常受吊车冲击、机械振动等影响，使屋面基层变形较大，更易引起卷材开裂。卷材易被拉裂的部位是屋面板端部的接缝（即横缝）处。为防止卷材开裂，应尽量增强屋面基层的刚度和整体性，以减小基层的变形，同时还应改进卷材在横缝处的构造做法，以适应基层的变形（图 4-25）。

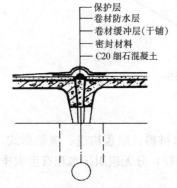

图 4-25　卷材防水屋面横缝处理

2. 瓦材自防水屋面

在单层厂房中，瓦材自防水屋面常用的瓦材有石棉水泥波形瓦、压型钢板等。

石棉水泥波形瓦直接铺设在檩条上，瓦与檩条之间可采用挂钩或卡钩连接。石棉水泥波形瓦屋面主要用于仓库及室内温度状况要求不高的厂房。

压型钢板也直接铺设在檩条上，压型钢板与檩条之间通过固定支架、螺栓等连接。压型钢板屋面易加工、安装简便、质轻、美观、耐久，但用钢量大，造价高。

3. 钢筋混凝土构件自防水屋面

钢筋混凝土构件自防水屋面是利用钢筋混凝土屋面板自身的密实性，

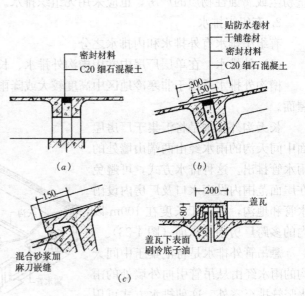

图 4-26　板缝防水处理
(a) 嵌缝式；(b) 脊带式；(c) 搭盖式（F 形板）

并对板缝进行局部防水处理而形成的防水屋面。屋面板既是承重层，又是防水层。为了增强屋面板的防水性能和抗渗透能力，减缓混凝土的碳化和风化，可在板面涂刷防水涂料。

板缝的防水构造做法有嵌缝式、脊带式、搭盖式等（图4-26）。

三、天窗构造

（一）矩形天窗

矩形天窗是突出屋面设置的一种采光天窗形式，可兼有一定的通风作用。它沿厂房纵向布置，在厂房两端及变形缝两侧的第一个柱距一般不设天窗。矩形天窗在单层厂房中广为应用。

矩形天窗主要由天窗架、天窗扇、天窗侧板、天窗屋顶、天窗端壁等组成（图4-27）。

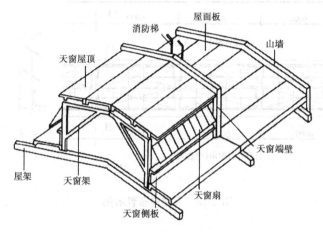

图 4-27 矩形天窗的组成

1. 天窗架

天窗架是矩形天窗的承重构件，支承在屋架上弦。天窗架的材料一般与屋架一致，有钢筋混凝土天窗架、钢天窗架等。天窗架的尺寸应根据采光和通风要求确定。天窗架的跨度一般为厂房跨度的1/3～1/2，且宜采用扩大模数30M数列，如 6m、9m、12m 等。天窗架的高度应结合天窗扇的高度确定。

2. 天窗扇

天窗扇按材料不同有钢天窗扇、木天窗扇、塑料天窗扇等，其中钢天窗扇采用较多。为便于机械开关，天窗扇的开启方式常采用上悬式和中悬式。天窗扇沿水平方向可布置成通长窗扇（只适用于上悬式），也可按柱距分段布置。定型的上悬或中悬钢天窗扇的高度有 900mm、1200mm、1500mm 三种，可根据天窗采光需要组合成单排、双排或三排等不同高度的天窗扇（图4-28）。

3. 天窗侧板

天窗侧板是设于天窗扇下部的围护构件，其作用在于防止雨水溅入室内，并防止屋面积雪影响采光及窗扇的开关。天窗侧板常采用钢筋混凝土槽形板，侧板两端支承在天窗架的钢牛腿上，其跨度与厂房柱距一致。从屋面至侧板上缘的距离一般不宜小于300mm，但也不宜太高（图 4-29a）。天窗侧板也可采用石棉水泥波形瓦、压型钢板等轻质材料。

4. 天窗屋顶

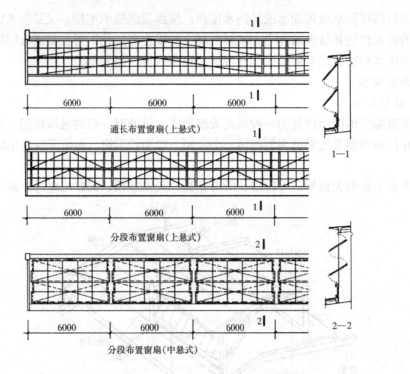

图 4-28　天窗扇布置示例

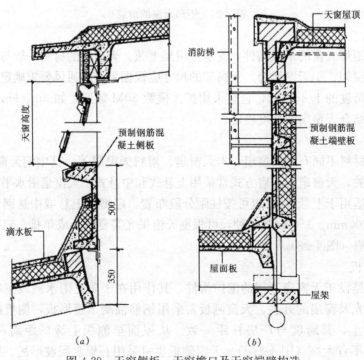

图 4-29　天窗侧板、天窗檐口及天窗端壁构造

(a) 天窗侧板和天窗檐口；(b) 天窗端壁

天窗屋顶的构造与厂房屋顶相同。天窗檐口处一般设置带挑檐的屋面板，形成无组织排水。降雨量较大的地区或天窗高度及宽度较大时，可采用檐沟外排水。

5. 天窗端壁

天窗端壁是天窗两端的围护构件。通常采用钢筋混凝土肋形端壁板，它直接支承在屋架上弦，既能承重，又起围护作用，不需另设天窗架（图 4-29b）。天窗端壁也可采用石棉水泥波形瓦、压型钢板等轻质材料，但天窗端壁处必须设置天窗架。

（二）矩形通风天窗

矩形通风天窗是在矩形天窗的两侧加设挡风板而形成的，主要用于热加工车间。除寒冷地区外，一般可不设天窗扇，但应有挡雨设施。

1. 挡风板

挡风板的材料有石棉水泥波形瓦、瓦楞铁、钢丝网水泥波形瓦、压型钢板等。挡风板可垂直布置，也可倾斜布置。其高度一般稍低于天窗檐口的高度，板的下端与屋面之间应留有 50～100mm 的空隙，以便排水和清灰。挡风板至天窗檐口的距离视天窗垂直口的高度而定。

挡风板的支承方式有立柱式和悬挑式两种。立柱式是在屋面板的纵横板缝相交处设置柱墩（柱墩内有与屋架上弦相连的铁件），将钢或钢筋混凝土立柱支承在柱墩上。立柱上部用支撑与天窗架相连接，立柱上设置檩条来固定挡风板。悬挑式是由天窗架悬挑出支架，挡风板固定在支架的檩条上（图 4-30）。

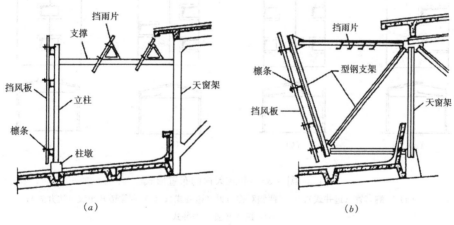

图 4-30 挡风板构造
(a) 立柱式；(b) 悬挑式

2. 挡雨设施

天窗的挡雨方式有水平口设挡雨片、垂直口设挡雨片和大挑檐挡雨三种（图 4-31）。挡雨方式和挡雨角 a（挡雨片或挑檐遮挡雨滴的角度）的大小影响到天窗的通风效果。挡雨角的大小既要满足防雨要求，又要考虑通风需要，一般为 30°～40°。在挡雨角相同的情况下，水平口设挡雨片及大挑檐挡雨的天窗，其通风效果一般要好于垂直口设挡雨片的天窗。

水平口设挡雨片时，挡雨片与水平面的夹角多为 60°，挡雨片的高度一般为 200～300mm。垂直口设挡雨片时，挡雨片与水平面的夹角越小，通风效果越好，但一般不宜

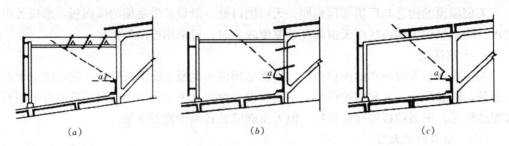

图 4-31　天窗挡雨方式

(a) 水平口设挡雨片；(b) 垂直口设挡雨片；(c) 大挑檐挡雨

小于 15°，以满足排水要求。大挑檐挡雨时，挑檐长度应保证挡风板距天窗檐口有合适的距离，以满足通风要求。

挡雨片常采用石棉水泥瓦、钢丝网水泥板、钢筋混凝土板、薄钢板等材料，考虑采光要求，也可采用铅丝玻璃、钢化玻璃、玻璃钢瓦等透光材料。

（三）井式天窗

井式天窗是每隔一个柱距或几个柱距将部分屋面板下沉至屋架下弦，使屋面上形成一个个凹陷在屋架空间内的井状天窗，它是下沉式天窗的一种类型。井式天窗的布置形式主要有一侧布置、两侧对称布置、错开布置和跨中布置等（图 4-32）。一侧或两侧布置的井

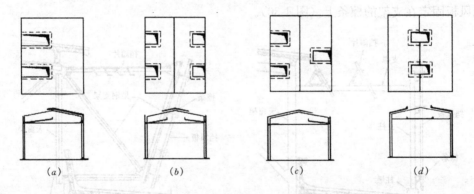

图 4-32　井式天窗的布置形式

(a) 一侧布置（边井式）；(b) 两侧对称布置（边井式）；(c) 两侧错开布置（边井式）；
(d) 跨中布置（中井式）

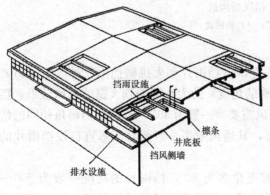

图 4-33　井式天窗的组成

式天窗称为边井式天窗，跨中布置的井式天窗称为中井式天窗。

井式天窗主要由井底板、檩条（井底板由檩条支承时设置）、挡雨设施或窗扇、排水设施、挡风侧墙（边井式天窗设置）等组成（图 4-33）。

1. 井底板

井底板的布置方式有两种：横向布置和纵向布置（图 4-34）。

（1）横向布置　井底板平行于屋架

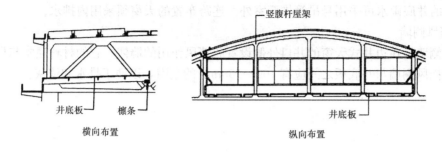

竖腹杆屋架

井底板 檩条
横向布置

井底板
纵向布置

图 4-34 井底板的布置

布置，即在屋架下弦节点上搁置檩条，在檩条上铺设井底板。井底板边缘应做约300mm高的泛水。这种布置方式构造简单、施工方便，采用较多。

（2）纵向布置 井底板直接铺设在屋架下弦上，可省去檩条，但有的板端与屋架相碰，须做特殊处理，故制作较复杂，吊装比较困难。

2. 挡雨设施

井式天窗主要起通风作用。不采暖的厂房，天窗口一般不设窗扇，但须加设挡雨设施。挡雨方式以及挡雨设施的布置和构造做法与矩形通风天窗基本相同，只是在某些细部处理上略有区别。

3. 窗扇设置

采暖厂房的井式天窗通常应设置窗扇。窗扇可在垂直口设置，也可在水平口设置。

（1）垂直口设窗扇 沿厂房纵向的垂直口可采用上悬式或中悬式窗扇，横向的垂直口因有屋架腹杆阻挡只能采用上悬式窗扇。在边井式天窗中，由于受屋架坡度影响，横向的垂直口是倾斜的，窗扇设置比较困难，可采用平行四边形窗扇。也可采用矩形窗扇，但窗扇两端的缝隙应做密封处理。

（2）水平口设窗扇 可采用中悬式窗扇，窗扇支承在井口的空格板或檩条上。也可采用水平推拉式窗扇。

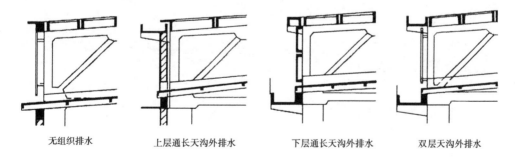

无组织排水　　　上层通长天沟外排水　　　下层通长天沟外排水　　　双层天沟外排水

图 4-35 边井式天窗的排水方式

4. 排水措施

设有井式天窗的厂房，上层屋面与下层井底的排水要综合考虑。设计时应根据天窗的布置、厂房的高度、车间生产中灰尘量的大小以及当地降雨量等因素，选择合适的排水方式。

边井式天窗可采用无组织排水、单层天沟外排水或双层天沟外排水等（图4-35）。中井式天窗的井底雨水可采用悬吊管排至室外。连跨布置的天窗须采用内排水。

5. 挡风侧墙

挡风侧墙是在边井式天窗的井口外侧设置起挡风作用的墙体。它的材料通常与厂房外墙相同。挡风侧墙与井底板之间应有100~150mm的空隙，以便于排水和清灰。

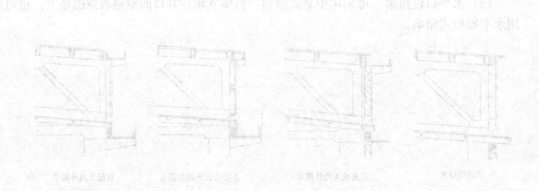

第五章 建 筑 材 料

第一节 概 论

建筑材料是指在建筑工程中所使用的各种材料的总称,它是一切建筑工程的物质基础。

建筑材料可按多种方法进行分类。

1. 按化学成分分类。通常可分为有机材料、无机材料和复合材料三大类,如下表所示:

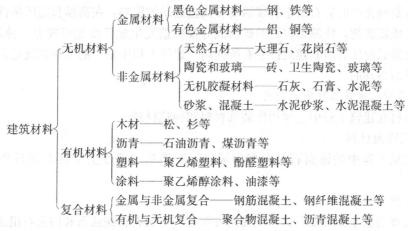

2. 按在建筑工程中的功能分类。可分为承重材料和非承重材料、防水材料、装饰材料、保温和隔热材料、吸声和隔声材料等。

3. 按用途分类。可分为结构材料、墙体材料、屋面材料、地面材料、饰面材料以及其他用途的材料等。

建筑材料品种繁多,性能各异,在建筑工程中,要按照建筑物对材料性能的要求及其使用时的环境条件,正确合理地选用材料,做到材尽其能和物尽其用,这对于节约材料、降低工程造价、提高基本建设的技术经济效益,具有重大的意义。

第二节 建 筑 基 本 材 料

一、天然石材

天然石材是采自地壳,经加工或未加工的天然岩石所制得的材料。天然石材具有很高的抗压强度,良好的耐久性和耐磨性,一些岩石经过加工后还具有独特的装饰效果。因此,自古以来就是建筑工程中相当重要的结构与装饰材料。

（一）岩石分类

天然岩石根据其形成的地质条件的不同，可分为岩浆岩、沉积岩和变质岩三大类。它们的矿物组成、结构与构造不同，性质差别也很大，使用范围也不相同。

1. 岩浆岩

岩浆岩又称火成岩，它是由地壳内部熔融岩浆上升冷却而成。根据岩浆冷却情况的不同，岩浆岩又分为深成岩、喷出岩和火山岩。建筑上常用的深成岩有花岗岩、正长石和闪长石，常用的喷出岩有玄武岩、辉绿石和安山岩，常用的火山岩有火山灰、浮石和火山凝灰岩等。

2. 沉积岩

沉积岩又称水成岩，它是由露出地表的各种岩石在外力地质作用下，经自然风化、风力搬迁、流水冲移等作用后再沉积，在地表及地表下不太深的地方形成的岩石。建筑工程中常见的沉积岩有砂岩、页岩、石膏、菱镁矿、石灰岩、白垩、硅藻土等。

3. 变质岩

变质岩是地壳中的岩石由于岩浆活动和构造运动的影响，在高温和高压条件下，矿物再结晶或生成新矿物，使原来岩石的矿物成分及构造发生显著变化而成为一种新的岩石。有些沉积岩形成变质岩后其建筑性能有所提高，建筑工程中常用的大理岩就是由石灰岩和白云岩变质而得到的。

（二）石材在建筑工程中的应用

天然石材在建筑工程中主要用作装饰材料和构筑材料。

1. 建筑饰面材料

用于建筑工程中的饰面石材大多为板材，按其基本属性主要有大理石和花岗石两大类。

（1）天然大理石

天然大理石属于中硬度石材，主要由方解石、石灰石、蛇纹石和白云石组成，其主要成分为碳酸钙，约占 50% 以上，其他还有碳酸镁、氧化钙及二氧化硅等。

天然大理石主要用于建筑物室内墙面、柱面、地面、电梯门脸装饰等。由于易受城市空气中含有的二氧化硫等酸性化合物的腐蚀而形成麻面，所以天然大理石不适用于室外工程。

（2）天然花岗石

天然花岗石是火成岩中分布最广的一种岩石，属于硬石材，由石英和云母组成，其成分以二氧化硅为主，约占 65%～75%。

花岗石不易风化变质，外观色泽保持持久，多用于墙基础和外墙饰面。由于其硬度高、耐磨，所以也常用于高级建筑装饰工程，如大厅的地面等。

2. 构筑用石材

构筑用天然石材按加工后的外形规则程度，可分为毛石和料石。构筑石材主要用于砌筑墙身、踏步、地坪、拱和纪念碑等；形状复杂的料石制品，用于柱头、柱脚、楼梯踏步、窗台板、栏杆和其他装饰面等；粒径较小的石材可用作混凝土的骨料。

二、石灰

石灰是一种传统的建筑材料，生产石灰的原料是以 $CaCO_3$ 为主要成分的天然石灰岩，

将天然石灰岩经 $800\sim1000℃$ 高温煅烧即得生石灰，其主要成分是 CaO，另外还有少量 MgO 等杂质。

（一）石灰的品种、组成、特性和用途

根据成品加工方法的不同，石灰分为以下几种：块状生石灰、磨细生石灰、消石灰粉、石灰浆（亦称石灰膏）。它们的组成和用途见表 5-1。

（二）石灰的主要技术指标

根据我国建材行业标准《建筑生石灰》JC/T 479—92、《建筑生石灰粉》JC/T 480—92 与《建筑消石灰粉》JC/T 481—92 的规定，建筑用石灰的主要技术指标见表 5-2、表 5-3、表 5-4。

（三）石灰的贮存和运输

（1）贮存和运输生石灰时，要防止受潮，且贮存时间不宜过长。这是因为生石灰会吸收空气中的水分消化成消石灰粉，进一步与空气中的 CO_2 作用生成碳酸钙，失去胶凝能力。

石灰的品种、组成和用途   表 5-1

品　种	块　灰（生石灰）	磨细生石灰（生石灰粉）	熟石灰（消石灰）	石灰膏	石灰乳（石灰浆）
组　成	氧化钙（CaO）	氧化钙（CaO）	氢氧化钙（Ca（OH）$_2$）	氢氧化钙和水	氢氧化钙和水
用　途	用于配制磨细生石灰、熟石灰、石灰膏等	用作硅酸盐建筑制品（砖、瓦、砌块）的原料，并可制作碳化石灰板、砖等制品，还可配制熟石灰、石灰膏等	用于拌制灰土（石灰、黏土）和三合土（石灰、黏土、砂或炉渣）	用于配制石灰砌筑砂浆和抹灰砂浆	用于简易房屋的室内粉刷

建筑生石灰的技术要求（JC/T479—92）   表 5-2

项　目	钙质生石灰			镁质生石灰		
	优等品	一等品	合格品	优等品	一等品	合格品
CaO+MgO 含量（%，不大于）	90	85	80	85	80	75
未消化残渣含量（5mm 圆孔筛余，%，不大于）	5	10	15	5	10	15
CO$_2$（%，不大于）	5	7	9	6	8	10
产浆量（L/kg，不小于）	2.8	2.3	2.0	2.8	2.3	2.0

建筑生石灰粉的技术要求（JC/T480—92）   表 5-3

项　目		钙质生石灰粉			镁质生石灰粉		
		优等品	一等品	合格品	优等品	一等品	合格品
CaO+MgO 含量（%，不大于）		85	80	75	80	75	70
CO$_2$（%，不大于）		7	9	11	8	10	12
细度	0.90mm 筛筛余（%，不大于）	0.2	0.5	1.5	0.2	0.5	1.5
	0.125mm 筛筛余（%，不大于）	7.0	12.0	18.0	7.0	12.0	18.0

（2）贮存和运输生石灰时要注意安全。生石灰受潮熟化会放出大量的热，且体积膨胀

1~2.5倍，故要将生石灰与可燃物分开保管，以免引起火灾。

建筑消石灰粉的技术要求（JC/T481—92） 表 5-4

项 目		钙质消石灰粉			镁质消石灰粉			白云石消石灰粉		
		优等品	一等品	合格品	优等品	一等品	合格品	优等品	一等品	合格品
CaO＋MgO 含量(%，不大于)		70	65	60	65	60	55	65	60	55
游离水(%)		0.4~2	0.4~2	0.4~2	0.4~2	0.4~2	0.4~2	0.4~2	0.4~2	0.4~2
体积安定性		合格	合格	—	合格	合格	—	合格	合格	—
细度	0.90mm 筛筛余(%，不大于)	0	0	0.5	0	0	0.5	0	0	0.5
	0.125mm 筛筛余(%，不大于)	3	10	15	3	10	15	3	10	15

三、石膏

（一）石膏的生产与品种

石膏胶凝材料是一种以硫酸钙为主要成分的气硬性胶凝材料。生产石膏的原料主要为含硫酸钙的天然石膏（生石膏）或含硫酸钙的化工副产品，又称二水石膏，化学分子式为 $CaSO_4 \cdot 2H_2O$。将二水石膏在不同条件下煅烧可得到建筑石膏、高强石膏等不同的石膏品种。

建筑石膏颗粒较细，制品强度较低。高强石膏晶粒较粗，需水量较小，强度较高，主要用于室内高级抹灰及制作石膏板等装饰制品。

由于建筑石膏性能良好，原材料丰富，生产工艺简单，成本低，在建筑工程上应用广泛。

（二）建筑石膏的技术性质

建筑石膏按技术要求（强度、细度和凝结时间）分为优等品、一等品、合格品三个等级，其技术要求见表 5-5。有一项指标不合格，石膏应重新检验级别或报废。

建筑石膏在贮运过程中应防潮防水，贮运三个月后，强度下降 30% 左右，所以贮运期一般不应超过三个月。

（三）建筑石膏的性质与应用

建筑石膏与其他胶凝材料相比，具有凝结硬化快，体积微膨胀，制品孔隙率高，强度低，耐水性差，防火性能好，吸湿性好等特性。根据建筑石膏的上述性能特点，它在建筑上的主要用途有：制成石膏抹灰材料、各种墙体材料（如纸面石膏板、石膏空心条板、石膏砌块等）、各种装饰石膏板、石膏浮雕花饰、雕塑制品等。

建筑石膏的技术要求 表 5-5

技 术 指 标		优等品	一等品	合格品
强 度	抗折强度≥	2.5	2.1	1.8
(MPa)	抗压强度≥	4.9	3.9	2.9
细度	0.2mm 方孔筛筛余（%）≤	5.0	10.0	15.0
凝结时间	初凝时间≥	6		
(min)	终凝时间≤	30		

四、水泥

水泥是主要的建筑材料之一，广泛应用于工业与民用建筑、道路、水利和国防工程。水泥作为胶凝材料可用来制作混凝土、钢筋混凝土和预应力混凝土构件，也可配制各类砂浆用于建筑物的砌筑、抹面、装饰等。

水泥种类繁多，按主要水硬性物质名称分为硅酸盐水泥、铝酸盐水泥、硫铝酸盐水泥等。按用途不同分为通用水泥、专用水泥和特性水泥三大类。在我国水泥产量最大、用途最广泛的是硅酸盐水泥。

（一）硅酸盐水泥

硅酸盐水泥是由硅酸盐水泥熟料、0％～5％石灰石或粒化高炉矿渣、适量石膏共同磨细制成的水硬性胶凝材料。硅酸盐水泥分两种类型，不掺混合材料的称Ⅰ型硅酸盐水泥，其代号为 P·Ⅰ；掺不超过水泥质量5％混合材料的称Ⅱ型硅酸盐水泥，代号为 P·Ⅱ。

1. 硅酸盐水泥的生产

硅酸盐水泥是以石灰质原料和黏土质原料为主，加入少量校正原料，按一定比例配合磨细成生料，并将生料煅烧至部分熔融，得到水泥熟料，再与适量石膏共同磨细而得到的。石膏掺加量一般为水泥质量的3％～5％。

2. 硅酸盐水泥的凝结硬化

水泥加水拌合后形成可塑性浆体，随着水化反应的进行，水泥浆体逐渐变稠失去可塑性，这一过程称为水泥的凝结。随着水化反应的继续进行，凝结了的水泥浆体开始产生强度，并逐渐发展成为坚硬的水泥石，这一过程称为水泥的硬化。水泥粉末与水接触，熟料矿物即开始与水发生反应，生成水化产物并放出热量。生成的水化产物主要有：水化硅酸钙、氢氧化钙、水化铝酸钙、水化铁酸钙，以及有石膏参与水化生成的水化硫铝酸钙。其中水化硅酸钙含量最多，占水化产物的50％以上，氢氧化钙占20％左右。

3. 硅酸盐水泥的技术性质

硅酸盐水泥强度等级分为42.5、42.5R、52.5、52.5R、62.5、62.5R。各等级的强度要求见表5-6。初凝时间不得早于45min，终凝时间不得迟于6.5h，细度为比表面积大于300m^2/kg，体积安定性用沸煮法检验必须合格。

（二）掺混合材料的硅酸盐水泥

硅酸盐水泥和普通水泥的各等级的强度要求　　　　　表5-6

品　　种	强度等级	抗　压　强　度		抗　折　强　度	
		3天	28天	3天	28天
硅酸盐水泥	42.5	17.0	42.5	3.5	6.5
	42.5R	22.0	42.5	4.0	6.5
	52.5	23.0	52.5	4.0	7.0
	52.5R	27.0	52.5	5.0	7.0
	62.5	28.0	62.5	5.0	8.0
	62.5R	32.0	62.5	5.5	8.0
普通硅酸盐水泥	42.5	16.0	42.5	3.5	6.5
	42.5R	21.0	42.5	4.0	6.5
	52.5	22.0	52.5	4.0	7.0
	52.5R	26.0	52.5	5.0	7.0

凡在硅酸盐水泥熟料中，掺入一定量的混合材料和适量石膏共同磨细制成的水硬性胶凝材料称掺混合材料的硅酸盐水泥。按掺加混合材料的品种和数量，掺混合材料的硅酸盐水泥分为：普通硅酸盐水泥、矿渣硅酸盐水泥、火山灰质硅酸盐水泥、粉煤灰硅酸盐水泥和复合硅酸盐水泥。

1. 普通硅酸盐水泥

普通硅酸盐水泥是由硅酸盐水泥熟料、6%～15%的混合材料、适量石膏磨细制成的水硬性胶凝材料，简称普通水泥，代号为 P·O。

普通水泥分为 42.5、42.5R、52.5 和 52.5R 四个强度等级，各等级的强度要求见表 5-6。初凝时间不早于 45min，终凝时间不迟于 10h。在 0.08mm 方孔筛上的筛余量不超过 10%，体积安定性用沸煮法检验必须合格。

2. 矿渣、火山灰质、粉煤灰硅酸盐水泥

矿渣硅酸盐水泥是由硅酸盐水泥熟料和粒化高炉矿渣、适量石膏磨细制成的水硬性胶凝材料，简称矿渣水泥，代号为 P·S。矿渣水泥中粒化高炉矿渣掺加量按质量百分比计为 20%～70%。火山灰质硅酸盐水泥是由硅酸盐水泥熟料和火山灰质混合材料、适量石膏磨细制成的水硬性胶凝材料，简称火山灰水泥，代号为 P·P。火山灰水泥中火山灰质混合材料掺入量按质量百分比计为 20%～50%。粉煤灰硅酸盐水泥是由硅酸盐水泥熟料和粉煤灰、适量石膏磨细制成的水硬性胶凝材料，简称粉煤灰水泥，代号为 P·F。粉煤灰水泥中粉煤灰的掺加量为水泥质量的 20%～40%。

矿渣水泥、火山灰水泥、粉煤灰水泥分为 32.5、32.5R、42.5、42.5R、52.5 和 52.5R 六个强度等级。上述三种水泥的细度、凝结时间和体积安定性的要求与普通水泥相同。

硅酸盐水泥、普通水泥、矿渣水泥、火山灰水泥和粉煤灰水泥这五种水泥是我国目前建筑工程中用途广泛、用量最大的水泥品种，又称五大水泥。这五种水泥的主要性能见表 5-7。在混凝土结构工程中，水泥的选用可参照表 5-8。

五大水泥的主要性能 表 5-7

水泥品种	标准代号	特　　性	
		优　　点	缺　　点
硅酸盐水泥	P·Ⅰ P·Ⅱ	1. 强度等级高 2. 快硬、早强 3. 抗冻性好、耐磨性和不透水性强	1. 水化热高 2. 抗水性差 3. 耐蚀性差
普通硅酸盐水泥 （普通水泥）	P·O	与硅酸盐水泥相比、性能基本相同，仅有如下改变： 1. 抗冻、耐磨性稍有下降 2. 早期强度增进率略有减少 3. 抗硫酸盐侵蚀能力有所增强	
矿渣硅酸盐水泥 （矿渣水泥）	P·S	1. 水化热低 2. 抗硫酸盐侵蚀性好 3. 蒸汽养护有较好效果 4. 耐热性较好	1. 早期强度低、后期强度增进率大 2. 保水性差 3. 抗冻性差
火山灰质硅酸盐水泥 （火山灰水泥）	P·P	1. 保水性好 2. 水化热低 3. 抗硫酸盐侵蚀性好	1. 需水性、干缩性大 2. 早期强度低、后期强度增进率大 3. 抗冻性差
粉煤灰硅酸盐 水泥 （粉煤灰水泥）	P·F	1. 水化热低 2. 抗硫酸盐侵蚀性好 3. 能改善砂浆和混凝土的和易性	1. 早期强度低、后期强度增进率大 2. 抗冻性差

混凝土工程特点或所处环境条件		优先选用	可以使用	不得使用
环境条件	在普通环境中的混凝土	普通水泥	矿渣水泥 火山灰水泥 粉煤灰水泥	
	在干燥环境中混凝土	普通水泥	矿渣水泥	火山灰水泥 粉煤灰水泥
	在高湿度环境中 或永远处在水中的混凝土	矿渣水泥	普通水泥 火山灰水泥 粉煤灰水泥	
	严寒地区的露天混凝土、寒冷地区 处于水位升降范围内的混凝土	普通水泥 （等级≥32.5）	矿渣水泥 （等级≥32.5）	火山灰水泥 粉煤灰水泥
	严寒地区处在水位 升降范围内的混凝土	普通水泥 （等级≥42.5）		火山灰水泥 粉煤灰水泥 矿渣水泥
	受侵蚀性环境水或 侵蚀性气体作用的混凝土	根据侵蚀性介质的种类、浓度 等具体条件按专门（或设计）规定选用		
工程特点	厚大体积的混凝土	粉煤灰水泥 矿渣水泥	普通水泥 火山灰水泥	硅酸盐水泥 快硬硅酸盐水泥
	要求快硬的混凝土	快硬硅酸盐水泥 硅酸盐水泥	普通水泥	火山灰水泥 粉煤灰水泥 矿渣水泥
	高强混凝土	硅酸盐水泥	普通水泥 矿渣水泥	火山灰水泥 粉煤灰水泥
	有抗渗性要求的混凝土	普通水泥 火山灰水泥		不宜使用矿渣水泥
	有耐磨性要求的混凝土	硅酸盐水泥 普通硅酸盐水泥 （等级≥32.5）	矿渣水泥 （等级≥32.5）	火山灰水泥 粉煤灰水泥

（三）水泥的贮运

水泥在贮运过程中应注意防潮，不得混入杂质。不同品种、等级、出厂日期的水泥应分别存放，标志清晰，不得混杂。散装水泥要分别存放，袋装水泥堆放高度一般不应超过10袋。水泥存放期一般不应超过三个月，超过六个月的水泥必须经过试验，检验合格后才能使用。

五、木材

在建筑工程中，木材可用作桁架、梁、柱、门窗、地板、混凝土模板和室内装修等。

木材分针叶树和阔叶树两大类。针叶树树干通直高大，易得木材，其材质较软，易于加工，故称软木材。软木材表观密度和胀缩变形较小，强度较高，耐腐蚀性强，建筑工程中常用作承重构件和装修材料。主要树种有红松、白松、马尾松、黄花松、杉木等。阔叶树树干通直部分较短，材质较硬，故又名硬木材。阔叶树木纹美丽，适用于室内装修和胶合板等。主要树种有杨榆、水曲柳、桦木等。

（一）木材的物理性质

木材的物理性质对木材加工处理和利用都有很重要的实际意义。

1. 木材的含水率

木材的含水率是指木材所含水的质量占木材干燥质量的百分数。木材中所含水分不同，对木材性质的影响也不一样。

木材中的水分由存在于细胞腔和细胞间隙中的自由水、存在于细胞壁内的吸附水，以及构成细胞化学成分的化合水三部分组成。自由水和化合水对木材性能影响不大，而吸附水则是影响木材性质的主要因素。

2. 木材的湿胀与干缩变形

木材具有显著的湿胀与干缩性。当含水率在纤维饱和点以上时，含水率的变化不会引起木材的湿胀或干缩；而当含水率降至纤维饱和点以下时，含水率的变化会引起木材的湿胀或干缩。纤维饱和点是木材发生湿胀干缩变形的转折点。此外，由于木材为非匀质构造，其胀缩变形各向不同，胀缩会使木材产生裂缝或翘曲变形而影响使用。为了避免这种不利影响，在木材加工制作前应预先将木材进行干燥处理，使木材干燥至其含水率与将作成的木构件使用时所处环境的湿度相适应的平衡含水率。

3. 木材的密度、表观密度

木材的平均密度约为 $1.55g/cm^3$。表观密度的大小与木材种类及含水率有关，木材的含水率越大，其表观密度也越大，确定木材的表观密度时，要在含水率为 15％时的标准含水率情况下进行。常用木材的气干表观密度平均为 $500kg/m^3$。

4. 木材的导热系数

木材的导热系数与其表观密度成正比，表观密度越大，木材的导热系数越大。木材的导热系数也随含水率的提高而增大，一般气干状态的木材，在室温（15～30℃）下的导热系数在 $0.088～0.180W/（m·K）$ 的范围内。

（二）木材的防腐与综合利用

1. 木材的防腐

木材的腐朽是由真菌的寄生引起的，木材防腐就是消除真菌生存和繁殖的条件。常见的防腐措施有：一是预先将木材干燥至含水率在 20％以下，对结构物采取通风、防潮、表面涂刷油漆等措施，保证木材经常处于气干状态。另外，还可以采用各种化学防腐剂毒化木材，以达到防止木材腐蚀的目的。

2. 木材的综合利用

我国森林资源匮乏，综合利用木材十分重要。综合利用木材的重要途径是充分利用小规格材和碎材、废料，生产各种人造板材。

人造板材种类很多，建筑工程中常见的有胶合板、纤维板、刨花板、木丝板、木屑板和细木工板。

六、建筑塑料

塑料是以合成树脂为主要成分，加入各种添加剂，经一定温度、压力塑制成型的有机合成材料。这种材料在一定温度、压力下具有流动性，可塑制成各种制品，而在常温常压下能保持其形状。

目前建筑业用量最大的塑料是聚氯乙烯，约占建筑塑料总量的 40％，其次是聚乙烯、聚丙烯、聚苯乙烯、氨基塑料和酚醛塑料等。塑料可用作装修材料制成塑料门窗、楼梯扶手等；也可作装饰材料，如塑料地板、地面卷材、涂料等；还可作为防水材料、上下水管道、卫生洁具等。

（一）塑料的组成

按组成成分的不同，可分为单组分塑料和多组分塑料。单组分塑料仅含有塑料中必不可少的合成树脂，但在大多数塑料中，除合成树脂外，还含有各种填充料和添加剂，为多组分塑料。

1. 合成树脂

合成树脂在塑料中按质量计约占 40%～100%，对塑料性质起决定性作用，是使塑料能够成型的有机胶凝材料。

建筑塑料常用的热塑性合成树脂有聚氯乙烯、聚乙烯、聚苯乙烯、聚丙烯等；热固性合成树脂有酚醛树脂、环氧树脂、不饱和聚酯树脂和有机硅树脂等。

2. 添加剂

塑料的主要添加剂有增强材料和填料、增塑剂、稳定剂、润滑剂及色料等。

(二) 塑料的基本性质

塑料品种繁多，性能各异，与其他建筑材料相比，具有以下性质。

(1) 表观密度小。建筑塑料的表观密度一般在 $0.96～2.20g/cm^3$ 之间，约为混凝土的 1/3，钢材的 1/8，可明显减轻建筑物的自重。

(2) 比强度高。建筑塑料的比强度接近或超过钢材。

(3) 隔热保温性好。塑料的导热系数只有金属材料的 1/200～1/600。

(4) 耐腐蚀性好。对酸、碱、盐等腐蚀性介质的作用有较高的化学稳定性。

此外还有可塑性好、装饰性好及电绝缘性良好等特性。

塑料的主要缺点是：耐热性差，温度变化时尺寸稳定性差，易老化，易燃。

(三) 常用建筑塑料及制品

1. 聚氯乙烯 (PVC) 及其建筑制品

聚氯乙烯树脂主要是由乙炔和氯化氢合成的氯乙烯单体经悬浮聚合而成。聚氯乙烯树脂加入不同量的增塑剂，可制得硬质或软质制品。

硬质聚氯乙烯塑料机械强度及常温下的抗冲击性能较高，耐油性及抗老化性较好，易于熔接和粘合。主要缺点是软化点低，线膨胀系数大，加工成型性不好。硬质聚氯乙烯塑料可制成管件、管材、板材等型材，也可以用作防腐蚀材料、泡沫保温材料，还可用作地板砖、门窗框、百叶窗、屋面采光板、楼梯扶手等建筑装修的构、配件。

软质聚氯乙烯塑料质地柔软，耐摩擦，耐弯曲，弹性好，易于加工成型，具有良好的耐寒性。软质聚氯乙烯可用作板材、管材、薄膜、防水材料以及墙纸、地板革等铺设墙面、顶棚、楼地面的装修材料。

2. 聚乙烯 (PE) 塑料及其建筑制品

聚乙烯具有优良的耐冲击性，化学稳定性好，但强度较低，易燃烧，成型收缩率大，易吸收油类，易变色、破裂。

聚乙烯可用作防渗、防潮薄膜、给排水管道。低压聚乙烯塑料主要用于喷涂金属表面，作为防蚀耐磨层。在装饰工程中，聚乙烯可用作组装式散光格栅。

3. 不饱和聚酯 (UP) 塑料及其建筑制品

不饱和聚酯树脂是一种体型结构的热固性树脂，它和玻璃纤维可制成增强塑料（即玻璃钢），建筑上常用作瓦楞板、屋架材料、贴面板、卫生洁具、管道、水箱及模具等。

4. 聚苯乙烯 (PS) 塑料及其建筑制品

聚苯乙烯的特点是透明、耐水、耐化学腐蚀，吸湿性好，易于加工和着色。泡沫聚苯乙烯的导热系数低，机械强度较高。主要缺点是脆性大，易燃，耐热性不强。聚苯乙烯在建筑上可用作装饰透明配件、涂料。泡沫聚苯乙烯制品是建筑上常用的性能良好的隔热和隔声材料。

5. 酚醛塑料（PF）及其建筑制品

酚醛树脂的特点是刚度和强度大，耐热，抗溶剂性和耐酸性强，难燃。缺点是性脆，抗冲击性差。酚醛树脂在建筑上的主要用途是：与纤维质填料复合制作层压板、胶合板及各种玻璃钢制品；生产各种电器配件、胶粘剂，配置各种涂料等。

第三节 建筑结构材料

建筑结构材料主要是指构成建筑物受力构件和结构所用的材料，如梁、板、柱、基础、框架和其他受力构件、结构等所用的材料。对这类材料主要技术性能的要求是强度和耐久性。目前所用的主要结构材料有砖、水泥混凝土和钢材等。

一、混凝土

混凝土是由胶凝材料、水和粗、细骨料按适当比例配合、拌制成拌合物，经一定时间硬化而成的人造石材。根据胶凝材料种类、混凝土表观密度大小的不同，混凝土有各种不同的类型，其中普通混凝土是近现代最广泛使用的建筑材料，也是当前最大宗的人造石材。与其他常用建筑材料（如钢材、木材、塑料等）相比，它具有耐久、防火、适应性强、应用方便等特点。因此，在今后相当长的时间内，普通混凝土仍将是应用最广、用量最大的建筑材料。

（一）普通混凝土的组成材料及其技术要求

普通混凝土（简称混凝土）是由水泥、砂、石和水组成。混凝土的技术性质在很大程度上是由原材料的性质及其相对含量决定的，同时也与施工工艺（搅拌、成型、养护）有关。

1. 水泥

水泥是混凝土最重要的原材料。水泥的使用特性和强度等级决定着混凝土的使用功能和耐久性，同时还与混凝土的经济性有关。所以，水泥品种和强度等级的选择对混凝土十分重要。

配制混凝土用的水泥，应从工程性质及混凝土所处的环境，结合水泥特性综合考虑。常用水泥品种选用见表5-8。

水泥强度等级的选择应与混凝土的设计强度等级相适应。从工程实践中归纳统计，对一般强度的混凝土，通常按混凝土强度等级的1.5～2.0倍确定水泥的强度等级。对高强度的混凝土，一般按混凝土强度等级的1.0～1.5倍确定水泥的强度等级。

2. 细骨料

粒径在0.16～5.0mm之间的骨料为细骨料（砂）。天然砂是普通混凝土中最常用的细骨料，它是岩石风化后所形成的大小不等、由不同矿物颗粒组成的混合物，有河砂、海砂及山砂三种。配制混凝土时所采用的细骨料的质量要求有以下几方面：

（1）有害杂质

配制混凝土的细骨料要求清洁不含杂质，以保证混凝土的质量。而砂中常含有一些有害杂质，如云母、黏土、淤泥、粉砂等，这些物质粘附在砂的表面，妨碍水泥与砂的粘结，降低混凝土的强度；同时还增加混凝土的用水量，从而加大混凝土的收缩，降低耐久性。除此之外，有机杂质、硫化物及硫酸盐，对水泥也有腐蚀作用。

（2）砂的粗细程度及颗粒级配

砂的粗细程度，是指不同粒径的砂粒混合在一起的平均粗细程度，通常有粗砂、中砂与细砂之分。在相同质量条件下，细砂的总表面积较大，粗砂的总表面积较小，用粗砂拌制的混凝土比用细砂所需的水泥浆少。

颗粒级配是指粒径大小不同的砂粒相互搭配情况，级配好是大小颗粒互相填充，形成空隙率小而总表面积也比较小的级配。因为这种级配在配制混凝土时可以用较少的水泥浆来填充空隙和包裹表面，有利于降低水泥用量和混凝土成本，便于配制较密实的混凝土。

3. 粗骨料

普通混凝土用粗骨料，是指粒径大于 5mm 的岩石颗粒，分碎石和卵石两大类。碎石由天然岩石或卵石经破碎筛分而得，卵石是岩石由于自然条件作用而形成的。

碎石具有棱角，表面粗糙，与水泥粘结较好。卵石多为圆形，表面光滑，与水泥的粘结较差。在水泥用量和水用量相同的情况下，碎石拌制的混凝土流动性较差，但强度较高，而卵石拌制的混凝土流动性较好，但强度较低。

4. 拌合与养护用水

拌合和养护用水，不得含有影响水泥正常凝结硬化的有害物质。凡是能饮用的自来水及清洁的天然水都能用来拌制和养护混凝土。污水、pH 值小于 4 的酸性水、含硫酸盐（按 SO_3 计）超过 1‰ 的水均不得使用。一般情况下不得用海水拌制混凝土，因海水中所含有的硫酸盐、镁盐和氯化物会侵蚀水泥石和钢筋。

（二）普通混凝土的主要技术性质

混凝土的主要技术性质包括与施工条件相适应的工作性、符合设计要求的强度及与使用环境相适应的耐久性。

1. 混凝土拌合物的和易性

和易性是指混凝土拌合物易于施工操作（拌合、运输、浇灌、捣实），并能获得质量均匀、成型密实的性能。它是一项综合的技术性质，包括流动性、粘聚性和保水性等三方面的含义。流动性是指混凝土拌合物在自重或施工机械振捣的作用下，能产生流动，并均匀密实地填满模板的性能；粘聚性是指混凝土拌合物在施工过程中其组成材料之间有一定的粘聚力，不致产生分层和离析的现象；保水性是指混凝土拌合物在施工过程中，具有一定的保水能力，不致产生严重的泌水现象。

目前，混凝土拌合物和易性的测定方法有两种。在工地和试验室，通常用坍落度试验测定拌合物的流动性，并辅以直观经验评定粘聚性和保水性，评定指标为坍落度。坍落度值大，表示拌合物的流动性大。对于干硬性的混凝土拌合物（坍落度值小于 10mm）通常采用维勃稠度仪测定其稠度（维勃稠度）。评定指标为维勃稠度，维勃稠度值大，表示拌合物的流动性小。

影响混凝土拌合物和易性的主要因素有水泥浆的数量和稠度、砂率、水泥品种和骨料的性质、外加剂以及时间和温度等。在原材料、外界因素（时间、温度等）一定的情况下，对拌合物起主要作用的是水泥浆的数量、稠度和砂率。在水泥浆的数量和稠度因素中，对混凝土拌合物流动性起决定作用的是用水量的多少，当使用确定的材料拌制混凝土时，水泥用量在一定范围内，拌合物达到一定流动性所需加水量为一常值。工程中一般是根据选定的坍落度，参考标准 JGJ55—2000 选用 1m³ 混凝土的用水量。

砂率是指混凝土中砂的质量占砂石总质量的百分率。砂率的变动会使骨料的空隙率和骨料的总表面积有显著改变，从而对混凝土拌合物的和易性产生显著影响。砂率过大会使拌合物的流动性减小，砂率过小，又会严重影响拌合物的粘聚性和保水性，容易造成离析、流浆等现象。在保证拌合物不离析，又能很好地浇灌、捣实的条件下，应尽量选用较小的砂率。通常情况下，可按粗骨料的品种、规格及混凝土的水灰比值参照标准 JGJ55—2000 选用合理的砂率值。

2. 混凝土的强度

混凝土主要用于承受压力，其强度包括抗压、抗拉、抗弯及抗剪等，其中以抗压强度为最高。混凝土的抗压强度是最重要的一项性能指标，它是结构设计的主要参数，也常用作评定混凝土质量的指标。

按照国家标准《普通混凝土力学性能试验方法》GB/T 50081—2002，制作边长为 150mm 的立方体试件，在标准条件（温度 20±2℃，相对湿度 95％以上）下，养护到 28d 龄期，测得的抗压强度值为混凝土立方体试件抗压强度（简称立方体抗压强度），以 f_{cu} 表示。

测定混凝土立方体抗压强度，也可以按粗骨料最大粒径的尺寸选用不同的试件尺寸。但在计算抗压强度时，应乘以换算系数，以得到相当于标准试件的试验结果（对于边长为 100mm 的立方体试件，应乘以 0.95；边长为 200mm 的立方体试件，乘以 1.05）。

根据国家标准《混凝土结构设计规范》GBJ 10—89 的规定，混凝土强度等级是按立方体抗压强度标准值（指按标准方法制作和养护的边长为 150mm 立方体试件，在 28d 龄期，用标准试验方法测得的强度总体分布中具有不低于 95％保证率的抗压强度值，以 $f_{cu,k}$ 表示）确定的。混凝土强度等级分为 C65、C70、C75、C80 级；C7.5、C10、C15、C20、C25、C30、C35、C40、C45、C50、C55、C60。

3. 混凝土的耐久性

硬化后的混凝土，除了要求安全承受载荷（具有足够的强度）外，还要求在使用过程中具有与环境相适应的耐久性。混凝土的耐久性是一项综合质量指标，主要包括抗渗、抗冻、抗侵蚀、碳化、碱骨料反应及混凝土中钢筋锈蚀等性能。

（1）抗渗性

抗渗性是指混凝土在有压力水、油等液体的作用下，抵抗渗透的能力。凡受水（油）液体作用的混凝土都有抗渗要求。

工程中常用抗渗等级（P）表示混凝土的抗渗性能，普通混凝土有 P4、P6、P8、P10、P12 等 5 个等级，抗渗等级越高，表明混凝土的抗渗性能越好。

（2）抗冻性

混凝土的抗冻性是指混凝土在水饱和状态下，经受多次冻融循环作用，能保持强度和外观完整性的能力。在严寒地区，特别是在与水接触又受冻环境下的混凝土，要求具有较高的抗冻性能。

混凝土抗冻性的大小以抗冻等级（F）表示。普通混凝土有：F10、F15、F25、F50、F100、F150、F200、F250和F300等9个等级。抗冻等级越高，混凝土抵抗冻融破坏的能力越强，抗冻性越好。

（3）抗蚀性

抗蚀性是指混凝土抵抗外界侵蚀性介质破坏作用的能力。混凝土的抗蚀能力，可用耐蚀系数（γ_c）表示。γ_c在0～1之间波动，其值越接近于1，耐蚀性越强。

二、建筑砂浆

根据不同用途，建筑砂浆分为砌筑砂浆和抹面砂浆。根据胶凝材料不同砂浆又可分为水泥砂浆、石灰砂浆和混合砂浆。混合砂浆又有水泥石灰混合砂浆、水泥粘土混合砂浆和石灰黏土混合砂浆等。

（一）砂浆的组成材料

1. 胶凝材料

配制建筑砂浆所用的胶凝材料主要有水泥、石灰等。水泥品种的选择与混凝土相同，水泥强度等级应为砂浆强度等级的4～5倍；石灰应符合相应的质量要求。为保证砂浆具有良好的性能，通常情况下，先将石灰配制成具有一定稠度的石灰膏，然后再用于配制砂浆。石灰膏沉入度要求控制在120mm左右，表观密度为1350kg/m³左右。

2. 细骨料及拌合用水

建筑砂浆用细骨料应符合混凝土用砂的技术性质要求。由于砂浆层较薄，细骨料的最大粒径应根据砂浆层厚度的不同加以限制。通常用于砌筑砂浆的细骨料的粒径不得大于2.5mm，对于光滑的抹面及勾缝的砂浆则应采用细砂。

砂浆拌合用水的技术要求与混凝土相同，应选用无杂质的洁净水拌制砂浆。

（二）砂浆的技术性质

建筑砂浆的主要技术性质是新拌砂浆的和易性及硬化后砂浆的强度。特种砂浆还要具备与其主要功能相适应的性质。

1. 新拌砂浆的和易性

新拌砂浆的和易性，是指新拌砂浆能比较容易地在砖、石表面上铺砌成均匀、连续的薄层，且与底面紧密粘结的性质，包括流动性和保水性两个方面。

（1）流动性

砂浆的流动性也称砂浆的稠度，是指新拌砂浆在自重或外力作用下流动的性质。砂浆的流动性与砂浆中胶凝材料的用量、细骨料的粗细、颗粒形状、用水量及砂浆搅拌时间等许多因素有关。新拌砂浆的流动性用沉入度（稠度值）的大小来表示。

砂浆流动性的选择，应根据施工方法、砌体材料吸水性质及施工环境温湿度等条件来决定，具体可参照表5-9选择。

（2）保水性

保水性是指砂浆保持水分的能力。保水性不良的砂浆，使用过程中易出现泌水、流浆等现象，使砂浆与基层粘结不牢，并且由于失水而影响砂浆正常凝结硬化，使砂浆强度降低。

新拌砂浆的保水性主要与胶凝材料种类和用量，细骨料的品种、细度和用量，以及水用量等因素有关。砂浆的保水性用分层度来表示。一般工程中砂浆的分层度以10～30mm

为宜。

砂浆流动性选择表（沉入度：mm） 表 5-9

砌体种类	砌 筑 砂 浆		抹 面 砂 浆		
	干热环境 多孔吸水材料	湿冷环境 密实材料	抹灰层	机械抹灰	手工抹灰
砖砌体	80～100	60～80	准备层	80～90	110～120
普通毛石砌体	60～70	40～50	底层	70～80	70～80
振捣毛石砌体	20～30	10～20	面层	70～80	90～100
炉渣混凝土砌块	70～90	50～70	石膏浆面层	—	90～120

2. 砂浆的强度

砂浆的强度等级是以边长为 70.7mm 的立方体试件，按标准条件养护至 28d 的抗压强度的平均值，并考虑具有 95% 强度保证率而确定的。砂浆的强度等级共有 M5、M7.5、M10、M15、M20、M25、M30 等七个等级。

影响砂浆抗压强度的因素很多，很难用公式准确地计算出砂浆的抗压强度。在工程中，多采用试配的办法通过试验来确定其抗压强度。

3. 粘结力

砖石砌体是靠砂浆把块状的砖石材料粘结成为坚固的整体。因此要求砂浆对砖石必须有一定的粘结力。一般情况，砂浆的抗压强度越高，其粘结力越大。此外，砂浆的粘结力与砖石表面状况、清洁程度、湿润状况及施工养护条件等都有直接关系。如果砌砖前先把砖浇水润湿，砖表面不沾泥土，就可以提高砂浆与砖之间的粘结力，保证砌体的质量。

4. 砂浆的变形

砂浆在承受荷载、温度变化或湿度变化时，均会产生变形，如果变形过大或不均匀，都会引起沉降或裂缝，降低砌体的质量。如果使用轻骨料或混合材料掺量过多，也会造成砂浆的收缩变形过大。

（三）砌筑砂浆

用于砌筑砖、石及各种砌块的砂浆称为砌筑砂浆。在工程结构中，砌筑砂浆主要起着胶结砖石、传递荷载的作用，此外还起着填充砖石缝隙、提高砌体绝热和隔声性能的作用。因此要求它必须具有一定的强度，以保证整个砌体的强度能满足结构的强度要求。不同工程对砌体强度的要求是不一样的，工程中要根据设计要求确定砂浆的强度等级，然后确定砂浆配合比。

确定砂浆配合比，一般情况可以查阅有关资料来选择。重要工程或无参考资料时，可根据《砌筑砂浆配合比设计规程》JGJ/T 98—2010 进行设计。

砂浆强度等级的选择：一般按工程设计确定砂浆的强度等级，也可根据经验确定砂浆强度等级。如教学楼、办公楼及多层商店多采用 M2.5～M10 砂浆；平房宿舍、商店采用 M2.5～M5 砂浆；食堂、锅炉房、变电所、地下室、工业厂房及烟囱等多采用 2.5～M10 砂浆；检查井、雨水井、化粪池多采用 M5 砂浆。特别重要的砌体可用 M10～M20 的砂浆。

（四）抹面砂浆

抹面砂浆的组成材料与砌筑砂浆基本上是相同的。但为了避免砂浆层的开裂，有时需加入一些纤维材料；有时为了使其具有某些特殊功能，需要选用特殊骨料或掺合料。

根据其功能的不同，抹面砂浆可分为普通抹面砂浆、装饰抹面砂浆及其他特种砂浆。普通抹面砂浆配合比可参考表 5-10 选择。

普通抹面砂浆参考配合比 表 5-10

材　料	体积配合比	材　料	体积配合比
水泥：砂	1：2～1：3	石灰：石膏：砂	1：0.4：2～1：2：4
石灰：砂	1：2～1：4	石灰：黏土：砂	1：1：4～1：1：8
水泥：石灰：砂	1：1：6～1：2：9	石灰膏：麻刀	100：1.3～10：2.5（质量比）

三、建筑钢材

建筑钢材是指建筑工程中所用的各种钢材，如各种型钢（角钢、工字钢、槽钢及圆钢等）、钢板以及钢筋混凝土中用的钢筋与钢丝等。

建筑上常用的钢材是普通碳素钢中的低碳钢（钢材的含碳量<0.25%）和普通合金钢中的低合金钢（合金元素总量<5%）。

（一）建筑钢材的主要技术性质

建筑钢材作为主要的受力结构材料，不仅需要有一定的力学性能，同时还要求具有容易加工的性能。钢材的技术性质主要包括力学性能和工艺性能。

1. 力学性能

建筑钢材在建筑结构中主要承受拉、压、弯、剪、冲击等外力的作用，在这些外力作用下，要求钢材既要有一定的强度和硬度，也要有一定的塑性和韧性。

（1）抗拉性能

抗拉性能是建筑钢材最重要和最常用的性能，其中钢材的屈服点、抗拉强度和伸长率是钢材的重要技术指标。

钢材受力达到屈服点（以 σ_s 表示）后，由于变形会迅速发展，尽管钢材尚未破坏，但已不能满足使用需要，所以在结构设计中一般以屈服点作为钢材强度取值的依据。常用低碳钢的 σ_s＝185～235MPa。

抗拉强度是指钢材抵抗外部拉力作用的极限强度，以 σ_b 表示，常用低碳钢的抗拉强度 σ_b＝375～500MPa。

钢材的伸长率是指将试件拉断后对接在一起时所测得的标距伸长值与原始标距的百分比，以 δ 表示。即：

$$\delta=\frac{L_1-L_0}{l_0}\times100\%$$

式中　L_1——试件原始标距的长度，mm；

　　　L_0——试件拉断后的标距长度，mm。

伸长率是衡量钢材塑性的一个重要指标，δ 越大，说明钢材塑性越好。良好的塑性，可将结构中的应力（超过屈服点的应力）重新分布，避免结构过早破坏。

（2）冲击韧性

冲击韧性是指钢材抵抗冲击荷载作用的能力，用冲击韧性指标 α_K（J/cm^2）表示。α_K 值越大，钢材的冲击韧性越好。对直接承受动荷载，而且可能在负温下工作的重要结构，必须按照有关规范要求，进行钢材的冲击韧性检验。

2. 工艺性能

工艺性能是指钢材是否易于加工成型的性能。冷弯性能和可焊性是建筑钢材的重要工艺性能。

（1）冷弯性能

冷弯性能是指钢材在常温下承受弯曲变形的能力。

钢材的冷弯性能指标，是以试验时的弯曲角度（α）及弯心直径（d）与钢材直径或厚度（a）的比值（d/a）来表示。钢材冷弯时的弯曲角度越大，d/a 越小，则表示其冷弯性能越好。

钢材的冷弯性能和其伸长率一样，也是表明钢材在静荷载作用下的塑性，而且冷弯是在更为苛刻的条件下对钢材塑性的严格检验，它能揭示钢材内部组织是否均匀，是否存在内应力及夹杂物等缺陷。

（2）焊接性能

建筑工程中，钢材间的连接大多采用焊接方式来完成，因此要求钢材具有良好的可焊性。

可焊性是指钢材在焊接后，其焊头联结的牢固性和硬脆性大小的一种性能。可焊性好的钢材，焊接后焊头牢固可靠，硬脆性倾向小。焊接结构用钢，宜选用含碳量较低的镇静钢。

（二）建筑钢材的技术标准和选用

建筑用钢主要有钢结构的碳素结构钢和低合金结构钢，以及用于钢筋混凝土的钢筋和钢丝。

1. 钢结构用钢

（1）碳素结构钢

按《碳素结构钢》GB/T 700—2006 规定，碳素结构钢应满足下列力学性能（表 5-11 和表 5-12）的要求。

碳素结构钢力学性能稳定，塑性好，在各种加工过程中敏感性小（如加热、冷却和轧制），构件在焊接、超载、受冲击和温度应力等不利的情况下能保证安全。

建筑工程中应用最广泛的是 Q235 号钢，它具有较高的强度，良好的塑性、韧性和可焊性，综合性能好，且成本较低。在钢结构中主要使用 Q235 钢轧制各种型钢。

Q195、Q215 号钢，强度低，塑性和韧性较好，易于加工，常用作钢钉、铆钉、螺栓及铁丝等。

Q275 号钢，强度较高，但塑性、韧性较差，不易焊接和冷弯加工，可用于轧制钢筋、制作螺栓配件等。

（2）低合金高强度结构钢

低合金高强度结构钢是在碳素结构钢的基础上加入总量小于 5% 的合金元素而形成的钢种。低合金高强度结构钢的力学性能见表 5-13。

低合金高强度结构钢的强度和硬度高，塑性、韧性、耐磨性、耐腐蚀性、耐低温性能好，同时还具有较好的可焊性。其生产工艺和成本与碳素结构钢相近，应用范围较广。

碳素结构钢的力学性质　　　　　　　　　　　　　表 5-11

牌号	等级	屈服强度①/(N/mm²) 不小于						抗拉强度②/(N/mm²)	断后伸长率/% 不小于					冲击试验（V型缺口）	
		厚度（或直径）(mm)							厚度（或直径）(mm)					温度/℃	冲击吸收功（纵向）/J 不小于
		≤16	>16~40	>40~60	>60~100	>100~150	>150~200		≤40	>40~60	>60~100	>100~150	>150~200		
Q195	—	195	185	—	—	—	—	315~430	33	—	—	—	—	—	—
Q215	A	215	205	195	185	175	165	335~450	31	30	29	27	26	—	—
	B													+20	27
Q235	A	235	225	215	215	195	185	370~500	26	25	24	22	21	—	27③
	B													+20	
	C													0	
	D													-20	
Q275	A	275	265	255	245	225	215	410~540	22	21	20	18	17	—	27
	B													+20	
	C													0	
	D													-20	

① Q195 的屈服强度值仅供参考，不作交货条件。

② 厚度大于 100mm 的钢材，抗拉强度下限允许降低 20N/mm²，宽带钢（包括剪切钢板）抗拉强度上限不作交货条件。

③ 厚度小于 25mm 的 Q235B 级钢材，如供方能保证冲击吸收功值合格，经需方同意，可不作检验。

碳素结构钢的工艺性能　　　　　　　　　　　　　表 5-12

牌号	试样方向	冷弯性能（180°，B=2d①）	
		钢材厚度（或直径）②(mm)	
		≥60	>60~100
		弯曲压头直径 D	
Q195	纵	0	—
	横	0.5d	
Q215	纵	0.5d	1.5d
	横	d	2d
Q235	纵	d	2d
	横	1.5d	2.5d
Q275	纵	1.5d	2.5d
	横	2d	3d

① B 为试样宽度，d 为试样厚度（或直径）。

② 钢材厚度（或直径）大于 100mm 时，弯曲试验由双方协商确定。

低合金高强度结构钢主要用于轧制各种型钢、钢板、钢管及钢筋，广泛用于钢结构和钢筋混凝土结构中，特别适用于各种重型结构、大跨度结构、高层结构及桥梁工程等。其力学性能应符合表5-13的要求。

2. 钢筋混凝土结构用钢筋和钢丝

钢筋混凝土结构用钢筋和钢丝，是由碳素钢和低合金结构钢加工而成的。常见的钢筋种类有：钢筋混凝土用热轧钢筋（又有光圆和带肋两种）、钢筋混凝土用冷轧带肋钢筋和冷拔低碳钢丝等。

低合金高强度结构钢的力学性能（GB1591—94）　　　表 5-13

牌号	质量等级	屈服点 σ_s（MPa）				抗拉强度 σ_b（MPa）	伸长率 σ_s（%）	冲击功（A_{KV}）（纵向）（J）（℃）				180°弯曲试验 d=弯曲直径 a=试件厚度（直径）	
		厚度（直径、边长）（mm）						+20	0	—20	—40	钢材厚度（直径）（mm）	
		≤15	>16~35	>35~50	>50~100							≤16	>16~100
		≥						≥					
Q295	A	295	275	255	235	390~570	23					$d=2a$	$d=3a$
	B	295	275	255	235	390~570	23	34				$d=2a$	$d=3a$
Q345	A	345	325	295	275	470~630	21					$d=2a$	$d=3a$
	B	345	325	295	275	470~630	21	34				$d=2a$	$d=3a$
	C	345	325	295	275	470~630	22		34			$d=2a$	$d=3a$
	D	345	325	295	275	470~630	22			34		$d=2a$	$d=3a$
	E	345	325	295	275	470~630	22				27	$d=2a$	$d=3a$
Q390	A	390	370	350	330	490~650	19					$d=2a$	$d=3a$
	B	390	370	350	330	490~650	19	34				$d=2a$	$d=3a$
	C	390	370	350	330	490~650	20		34			$d=2a$	$d=3a$
	D	390	370	350	330	490~650	20			34		$d=2a$	$d=3a$
	E	390	370	350	330	490~650	20				27	$d=2a$	$d=3a$
Q420	A	420	400	380	360	520~680	18					$d=2a$	$d=3a$
	B	420	400	380	360	520~680	18	34				$d=2a$	$d=3a$
	C	420	400	380	360	520~680	19		34			$d=2a$	$d=3a$
	D	420	400	380	360	520~680	19			34		$d=2a$	$d=3a$
	E	420	400	380	360	520~680	19				27	$d=2a$	$d=3a$
Q460	C	460	440	420	400	550~720	17		34			$d=2a$	$d=3a$
	D	460	440	420	400	550~720	17			34		$d=2a$	$d=3a$
	E	460	440	420	400	550~720	17				27	$d=2a$	$d=3a$

（1）钢筋混凝土用热轧钢筋

国际标准《钢筋混凝土用钢　第1部分：光圆钢筋》GB 1499.1—2007规定，热轧光圆钢筋牌号用HPB和屈服强度的特征值表示。它的牌号有两个：HPB235和HPB300。其力学性能、工艺性能应符合表5-14的规定。

国际标准《钢筋混凝土用钢　第2部分：热轧带肋钢筋》GB 1499.2—2007规定，热轧带肋钢筋分为两种：普通热轧带肋钢筋和细晶粒热轧钢筋。普通热轧带肋钢筋的牌号用HRB和钢材的屈服强度特征值表示，牌号分别为HRB335、HRB400、HRB500。其中H表示热轧，R表示带肋，B表示钢筋，后面的数字表示屈服强度特征值。细晶粒热轧带肋钢筋的牌号用HRBF和钢材的屈服强度特征值表示，牌号分别为HRBF335、HRBF400、

HRBF500。其中 H 表示热轧，R 表示带肋，B 表示钢筋，F 表示细晶粒，后面的数字表示屈服强度特征值。热轧带肋钢筋的力学性能、工艺性能应符合表 5-15 的规定。

热轧光圆钢筋力学性能、工艺性能　　　　　　表 5-14

表面形状	牌号	公称直径 (mm)	屈服强度 σ_s (MPa)	抗拉强度 σ_b (MPa)	伸长率 δ_5 （%）	冷弯 D—弯曲压头直径 d—钢筋公称直径
			不小于			
光圆	HPB235	5.5～20	235	370	25	180° D＝d
	HPB300		300	420	25	180° D＝d

热轧带肋钢筋的力学性能、工艺性能　　　　　　表 5-15

牌号	公称直径 (mm)	屈服强度 σ_s 或 $\sigma_{p0.2}$ (MPa)	抗拉强度 σ_b (MPa)	伸长率 δ_5 （%）	冷弯 D—弯曲压头直径 d—钢筋公称直径
		不小于			
HRB335 HRBF335	6～25	335	455	17	180° D＝3d
	28～40				180° D＝4d
	＞40～50				180° D＝5d
HRB400 HRBF400	6～25	400	540	16	180° D＝4d
	28～40				180° D＝5d
	＞40～50				180° D＝6d
HRB500 HRBF500	6～25	500	630	15	180° D＝6d
	28～40				180° D＝7d
	＞40～50				180° D＝8d

（2）冷轧带肋钢筋

冷轧带肋钢筋是用低碳钢热轧圆盘条经冷轧后，在其表面带有沿长度方向均匀分布的二面或三面横肋的钢筋。国家标准《冷轧带肋钢筋》GB 13788—2000 规定：冷轧带肋钢筋代号用 CRB，抗拉强度等级划分为五个牌号：CRB550、CRB650、CRB800、CRB970、CRB1170。CRB550 钢筋的公称直径范围为 4～12mm，CRB650 及以上牌号钢筋的公称直径为 4、5、6mm。钢筋的力学性能、工艺性能应符合表 5-16 的规定。

热轧带肋钢筋的力学性能、工艺性能　　　　　　表 5-16

牌号	抗拉强度 σ_b (MPa) 不小于	伸长率 δ_5/% 不小于		弯曲试验 180°	反复弯曲次数	松弛率/% 初始应力 σ_{con}＝0.7σ_b	
		δ_{10}	δ_{100}			1000h 不大于	10h 不大于
CRB550	550	8.0	—	D＝3d	—	—	—
CRB650	650	—	4.0	—	3	8	5
CRB800	800	—	4.0	—	3	8	5
CRB970	970	—	4.0	—	3	8	5
CRB1170	1170	—	4.0	—	3	8	5

注：表中 D 为弯曲压头直径，d 为钢筋公称直径。

（3）冷拔低碳钢丝

冷拔低碳钢丝是将直径为 6.5～8mm 的 Q235 热轧盘条钢筋，经冷拔加工而成的。

由于钢筋在冷拔过程中既受拉力又受侧压力作用，因此经冷拔后的钢丝强度大幅度提高，而塑性则显著下降。

冷拔低碳钢丝按强度分为甲级和乙级两类。甲级又分为不同的组别。甲级钢丝适用于中、小型预应力构件中作预应力钢筋；乙级钢丝适用于作焊接骨架、焊接网、箍筋和构造钢筋。冷拔低碳钢丝的力学性能应符合表 5-17 的要求。

四、墙体材料

目前，用于墙体的材料品种较多，归纳起来可分为三类：砌墙砖、砌块和板材。本节主要介绍砌墙砖和砌块。

冷拔低碳钢丝的力学性能（JC/540—2006）　　　　　　　表 5-17

钢丝级别	公称直径（mm）	抗拉强度（MPa）不小于	伸长率（%）（标距 100mm）不小于	180°反复弯曲（次数）不小于
甲级	5	650	3.0	4
		600		
	4	700	2.5	
		650		
乙级	3、4、5、6	550	2.0	

注：甲级钢丝作预应力筋用时，如机械调直后，抗拉强度标准值应降低 50MPa。

（一）砌墙砖

砌墙砖分为普通砖和空心砖两种，普通砖是指没有孔洞或孔洞率（孔洞率是指孔洞总面积占砖面积的百分率）小于 15% 的砖。孔洞率大于或等于 15% 的砖称为空心砖。其中孔的尺寸小而数量多者又称为多孔砖。根据生产工艺的不同，砌墙砖又分为烧结砖和非烧结砖。经焙烧制成的砖称为烧结砖，像黏土砖（N）、页岩砖（Y）、煤矸石砖（M）、粉煤灰砖（F）等。经常压蒸汽养护（或高压蒸汽养护）硬化而成的蒸养砖称为非烧结砖，如灰砂砖、炉渣砖、粉煤灰砖等。

在建筑工程中最为常见的砌墙砖有：烧结普通砖、烧结多孔砖、烧结空心砖和灰砂砖。

1. 烧结普通砖

烧结普通砖是以黏土或页岩、煤矸石、粉煤灰为主要原料，经焙烧而成的普通砖。烧结普通砖的外形为直角六面体，其尺寸为：长 240mm、宽 115mm、高 53mm。

烧结普通砖具有一定的强度、良好的绝热隔声、较好的耐久性、价格低廉等优点，加之原料广泛，工艺简单，因而是应用历史最久、应用最广泛的建筑材料之一。在建筑工程中主要用作墙体材料，也可砌筑柱、拱、烟囱、沟道及基础等。

应用于建筑工程中的烧结普通砖的各项技术性能必须满足《烧结普通砖》（GB/T 5101—2003）的规定。主要包括尺寸偏差、外观质量、强度等级、抗风化性能、泛霜和石灰爆裂等内容。其中强度等级是结构设计中选材的主要依据，烧结普通砖按抗压强度分为 MU30、MU25、MU20、MU15、MU10 五个强度等级，各强度等级应满足标准中规定值的要求，见表 5-18。

烧结普通砖强度等级　GB 5101—2003　　表 5-18

强度等级	抗拉强度平均值 $f\geqslant$	变异系数 $\delta\leqslant0.21$	变异系数 $\delta\leqslant0.21$
		强度标准值 $f_k\geqslant$	单块最小抗压强度值 $f_{min}\geqslant$
MU30	30.0	22.0	25.0
MU25	25.0	18.0	22.0
MU20	20.0	14.0	16.0
MU15	15.0	10.0	12.0
MU10	10.0	6.5	10.0

　　黏土砖是我国应用历史最久远的一种烧结普通砖，黏土砖的最大缺点是自重大、能耗高、尺寸小、施工效率低、抗震性能差，而且大量毁坏良田。所以，近几年来我国正大力推广墙体材料改革，以粉煤灰、煤矸石等工业废料蒸压砖替代普通黏土砖。

　　2. 烧结多孔砖和烧结空心砖

　　（1）烧结多孔砖

　　烧结多孔砖是以黏土、页岩、煤矸石、粉煤灰为主要原料，经焙烧而成的主要用于承重部位的多孔砖。

　　烧结多孔砖为大面有孔的直角六面体，孔多而小，孔洞垂直于受压面。

　　烧结多孔砖的长度、宽度、高度尺寸应符合下列要求：

　　290，240，190，180，140，115，90（单位：mm）。

　　烧结多孔砖根据抗压强度为 MU30、MU25、MU20、MU15、MU10 五个强度等级。

　　烧结多孔砖的密度分为 1000、1100、1200、1300 四个等级。

　　砖的产品标记按产品名称、品种、规格、强度等级、密度等级和标准编号顺序编写。

　　标示示例：规格尺寸 290mm×140mm×90m，强度等级 MU25，密度等级 1200 的黏土烧结多孔砖，其标记为：烧结多孔砖 N290×140×90 MU251200 GB 13544—2011。

　　国家标准《烧结多孔砖和多孔砌块》GB 13544—2011 对烧结多孔砖的尺寸允许偏差、外观质量、密度等级、强度等级、孔型孔结构及孔洞率、泛霜、石灰爆裂、抗风化性能、放射性核素限量等做出了相关规定。强度等级要求见表 5-19。

烧结多孔砖强度等级　　　　　　　表 5-19

强度等级	抗拉强度平均值 $f\geqslant$	强度标准值 $f_k\geqslant$	强度等级	抗拉强度平均值 $f\geqslant$	强度标准值 $f_k\geqslant$
MU30	30.0	22.0	MU15	15.0	10.0
MU25	25.0	18.0	MU10	10.0	6.6
MU20	20.0	14.0			

　　烧结多孔砖具有较高的强度，可用于砌筑六层以下建筑物的承重墙。

　　（2）烧结空心砖

　　烧结空心砖是以黏土、页岩、煤矸石为主要原料，经焙烧而成的孔洞率大于或等于35%，用于非承重墙的填充用砖。空心砖孔洞为矩形条孔，孔大而少，使用时孔洞平行于承压面。

烧结空心砖为直角六面体，长度一般不超过 390mm，宽度不超过 240mm，厚度不超过 115mm。

烧结空心砖按其表现密度分为 800、900、1000、1100kg/m³ 四个密度级别。每个密度级别根据孔洞及其排数、尺寸偏差、外观质量、强度等级和耐久性能分为优等品、一等品和合格品。根据抗压强度分为 MU10.0、MU7.5、MU5.0、MU3.5、MU2.5 五个强度等级。各产品等级的强度值应满足国际标准的要求，见表 5-20。

烧结空心砖的孔数少、孔径大、孔洞率高，表观密度小，具有良好的热绝缘性能，在多层建筑中用于隔墙或框架结构的填充墙。

3. 灰砂砖

灰砂砖是以石灰、砂子为原料，经配料、成型和蒸压养护而制成的。其表观密度约为 1800～1900kg/m³。根据产品的尺寸偏差和外观分为优等品（A）、一等品（B）和合格品（C）三个等级。按灰砂砖浸水 24h 后的抗压强度和抗折强度分为 MU25、MU20、MU15、MU10 四个强度等级。各等级的抗压、抗折强度及抗冻性指标应符合表 5-21 的要求。

烧结空心砖的强度等级 表 5-20

强度等级	抗压强度/MPa			密度等级范围 / (kg/m³)
	抗压强度平均值 $f \geqslant$	变异系数 $\delta \leqslant 0.21$ 强度标准值 $f_k \geqslant$	变异系数 $\delta \leqslant 0.21$ 单块最小抗压强度值 $f_{min} \geqslant$	
MU10.0	10.0	7.0	8.0	
MU7.5	7.5	5.0	5.8	≤1100
MU5.0	5.0	3.5	4.0	
MU3.5	3.5	2.5	2.8	
MU2.5	2.5	1.6	1.8	≤800

强度指标及抗冻性指标 表 5-21

强度等级	抗压强度（MPa）		抗折强度（MPa）		抗 冻 性	
	平均值 不小于	单块值 不小于	平均值 不小于	单块值 不小于	抗压强度（MPa）平均值不小于	单块砖的干质量损失（%）不大于
MU25	25.0	20.0	5.0	4.0	20.0	2.0
MU20	20.0	16.0	4.0	3.2	16.0	2.0
MU15	15.0	12.0	3.3	2.6	12.0	2.0
MU10	10.0	8.0	2.5	2.0	8.0	2.0

灰砂砖常用于建筑的墙体和基础。但不宜用于有流水冲刷的部位，也不得用于长期受热高于 200℃ 及受急冷急热交替作用部位，或有酸性介质侵蚀的工程部位。

（二）砌块

砌块是以混凝土或工业废料为原料制成实心或空心的、用于砌筑的人造块材。尺寸比砌墙砖大，外形多为直角六面体。按外形尺寸大小分三种规格：即小型砌块（高度大于

115mm，小于 380mm）、中型砌块（高度为 380～980mm）、大型砌块（高度大于 980mm）。

本节主要介绍几种建筑工程中常用到的混凝土小型空心砌块、粉煤灰硅酸盐中型砌块和蒸压加气混凝土砌块。

1. 混凝土小型空心砌块

混凝土小型空心砌块分为承重和非承重砌块两类。按其外观质量分为一等品和二等品两个产品等级。其主要规格见表 5-22。

混凝土小型空心砌块的规格尺寸 表 5-22

分　类	规　格	外形尺寸			每块质量（mm）
		长	宽	高	
承　重	主规格	390	190	190	18～20
	辅助规格	290	190	190	14～15
		190	190	190	9～10
		90	190	190	6～7
非承重	主规格	390	90～190	190	10～12
	辅助规格	190	190	190	5～10
		90	190	190	4～7

根据《混凝土小型空心砌块》GB 8239—1997 中规定，按砌块抗压强度分为 MU3.5、MU5.0、MU7.5、MU10、MU15、MU20 六个等级，具体指标见表 5-23。

混凝土小型空心砌块可用于低层和中层建筑的内墙和外墙。使用砌块作墙体材料时，应严格遵照有关部门所颁布的设计规范与施工规程。

混凝土小型空心砌块的抗压强度 表 5-23

强度等级	抗压强度		强度等级	抗压强度	
	五块平均值	单块最小值		五块平均值	单块最小值
MU3.5	3.5	2.8	MU10	10.0	8.0
MU5.0	5.0	4.0	MU15	15.0	12.0
MU7.5	7.5	6.0	MU20	20.0	16.0

注：非承重砌块在有试验数据的条件下，强度等级可降低到 2.8。

2. 粉煤灰硅酸盐中型砌块

粉煤灰硅酸盐砌块是以粉煤灰、石灰、石膏和骨料（炉渣、矿渣）为原料加工制成的砌块。粉煤灰硅酸盐中型砌块的主规格外形尺寸为：880mm×380mm×240mm、880mm×430mm×240mm 两种。

粉煤灰砌块的立方体抗压强度、碳化后强度、抗冻性能和密度 表 5-24

项　目	指　标	
	MU10	MU13
抗压强度（MPa）	3 块试件平均值不小于 10.0 单块最小值 8.0	3 块试件平均值不小于 13.0 单块最小值 10.5

项 目	指 标	
	MU10	MU13
人工碳化后强度 （MPa）	不小于 6.0	不小于 7.5
抗冻性	冻融循环结束后，外观无明显疏松、剥落或裂缝； 强度损失不大于 20%	
密度（kg/m³）	不超过设计密度 10%	

根据《粉煤灰砌块》JC 238—91 中的规定，按外观质量、尺寸偏差和干缩性能砌块分为一等品（B）和合格品（C）两个质量等级。按其立方体抗压强度分为 MU10 和 MU13 两个强度等级。强度等级和干缩值具体要求见表 5-24、表 5-25。

砌块的干缩值（mm/m）　　表 5-25

一等品（B）	合格品（C）
≤0.75	≤0.90

粉煤灰砌块可用于一般工业和民用建筑的墙体和基础，但不宜用于有酸性介质侵蚀的建筑部位，也不宜用于经常处于高温影响下的建筑物，如铸造和炼钢车间、锅炉房等的承重结构部位。

3. 蒸压加气混凝土砌块

蒸压加气混凝土砌块是以钙质材料和硅质材料为基本材料，用铝粉作加气剂，经适宜工艺制成的多孔轻质块状材料。

蒸压加气混凝土砌块的规格一般有 a、b 两个系列，其尺寸见表 5-26。

蒸压加气混凝土砌块的规格　　表 5-26

项 目	a 系 列	b 系 列
长度	600	600
高度	200、250、300	240、300
宽度	75、100、125、150、175、200…（以 25 递增）	60、120、180、240…（以 60 递增）

根据《蒸压加气混凝土砌块》GB 11969—89 的规定，砌块按表观密度分为 03、04、05、06、07、08 六个级别，按外观质量、尺寸偏差分为优等品（A）、一等品（B）和合格品（C）三个产品等级，见表 5-27。按砌块的抗压强度分为 10、25、35、50、75 五个强度等级，其干缩值、抗冻性指标见表 5-28。

蒸压加气混凝土砌块表观密度级别指标　　表 5-27

表观密度级别		03	04	05	06	07	08
干容积密度 kg/m³	优等品（A）≤	300	400	500	600	700	800
	一等品（B）≤	330	430	530	630	730	830
	合格品（C）≤	350	450	550	650	750	850

强　度　等　级		10	25	35	50	75
立方体抗压强度 （MPa）	平均值	≥1.0	≥2.5	≥3.5	≥5.0	≥7.5
	最小值	≥0.8	≥2.0	≥2.8	≥4.0	≥6.0
表观密度级别		03	04 05	05 06	06 07	07 08
干燥 收缩 值	温度（50±1℃），相对湿度 28%～32%条件下测定	mm/m	≤0.8			
	温度（20±2℃），相对湿度 41%～45%条件下测定		≤0.5			
抗冻 性	质量损失（%）		≤5			
	强度损失（%）		≤20			

蒸压加气混凝土砌块具有质轻、保温隔热性能好，耐火、隔声等性能，而且易于加工，施工方便，目前在工程中应用较多。主要用于低层建筑的承重墙，多层和高层建筑的间隔墙和填充墙以及工业建筑的维护墙，也可用于屋面保温。但蒸压加气混凝土砌块不得用于基础和处于浸水、高温和有化学侵蚀的环境中，也不得用于承重制品表面温度高于80℃的建筑部位。

第四节　建筑功能材料

建筑材料根据建筑功能，可分为结构材料、装饰材料、防水材料、绝热材料、吸音隔声材料、耐热防火材料以及耐磨、耐腐蚀、防爆和防辐射材料等等。本节只对常见的建筑装饰材料、防水材料、绝热材料和吸音材料做一简单介绍。

一、建筑装饰材料

建筑装饰材料的种类繁多，功能各异，本节仅对常见的装饰涂料、陶瓷类装饰面砖、建筑玻璃做一简单介绍。

（一）建筑装饰涂料

1. 涂料的种类与特点

涂料按组成物质可分为有机、无机、复合三大类。

有机涂料有溶剂型和乳液型两种。溶剂型高分子涂料价高、易燃、易挥发，应用较少；乳液型高分子涂料不燃、价低、无毒，是当今装饰涂料中的主要品种，常用的有醋酸乙烯—丙烯酸共聚涂料、丙烯酸乳液涂料、苯乙烯—丙烯酸共聚涂料、醋酸乙烯乳液涂料等。

目前应用较多的无机涂料有碱金属硅酸盐系和胶态二氧化硅系两种。它的特点是：资源丰富、工艺简单、粘结力强、耐久性好，且不燃、无毒。常用的无机涂料有硅溶胶涂料、钾水玻璃涂料、钠水玻璃涂料等。

复合涂料是以有机与无机材料复合制成的涂料，这类涂料改善了有机与无机材料的某些不利与弊病，具有良好的技术经济效果。如聚乙烯醇水玻璃涂料、聚乙烯醇硅溶胶涂料等。

2. 常用建筑涂料

（1）常用内墙涂料的品种、特点、技术性能及用途见表5-29。

（2）常用外墙涂料的品种、特点、技术性能及用途见表5-30。

常用内墙涂料的品种、特点、技术性能及用途　　　　　　表 5-29

品 种 与 特 点	技 术 性 能	用 途
1. QH 型多彩纹塑膜内墙涂料 这是一种水包油型单组分液态塑料，喷塑面形成塑料膜层，耐老化、耐油、耐酸碱、耐水刷洗、防潮、阻燃，有立体感，装饰效果好	固体含量：40% 耐碱性：在饱和氢氧化钙溶液中18h无异常 耐水性：浸入水中96h无异常 耐洗刷性：300次无露底 干燥时间：24h以内 贮存稳定性：在5℃以上常温保存六个月	适用于宾馆、饭店、影剧院、商场、办公楼、家庭居室
2. 803 内墙涂料 新型水溶性涂料，具有无毒、无味、干燥快、遮盖力强、涂层光洁、在冬季低温下不易冻结、涂刷方便、装饰性好、耐湿擦性好，对墙面有较好的附着力等优点	表面干燥时间：35℃时小于30分钟 附着力情况：100% 耐水性：浸入水中24h不起泡、有脱粉 耐热性：在80℃下经过6h无发粘开裂 耐洗刷性：50次无变化、不脱粉 粘度情况：25℃时50～70s	可涂刷于混凝土、纸筋石灰、灰泥表面，适用于大厦、住宅、剧院、医院、学校等室内墙面装饰
3. 乙丙内墙乳胶漆 它是由醋酸乙烯和丙烯酸酯共聚制成，具有外观细腻、有良好的耐久性、耐水性和保色性等特点	干燥时间：表干≤30min，实干为24h 光　泽：≤20% 耐水性：浸水96h，破坏率≤5% 最低成膜温度：≥15℃ 遮盖力（重量）：≤170g/m²	适用于高级的内墙面装饰，也可用于木质门窗
4. 107 耐擦洗内墙涂料 这是一种以改进型107胶为基料制成的，具有干燥快、涂层光洁美观、防水、防污等突出特点	干燥时间：常温下1h 耐水性：浸水48h无变化 耐热性：在80℃下7h无变化 遮盖率：<250g/m² 耐洗净性：>150次 贮存稳定性：1～2个月	适用于各种公共和民用建筑的内墙装饰
5. 106 内墙涂料 无毒无味，能在稍湿的墙面上施工，与墙面有一定的粘结力，涂层干燥快，表面光洁平滑，能形成一层类似石光泽的涂膜	粘度：35～75s 遮盖力：不大于300g/m² 白度：不大于80度 附着力：划格试验无方格脱落 耐水性：浸水24h涂层无脱落、起泡和皱皮现象 耐干擦性：不大于1级	适用于住宅、商店、医院、宾馆、剧院、学校等建筑物的内墙面装饰

3. 装饰涂料的选用：

正确选用装饰涂料，应从以下三方面考虑：

(1) 基层材料　应充分考虑基层材料对涂料性能的影响。如涂刷于混凝土、水泥砂浆表面的涂料，应具有较好的耐碱性。

(2) 使用部位　不同装饰部位对涂料有不同的性能要求。对墙面、地面和顶棚应根据功能和装饰效果的具体要求合理选择。

(3) 使用环境　不同涂料具有不同的性能和成膜温度，应按照涂料使用时的环境条件、施工季节，分别选择合适的涂料品种，以达到充分发挥涂料功能的目的。

常用外墙涂料的品种、特点、技术性能及用途　　　表 5-30

品种与特点	技术性能	用途
1. 104 外墙饰面涂料 由有机高分子胶粘剂和无机胶粘剂制成，无毒无味，涂层厚且呈片状，防水、防老化性能好，涂层干燥快，粘结力强，色泽鲜艳，装饰效果好	粘结力：0.8MPa 耐水性：20℃浸 1000h 无变化 紫外线照射：520 h 无变化 人工老化：432 h 无变化 耐冻融性：25 次循环无脱落	适用于各种工业、民用建筑外墙粉刷之用
2. 乙丙外墙乳胶漆 由乙丙乳液、颜料、填料及各种助剂制成，以水作稀释剂，安全无毒，施工方便，干燥迅速，耐候性、保光、保色性好	粘度情况：≥17s 固体含量：不小于 45% 干燥时间：表干≤30min，实干≤24 h 遮盖力：≤170g/m² 耐湿性：浸水 96 h，破坏率＜5% 耐碱性：在氢氧化钙饱和溶液中浸 48 h，破坏率＜5% 冻融稳定性：＞5 个循环不破坏	适用于住宅、商店、宾馆、工矿、企事业单位的建筑外墙饰面
3. 彩砂涂料 以丙烯酸酯乳液为胶粘剂，彩色石英砂为集料，加各种助剂制成，无毒，无溶剂污染，快干，不燃，耐强光，不退色，耐污染性能好	耐水性：1000h 无变化 耐碱性：浸入氢氧化钙饱和溶液中 1000h 无变化 耐冻融性：经 50 次冻融循环无变化 耐洗净性：经 1000 次刷洗无变化 粘结强度：≥1.5MPa 耐污染性：高档＜10%，一般＜35%	主要用语教高级的公共建筑、公寓及民用住宅的外墙装饰
4. 新型无机外墙涂料 以碱金属硅酸盐为主要成膜，配以固化剂、分散剂、稳定剂及颜料和填料配制而成，具有良好的耐候、保色、耐水、耐水刷洗、耐酸碱等特点	固体含量：34%～40% 粘度：30～40s 表面干燥时间：＜1h 遮盖力：＜300g/m² 耐水性：25℃浸 24 h 无变化 耐热性：80℃5 h 无发粘开裂现象	用于宾馆、办公楼、商店、学校、住宅等建筑物的外墙装饰

(二) 陶瓷类装饰面砖

1. 外墙面砖

铺贴于建筑物外墙面上的覆面陶瓷薄片称为外墙面砖。它具有高强、防潮、抗冻、不易污染和装饰效果好等特点，其主要种类、规格见表 5-31。主要用于大型公共建筑，如展览馆、纪念馆、影剧院、商店等的外墙饰面。

名 称	种 类		一般规格 （mm）	性 能	用 途
		说 明			
墙面砖	有白、浅黄、深黄、红、绿等色		$400\times400\times12$ $200\times100\times12$		
彩釉砖	有粉红、蓝、绿、黄、白、金砂釉等		$200\times100\times7$ $150\times75\times12$	质地坚硬，吸水 率≤8%，色调柔 和，耐水抗冻，防 潮防火，易清洗， 经久耐用	用于建筑外墙，作 装饰及保护墙面之用
线 砖	表面有突起线纹，有釉，有黄、绿等色		$150\times75\times7$ $150\times30\times8$		
立体彩釉砖	表面有釉，作成各种立体图案		$108\times108\times8$ $75\times75\times8$		

2. 内墙面砖

内墙面砖是用于建筑物室内装饰的薄型精陶制品，又称釉面砖或瓷砖。釉面砖形状尺寸多种多样，颜色丰富，表面平整、光洁，耐污染，耐水性、耐酸碱性能好，具有较强的热稳定性，防火性好。主要用于浴室、厨房、卫生间、实验室等的内墙面及工作台面、墙裙等部位。

釉面砖的主要规格尺寸（mm）有：$152\times152\times5$（6），$108\times108\times5$，$152\times75\times5$（6），$200\times200\times3$，$200\times300\times3$，$200\times250\times3$ 等。其种类、代号、特点及性能见下表5-32。

釉面砖的主要种类和特点　　　　表 5-32

种 类		特 点	代 号
白色釉面砖		色纯白，釉面光亮，镶于墙面，清洁大方	FJ
彩色釉面砖	有光彩色釉面砖	釉面光亮晶莹，色彩丰富雅致	YG
	无光彩色釉面砖	釉面半无光，不晃眼，色泽一致，色调柔和	SHG
装饰釉面砖	花釉砖	系在同一砖上，施以多种彩釉，经高温烧成。色釉互相渗透，花纹千姿百态，有良好的装饰效果	HY
	结晶釉砖	晶花辉映，纹理多姿	JJ
	斑纹釉砖	斑纹釉面，丰富多彩	BW
	理石釉砖	具有天然大理石花纹，颜色丰富，美观大方	LSH
图案砖	白地图案砖	系在白色釉面砖上装饰各种彩色图案，经高温烧成，纹样清晰，色彩明朗，清洁优美	BT
	色地图案砖	系在有光或石光彩色釉面砖张装饰各种图案，经高温烧成，产生浮雕、缎光、绒毛、彩漆等效果，做内墙饰面，别具风格	YGT D-YGT SHGT
瓷砖画及色釉陶瓷字	瓷砖画	以各种釉面砖拼装成各种瓷砖画，或根据已有画稿烧成釉面砖拼成各种瓷砖画，清洁优美，永不褪色	—
	色釉陶瓷字	以各种色釉、瓷土烧制而成，色彩丰富，光亮美观，永不褪色	—

3. 墙地砖

墙地砖包括外墙用贴面砖和室内外地面铺贴用砖。由于该类饰面砖既可用于外墙又可用于地面，故称为墙地砖。其特点是：强度高、耐磨、耐久、化学稳定性好、不燃、易清洗、吸水率低。主要品种有劈裂墙地砖、麻面砖和彩态砖。

劈裂墙地砖用于外墙时，质朴、大方；用于地面时，经久耐用，装饰效果良好。薄型麻面砖适用于外墙饰面，厚型麻面砖适用于广场、停车场、人行道等地面铺设。彩态砖可用于住宅厅堂的墙、地面装饰，特别适用于人流量大的商场、剧院、宾馆等公共场所的地面铺贴。

4. 陶瓷锦砖

陶瓷锦砖俗称"马赛克"，是以优质瓷土烧制成的小块瓷砖（边长≤50mm）。产品出厂前按各种图案粘贴在牛皮纸上，每张牛皮纸制品为一联。陶瓷锦砖按砖联分为单色、拼花两种，其标定规格及技术性能指标见表5-33。

陶瓷锦砖标定规格及技术要求 表5-33

项 目		规 格	允许误差（mm）		主要技术要求
			一级品	二级品	
单块锦砖	边长	≤25.0	±0.5	±0.5	密度（g/cm³）：2.3~2.4 抗压强度（MPa）：15~25 吸水率（%）：≤0.2 使用温度（℃）：-20~+100 脱纸时间（min）：≤40 耐酸度（%）：>95 耐碱度（%）：>84
		>25.0	±1.0	±1.0	
	厚度	4.0或4.5	±0.2	±0.2	
每联锦砖	线路	2.0	±0.5	±1.0	
	联长	305.5	+2.5 -0.5	+3.5 -1.0	

陶瓷锦砖具有美观、不吸水、防滑、耐磨、耐酸碱、抗冻性好等性能。主要用于室内地面装饰，也可用于室内、外墙饰面，并可镶拼成具有较高艺术价值的陶瓷壁画。

（三）建筑玻璃

在建筑中应用的各种玻璃统称为建筑玻璃。最常见的玻璃种类有：普通平板玻璃、磨砂玻璃、压花玻璃、彩色玻璃、中空玻璃、钢化玻璃及玻璃马赛克等。

1. 普通平板玻璃

普通平板玻璃是玻璃家族中产量最大、应用最多的玻璃品种，也是进一步加工成其他类型玻璃的基础材料。按厚度分为2mm、3mm、4mm、5mm、6mm、8mm、10mm、12mm等种类。主要用于门、窗，起透光、透视、保温、隔音、挡风雨的作用。

按照国家标准，普通平板玻璃按外观质量分为特选品、一等品、二等品、三等品，见表5-34。

普通平板玻璃的等级 表5-34

缺陷种类	说 明	特选品	一等品	二等品
波筋（包括波纹辊子花）	允许看出波筋的最大角度	30°	45° 50mm边部，60°	60° 100mm边部，90°
气泡	长度1mm以下的	集中的不允许	集中的不允许	不限
	长度大于1mm的，1m²面积允许个数	≤6mm，6	≤8mm，8 8~10mm，2	≤10mm，10 10~20mm，2
划伤	宽度0.1mm以下的，1m²面积允许条数	长度≤50mm 4	长度≤100mm 4	不限
	宽度0.1mm以上的，1m²面积允许条数	不许有	宽0.1~0.4mm 长<100mm 1	宽0.1~0.8mm 长100mm 1
砂粒	非破坏性的、直径0.5~2mm，1m²面积允许个数	不许有	3	10

缺陷种类	说　　明	特选品	一等品	二等品
疙　瘩	非破坏性的透明疙瘩，波及范围直径不超过 3mm，1m² 面积允许个数	不许有	1	3
线　道		不许有	30mm 边部允许有宽 0.5mm 以下的 1 条	宽 0.5mm 以下的 2 条

注：1. 集中气泡是指 100mm 直径圆面积内超过 6 个。

2. 砂粒的延续部分，90°角能看出者当线道论。

普通平板玻璃的产量以标准箱计。规定厚度为 2mm 的平板玻璃，每 10m² 为一标准箱，其他厚度的平板玻璃，按折算系数进行换算。

2. 磨砂玻璃

磨砂玻璃称毛玻璃，其特点是透光不透视线，光线不刺眼。主要用于要求透光而不透视线的部位，如浴室、卫生间、办公室等的门窗及隔断，也可用作黑板及灯罩等。

3. 压花玻璃

压花玻璃与磨砂玻璃一样具有透光不透视线的特点，但装饰效果较好，一般用于宾馆、饭店、游泳池、浴室、卫生间及办公室、会议室的门窗和隔断等。

4. 彩色玻璃

又称为有色玻璃，分透明和不透明两种，颜色有红、黄、蓝、绿、黑、乳白等十余种，可拼成各种图案，有抗腐蚀、抗冲刷、易清洗等特点。主要用于建筑物的内外墙、门窗装饰及有特殊要求采光的部位。

5. 钢化玻璃

钢化玻璃是将玻璃加热到接近玻璃软化温度，经迅速冷却或用化学方法钢化处理得到的玻璃制品，具有良好的机械性能和耐热抗震性能，又称为强化玻璃。

钢化玻璃广泛应用于建筑工程、汽车工业及其他工业领域。常被用作高层建筑的门、窗、幕墙、隔墙、屏蔽、汽车挡风玻璃等。

6. 玻璃马赛克

玻璃马赛克，又称玻璃锦砖，是以边长不超过 45mm 的各种小规格彩色饰面玻璃预先粘贴在纸上而成的装饰材料，一般尺寸为 20mm×20mm，30mm×30mm，40mm×40mm，厚度为 4~6 mm。有透明、半透明、不透明几种。

玻璃马赛克具有色彩绚丽、色泽柔和、表面光滑、美观大方、永不褪色、不积尘、不吸水等优点，同时还具有良好的化学稳定性、热稳定性以及与砂浆粘结牢固、施工方便等特点，适用于各类建筑的外墙饰面及壁画装饰等。

二、建筑防水材料

目前建筑工程广泛应用的防水材料有沥青类、合成树脂卷材、高分子卷材等。本节主要讨论沥青类防水材料，并适当介绍其他类型防水材料。

（一）沥青及改性沥青系防水材料

沥青是一种有机胶凝材料，它是由多种有机化合物组成的复杂混合物。在常温下呈黑色或褐色的固体、半固体或粘性液体状态。

沥青的品种很多，按产源分为以下几种：

沥青 {
  地沥青 { 天然沥青—由沥青湖或含有沥青的砂岩、砂等中提炼而得
              石油沥青—石油原油蒸馏后的残渣经加工而得
  焦油沥青 { 煤沥青—由煤焦油蒸馏后的残留物经加工而得
              页岩沥青—油页岩炼油工业的副产品
}

目前建筑工程中常用的主要是石油沥青及少量的煤沥青。

1. 石油沥青

(1) 石油沥青的组分

石油沥青的性质随组分含量的变化而改变。石油沥青的组分包括油分、树脂和地沥青质三部分。

油分是沥青中最轻的组分,在沥青中的含量为 40%～60%,赋予石油沥青流动性。树脂在石油沥青中的含量为 15%～30%,它赋予石油沥青塑性和粘性。地沥青质是石油沥青中最重的组分,在石油沥青中的含量为 10%～30%。地沥青质含量越多,沥青的温度敏感性越小,粘性越大,也越脆硬。

(2) 石油沥青的技术性质

石油沥青的技术性质主要包括粘性、塑性、温度敏感性和大气稳定性。粘性是指沥青在外力作用下抵抗变形的能力。液态沥青的粘性用粘滞度表示,粘滞度越大,表示沥青的粘性越大。固体或半固体沥青的粘性用针入度表示,针入度越大,表示沥青的流动性越大,粘性越小。塑性是指沥青在外力作用下产生变形而不破坏,外力取消后仍能保持变形后的形状的性质。石油沥青的塑性用延度表示,延度越大,沥青的塑性越好。温度敏感性是指石油沥青的粘性和塑性随温度升降而变化的性能。沥青的温度敏感性用软化点表示。软化点是指沥青材料由固体状态转变为具有一定流动性的膏体时的温度。软化点越高,沥青的温度敏感性越小。用于防水工程的沥青,要求具有较小的温度敏感性。大气稳定性是指沥青在热、光、氧气和潮湿等因素的长期综合作用下抵抗老化的性能。沥青的大气稳定性以加热损失的百分率作为指标,质量损失小,表示性质变化不大,大气稳定性好。

(3) 石油沥青的技术标准

石油沥青的主要技术质量标准以针入度、软化点、延度等指标表示。各品种按技术性质划分为若干牌号。各牌号石油沥青的技术指标要求见表 5-35。

石油沥青的质量指标

表 5-35

质量指标	道路石油沥青（SH1661—92）							建筑石油沥青（GB494—85）	
	200	180	140	100甲	100乙	60甲	60乙	30	10
针入度（25℃，100g）	201～300	161～200	121～160	91～120	81～120	51～80	41～80	25～40	10～25
延伸度（25℃），不小于（cm）	—	100	100	90	60	70	40	3	1.5
软化点（环球法），不低于（℃）	30～45	35～45	38～48	42～52	42～52	45～55	45～545	70	95
溶解度（三氯乙烯或苯），不小于（%）	99	99	99	99	99	99	99	99.5	99.5
蒸发损失（160℃，5h），不大于（%）	1	1	1	1	1	1	1	1	1

质量指标	道路石油沥青（SH1661—92）							建筑石油沥青（GB494—85）	
	200	180	140	100甲	100乙	60甲	60乙	30	10
蒸发后针入度比，不小于（%）	50	60	60	65	65	70	70	65	65
闪点（开口），不低于（℃）	180	200	230	230	230	230	230	230	230

沥青的牌号越大，粘性越小，塑性越好，温度敏感性越大。通常情况下，建筑石油沥青多用于建筑屋面工程和地下防水工程。在选用时，应根据工程性质、当地气候条件及所处工作环境来选用不同牌号的沥青。在满足使用要求的前提下，尽量选用牌号较大的石油沥青，以保证有较长的使用年限。

2. 聚合物改性沥青

（1）橡胶改性沥青

石油沥青中掺入橡胶（天然、合成、再生）而制得的混合物，称为橡胶改性沥青。常见的橡胶改性沥青有氯丁橡胶改性沥青、热塑性丁苯橡胶（简称为SBS）改性沥青和再生橡胶改性沥青。

与石油沥青相比较，氯丁橡胶改性沥青的低温柔韧性、抗老化性、气密性和耐蚀性有明显地改善。SBS改性沥青的延伸度、针入度大大提高。而再生橡胶沥青的气密性、低温柔韧性、耐候性则有较大的提高。

（2）树脂改性沥青

树脂掺入沥青中可以改善沥青的耐寒性、耐热性、粘结性和不透气性。常见的树脂改性沥青有聚乙烯树脂改性沥青和聚丙烯树脂改性沥青。

（3）橡胶树脂并用改性沥青

实际应用中，常常将橡胶和树脂同时使用来改善沥青的性质，使沥青兼具橡胶和树脂的特性。通常一起使用的有以下几种情况：再生橡胶—聚乙烯石油沥青、CSM-APP石油沥青和BR-PE石油沥青。

（二）建筑防水卷材

凡用纸或玻璃布、石棉布、棉麻织品等胎料浸渍石油沥青制成的卷状材料，称为浸渍卷材（有胎卷材）。将石棉、橡胶粉等掺入沥青材料中，经碾压制成的卷状材料称为辊压卷材（无胎卷材）。这两种卷材是目前建筑工程中最常用的防水卷材。

1. 石油沥青纸胎基油毡

石油沥青纸胎基油毡是用低软化点的石油沥青浸渍原纸，然后用高软化点的石油沥青涂盖油纸两面，再撒或涂隔离材料所制得的一种纸胎防水卷材。油毡按所用纸胎每平方米的质量克数（g/m²）分为200号、350号和500号三种标号；按物理性能分为合格品、一等品和优等品三个等级。各标号、各等级油毡的物理性能应符合表5-36的规定。

200号石油沥青油毡适用于简易防水、临时性建筑防水、建筑防潮及包装等。350号和500号油毡适用于屋面、地下、水利等工程的多层防水。

2. 高聚物改性沥青防水卷材

标号与等级 指标名称		200 号			350 号			500 号		
		合格品	一等品	优等品	合格品	一等品	优等品	合格品	一等品	优等品
单位面积浸涂材料总量，不小于（g/m²)		600	700	800	1000	1050	1100	1400	1450	1500
不透水性	压力，不小于（MPa)	0.05			0.10			0.15		
	保持时间，不小于（min)	15	20	30	30		45	30		
吸水率（真空法），不大于（%)	粉毡	1.0			1.0			1.5		
	片毡	3.0			3.0			3.0		
耐热度（℃)		85±2		90±2	85±2		90±2	85±2		90±2
		受热 2h 涂盖层应无滑动和集中性气泡								
纵向拉力（25±2℃)，不小于(N)		240		270	340		370	440		470
柔度（℃)		18±2		18±2	16±2	14±2		18±2	14±2	
		绕 φ20mm 圆棒或弯板无裂纹						绕 φ25mm 圆棒或弯板无裂纹		

高聚物改性沥青防水卷材是以合成高分子聚合物改性沥青为涂盖层，纤维织物为胎体，粉状、粒状、片状或薄膜材料为隔离层制成的片状可卷曲防水材料。它克服了石油沥青油毡易老化、稳定性差、耐久性差等缺点，在工程得到了广泛的应用。常见高聚物改性沥青防水卷材的特点和适用范围见表 5-37。

常见高聚物改性沥青防水卷材的特点和适用范围 表 5-37

卷材名称	特 点	适用范围	施工工艺
SBS 改性沥青防水卷材	耐高温、低温性能较好，弹性和耐疲劳性明显改善	适用于寒冷地区的建筑屋面，单层铺设或复合使用	冷施工铺贴或热熔铺贴
APP 改性沥青防水卷材	强度、延伸性、耐热性、耐老化性能良好	适用于炎热地区屋面使用，单层铺设	热熔法或冷粘法铺设
PVC 改性焦油沥青防水卷材	耐热及耐低温性能良好	有利于在冬季负温下施工	可热、冷施工
再生橡胶改性沥青防水卷材	有一定的延伸性和耐腐蚀性，低温柔性较好，价格低廉	档次较低或变形较大的防水工程	热沥青粘贴
废橡胶粉改性沥青防水卷材	比纸胎沥青油毡的抗拉强度、低温柔性有明显改善	叠层使用于一般屋面防水，宜在寒冷地区使用	热沥青粘贴

近几年还出现了一些新型防水卷材，如三元乙丙橡胶防水卷材、聚氯乙烯防水卷材、氯丁橡胶防水卷材等，它们属于高分子防水卷材，具有寿命长、低污染、技术性能好等优点，适用于地下、屋面等的防水和防腐工程。

三、绝热材料

（一）绝热材料的基本要求

建筑工程上对绝热材料的主要要求是：导热系数不宜大于 0.17W/（m·K)，表观密度不大于 600kg/m³，抗压强度应大于 0.3MPa。

（二）常用绝热材料

建筑上常见的绝热材料有以下几种。

1. 纤维状保温隔热材料

这类材料主要是以矿棉、石棉、玻璃棉及植物纤维等为主要原料，制成板、筒、毡等形状的制品，广泛用于住宅建筑和热工设备、管道等的保温隔热。

（1）石棉及其制品　石棉是一种天然矿物纤维，具有耐火、耐热、耐酸碱、绝热、防腐、隔音及绝缘等特性。常制成石棉粉、石棉板、石棉毡等制品，用于建筑工程的高效能隔热、保温及防火覆盖等。

（2）矿棉及其制品　矿棉一般包括矿渣棉和岩石棉，可制成矿棉板、矿棉毡及稻壳等，可用作建筑物的壁纸、屋顶、顶棚等处的保温隔热和吸声材料，以及热力管道的保温材料。

（3）玻璃棉及其制品　玻璃棉是用玻璃原料或碎玻璃经熔融后制成的纤维状材料。可制成沥青玻璃棉毡、板及酚醛玻璃棉毡、板等制品，广泛应用于温度较低的热力设备和房屋建筑中的保温隔热。

（4）植物纤维复合板　是以植物纤维为主要原料加入胶结料和填料而制成。常见如木丝板、甘蔗板等，是一类轻质、吸声、保温、绝热材料。

2. 散粒状保温隔热材料

（1）膨胀蛭石及其制品　蛭石是一种天然矿物，经 850～1000℃ 煅烧，体积急剧膨胀而成为松散颗粒，其导热系数为 0.046～0.07W/（m·K），可在 1000～1100℃ 下使用，用于填充墙壁、楼板及平屋顶，绝热效果好。

膨胀蛭石也可与水泥、水玻璃等胶凝材料配合，制成砖、板、管壳等制品，用于围护结构及管道的保温。

（2）膨胀珍珠岩及其制品　膨胀珍珠岩是又天然珍珠岩、松脂岩等为原料，经煅烧而制成的蜂窝状白色或灰白色松散颗粒，导热系数为 0.025～0.048W/（m·K），耐热 800℃，为高效能保温保冷填充材料。

膨胀珍珠岩制品是以膨胀珍珠岩为骨料，配以适量的胶凝材料，经拌合、成型、养护后而成的板、砖、管等产品。工程中常见的有：水泥膨胀珍珠岩制品、水玻璃膨胀珍珠岩制品、磷酸盐膨胀珍珠岩制品以及沥青膨胀珍珠岩制品。

3. 多孔性绝热材料

（1）微孔硅酸钙制品　用于围护结构及管道保温，效果优于水泥膨胀珍珠岩和水泥膨胀蛭石制品。

（2）泡沫玻璃　它具有导热系数低、抗压强度和抗冻性高、耐久性好等特点，为高级保温隔热材料，可砌筑墙体，常用于冷藏库隔热。

（3）泡沫塑料　用作建筑保温时，常填充在围护结构中或夹在两层其他材料中间作成夹心板。由于这类材料造价高，且有可燃性，因此应用上受到一些限制。

（4）泡沫混凝土和加气混凝土　导热系数约为 0.07～0.16W/（m·K），最高使用温度为 500℃ 左右，常用于围护结构的保温隔热。

除上述讨论的几种绝热材料外，工程中常用的还有软木板、蜂窝板、窗用绝热薄膜等其他材料。在选用绝热材料时，应结合建筑物的用途、围护结构的构造、施工难易、材料来源和经济核算等综合地加以考虑，合理选择绝热材料的品种。

四、吸声材料

（一）吸声材料的选用及安装注意事项

为使吸声材料充分发挥作用，在选用及安装吸声材料时，必须注意以下事项：

（1）应将吸声材料安装在最容易接触声波和反射次数最多的表面上，而不应把它集中在顶棚或某一面的墙壁上，并应比较均匀地分布在室内各表面上。

（2）吸声材料强度一般较低，应设置在护壁高度以上，以免碰撞损坏。

（3）多孔吸声材料易于吸湿，安装时应注意胀缩的影响。

（4）选用的吸声材料应不易虫蛀、腐朽，且不易燃烧。

（5）应尽量选用吸声系数较高的材料，以便节约材料用量，达到经济目的。

（6）安装吸声材料时，应注意勿使材料的细孔被油漆的漆膜堵塞而降低其吸声效果。

（二）常用吸声材料

建筑上常用的吸声材料见表 5-38 所示。

建筑上常用吸声材料　　　　　　　　表 5-38

分类及名称		厚度 (cm)	表观密度 (kg/m³)	各种频率下吸声系数						装置情况
				125	250	500	1000	2000	4000	
无机材料	吸声泥砖	6.5	—	0.05	0.07	0.10	0.12	0.16	—	粉刷在墙上贴实
	石膏板（有花纹）	—	—	0.03	0.05	0.06	0.09	0.04	0.06	
	水泥蛭石板	4.0	—		0.14	0.46	0.78	0.50	0.60	
	石膏砂浆（掺水泥玻璃纤维）	2.2	—	0.24	0.12	0.09	0.30	0.32	0.83	
	水泥膨胀蛭石板	5	350	0.16	0.46	0.64	0.48	0.56	0.56	
	水泥砂浆	1.7	—	0.21	0.16	0.25	0.40	0.42	0.48	
	砖（清水墙面）	—	—	0.02	0.03	0.04	0.04	0.05	0.05	
有机材料	软木板	2.5	260	0.05	0.11	0.25	0.63	0.70	0.70	贴实
	木丝板	3.0	—	0.10	0.36	0.62	0.53	0.71	0.90	贴实
	三夹板	0.3	—	0.21	0.73	0.21	0.19	0.08	0.12	
	穿孔五夹板	0.5	—	0.01	0.25	0.55	0.30	0.16	0.19	紧贴墙
	木花板	0.8	—	0.03	0.02	0.03	0.03	0.04	—	
	木质纤维板	1.1	—	0.06	0.15	0.28	0.30	0.33	0.31	
多孔材料	泡沫玻璃	4.4	1260	0.11	0.32	0.52	0.44	0.52	0.33	贴实
	脲醛泡沫塑料	5.0	20	0.22	0.29	0.40	0.68	0.95	0.94	钉在木龙骨上，后面留10cm空气层和留5cm空气层两种
	泡沫水泥（外粉刷）	2.0	—	0.18	0.05	0.22	0.48	0.22	0.32	
	吸声蜂窝板	—	—	0.27	0.12	0.42	0.86	0.48	0.30	
	泡沫塑料	1.0	—	0.03	0.06	0.12	0.41	0.85	0.67	
纤维材料	矿渣棉	3.13	210	0.10	0.21	0.60	0.95	0.85	0.72	贴实
	玻璃棉	5.0	80	0.06	0.08	0.18	0.44	0.72	0.82	
	酚醛玻璃纤维板	8.0	100	0.25	0.55	0.80	0.92	0.98	0.95	贴实 贴于墙上
	工业毛毡	3.0	—	0.10	0.28	0.55	0.60	0.60	0.56	

第六章 建 筑 设 备

建筑设备一般由建筑给水、排水、供暖、通风与空气调节、热水供应、燃气、建筑电气等部分组成。限于篇幅，本章主要介绍建筑给排水、供暖、通风与空气调节等基本知识和技术，以及建筑设备各工种之间、各设备工种与建筑之间的互相协调关系等内容。

第一节 概 述

随着我国建筑业的发展，无论在生产和生活方面，对建筑内部供水、供热、供气和供电等建筑设备的要求和标准日益提高。例如：建筑卫生设施要求功能完善，形式多样，对室内空气环境的要求不断提高，多种形式的空调装置逐步进入千家万户。这一切都促使从事建筑业的工程技术人员、管理人员要尽快了解和掌握建筑设备工程的基础知识和技术，以适应社会发展的需要，高效、优质地完成所承担的设计、施工或管理工作。

近年来，我国建筑设备领域取得了许多可喜的成绩。美观、适用、多种功能的新型设备日新月异。例如：节水型卫生洁具的开发和推广使用；高效节能新型换热设备的创新；变频调速泵的应用；各种通风空调设备的普及；地板辐射供暖、住宅供暖系统的热计量等等已进入家庭。这些产品、设备和技术正在不断完善，使建筑物的功能不断增强，迅速提高人们的生活质量。

建筑设备涉及许多工程学科，各工程学科都有其基础理论和独立系统，而各独立系统与其相关系统有密切联系。例如：建筑给水是城镇供水的"用户"；室内消防给水是建筑防灾的重要手段之一；建筑排水是城镇排水的"起点"；建筑供暖、热水供应是城市集中供热工程的主要组成部分；通风及空气调节是现代建筑物内保持良好空气环境的重要技术措施这些工程技术系统共同设置于同一幢建筑物内，其设备系统在设计、施工或管理阶段都不可避免地会相互联系，产生矛盾，发生冲突，所以必须协调好各工程技术之间及各工种与建筑设计、施工和管理方面的关系，才能保证各设备系统各就各位，并保持良好的运行状况，提高建筑物总体的设计水平和使用质量。因此，作为建筑师或建筑设计、施工、管理者，基本掌握上述工种技术知识的内容，对各种设备系统的分类、组成、布置与敷设有一个基本的了解，是十分必要的。

随着建筑设备技术的不断更新和完善，建筑设备技术在我国将会持续不断地向前发展，建筑设备领域的新理论、新技术、新产品，将不断涌现。只有及时了解、掌握和应用这些新技术、新产品，才能把建筑物的总体设计水平和使用质量提高到更新、更高的水平。

一、建筑给排水

建筑给排水工程是建筑物的有机组成部分，它和建筑学、建筑结构、建筑供暖、建筑通风与空调、建筑电气、建筑燃气等工程共同构成可供使用的建筑物整体。在满足人们舒适的卫生条件，促进生产的正常运行和保障人们生命财产的安全方面，建筑给排水起着十分重要的作用。建筑给排水的完善程度，是建筑标准等级的重要标志之一。

建筑给排水由以下五个部分组成：

（一）建筑内部给水排水

建筑内部给水排水是建筑给水排水的主体和基础，它又可分为建筑内部给水，建筑内部排水和热水供应三个部分。

建筑内部给水排水与建筑小区给水排水的分界，以建筑物的给水引入管的阀门井或水表井为界，排水以排出建筑物的排水检查井为界。

（二）建筑消防给水

消防给水有室外、室内之分，两者在消防用水量的贮存、消防水压的保证等方面关系密切，它们在水压、水量方面比建筑内部给水的要求高，因此它们通常构成独立的建筑消防给水。

（三）建筑小区给水排水

建筑小区给水排水介于建筑内部给水排水和城镇给水排水之间，从某种意义上，建筑小区是单幢建筑的扩大，又是城镇的缩小，建筑小区和单幢建筑物、城镇有相同、相通之处，但又与它们有所区别。在给水流量计算和给水方式等方面，建筑小区给水排水和建筑内部给水排水有更多的共同点。

（四）建筑水处理

建筑水处理系指与建筑密切相关，以生活用水和生活污水、废水为主要处理对象的水处理。具有规模小、就近设置、局部处理等特点。

建筑水处理按处理性质，可分为建筑给水处理、建筑污水处理、建筑中水处理和建筑循环水处理。近年来在工程中采用的给水深度处理、循环水冷却、稳定处理、净化槽处理、建筑中水处理、饮用水矿化处理等也属于建筑水处理范畴。

（五）特殊建筑给水排水

特殊建筑给水排水，有的因建筑地区特殊，如地震区、湿陷性黄土区、多年冻土区和胀缩土区等；有的因建筑用途特殊，如人防建筑、矿泉水疗、体育建筑、大会堂、展览馆、高压氧舱等；有的因水质标准特殊，如游泳池、喷泉水景等。

二、建筑供暖

人们在日常生活和社会生产中都需要使用最大的热能。将自然界的能源直接或间接地转化为热能，以满足人们需要的科学技术，称为热能工程。生产、输配和应用中、低品位热能的工程技术，称为供热工程。在民用建筑中，应用中、低品位热能的热用户，主要是保证建筑物卫生和舒适条件的用热系统，如建筑供暖、建筑通风、空调和热水供应。其中供暖是供热工程的主要热用户。

众所周知，供暖就是用人工方法向室内供给热量，保持一定的室内温度，以创造适宜的生活条件或工作条件的技术。所有供暖系统都由热媒制备（热源）、热媒输送和热媒利用（散热设备）三个主要部分组成。根据三个主要组成部分的相互位置关系来分，供暖系统可分为局部供暖系统和集中式供暖系统。热媒制备、热媒输送和热媒利用三个主要组成部分在构造上都是在一起的供暖系统，称为局部供暖系统，如烟气供暖（火炉、火墙和火炕等）、电热供暖和燃气供暖等。虽然燃气和电能通常由远处输送到室内来，但热量的转化和利用都是在散热设备上实现的。

热源和散热设备分别设置，用热媒管道相连接，由热源向各个房间或各个建筑物供给热量的供暖系统，称为集中式供暖系统。

图 6-1 是集中式热水供暖系统的示意图。热水锅炉 1 与散热器 2 分别设置，通过热水管道（供水管和回水管）3 相连接，循环水泵 4 使热水在锅炉内加热，在散热器冷却后返回锅炉重新加热。图 6-1 中的膨胀水箱 5 用于容纳供暖系统升温时的膨胀水量，并使系统保持一定的压力。图中的热水锅炉，可以向单幢建筑物供暖，也可以向多幢建筑物供暖。对一个或几个小区多幢建筑物的集中式供暖方式，称为区域供热（暖）。

三、空气调节

空气调节（简称空调）是采用技术手段把某种特定空间内部的空气环境控制在一定状态下，使其满足人体舒适或生产工艺的要求。所控制的内容包括空气的温度、湿度、流速、压力、清洁度、成分、噪声等。对这些参数产生干扰的来源主要有两个：一是室外气温变化、太阳辐射通过建筑围护结构对室温的影响与外部空气带入室内的有害物，二是内部空间的人员、设备与工艺过程产生的热、湿与有害物。因此，需要采用人工的方法消除室内的余热、余湿，或补充不足的热量与湿量，清除空气中的有害物，并保证内部空间有足够的新鲜空气。

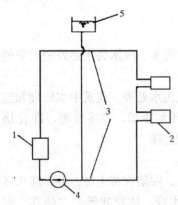

图 6-1　集中式热水供暖系统示意图
1—热水锅炉；2—散热器；3—热水管道
（供水管和回水管）；4—循环水泵；5—膨胀水箱

一般把为生产或科学实验过程服务的空调称为"工艺性空调"，而把为保证人体舒适的空调称为"舒适性空调"。工艺性空调往往同时需要满足工作人员的舒适性要求，因此二者又是关联的、统一的。

舒适性空调的目的在于创造舒适的工作与生活环境，保证人体生理与心理健康，保证高的工作效率，目前已普遍应用于公共与民用建筑中，如会议厅、办公楼、影剧院、图书馆、商业中心、旅游设施与部分民用住宅。交通工具如飞机、汽车、轮船、火车等有的已装备了空调，有的正在逐步提高装备率。空气温度过高或湿度过大，均会使人有闷热的感觉；温度过低，会感觉寒冷；湿度过低，人的呼吸道与皮肤会感觉干燥；新风过少，人会感觉气闷缺氧；空气中含有有害气体或挥发性污染物，人会闻到异味或出现头痛、恶心等疾病症状；空气中含尘量大，人也会有不适感觉；风速过高，人会感到不适，但炎热的夏季里，有一定的吹风感却会令人感到舒适。因此舒适性空调对空气的要求除了要保证一定的温湿度外，还要保证足够的新鲜空气量、适当的空气成分、一定的洁净度以及一定范围的空气流速。

对于现代化生产来说，工艺性空调更是必不可少的。工艺性空调一般来说对温湿度、洁净度的要求比舒适性空调高，而对新鲜空气量没有特殊的要求。如精密机械加工业与精密仪器制造业要求空气温度的变化范围不超过 $\pm 0.1 \sim 0.5$℃，相对湿度变化范围不超过 $\pm 5\%$。在电子工业中，不仅要保证一定的温湿度，还要保证空气的洁净度。纺织工业对空气湿度环境的要求较高。药品工业、食品工业以及医院的病房、手术室则不仅要求一定的空气温湿度，还需要控制空气清洁度与含菌数。

空气调节的基本手段是将室内空气送到空气处理设备中进行冷却、加热、除湿、加湿、净化等处理，然后再送回到室内，以达到消除室内余热、余湿、有害物或为室内加热、加湿的目的。通过向室内送入一定量处理过的室外空气的办法来保证室内空气的新鲜度。也有把加热加湿设备直接安置在室内来改善室内的局部环境的，如超声波加湿器、红外线电加热器等。

四、建筑通风

通风就是把室内被污染的空气直接或经净化后排出室外，把新鲜的空气补充进来，从而保证室内的空气环境符合卫生标准和满足生产工艺的要求。

通风与空气调节的区别在于空调系统往往把室内空气循环使用，把新风与回风混合后进行热湿处理和净化处理，然后再送入到空调房间；而通风系统不循环使用回风，对送入室内的室外新鲜空气并不作处理或仅作简单加热或净化处理，并根据需要对排风进行除尘净化处理后排出或直接排出室外。

一般的民用建筑和一些发热量小而且污染轻微的小型工业厂房，通常只要求保持室内空气新鲜清洁，并在一定程度上改善室内空气温湿度和流速。这种情况下往往可以采用通过门窗换气、穿堂风降温等手段就能满足要求，不需要对进、排风进行处理。这种通风工程称为"建筑通风"。

许多工业生产厂房，工艺过程可能散发大量热、湿、工业粉尘以及有害气体和蒸汽。这些污染物若不排除，必然危害工作人员身体健康，影响正常生产过程与产品质量，损坏设备和建筑结构。此外，大量工业粉尘和有害气体排入大气，势必导致环境污染，但又有许多工业粉尘和气体是值得回收的原材料。因此，这时通风的任务就要用新鲜空气替代室内污染空气，消除其对工作人员和生产过程的危害，并尽可能对污染物进行回收，化害为宝，防止环境污染。这种通风工程称为"工业通风"，一般必须采用机械的手段才能进行。

第二节　建筑给排水

一、建筑给水系统

（一）建筑给水系统的分类与组成

建筑给水系统的任务就是经济合理地将水从室外给水管网输送到装设在室内的各种配水龙头、生产和生活用水设备或消防设备处，满足用户对水质、水量和水压等方面的要求，保证用水安全可靠。

1. 给水水质与用水量定额

（1）给水水质

工业用水或生产用水的水质因生产性质不同而差异较大，故应按照生产工艺要求确定。工业用水水质优劣，直接关系到产品的质量。各种工业用水对水质的要求，由有关工业部门的行业标准确定。消防用水的水质，一般无具体要求。生活饮用水的水质，应符合现行的《生活饮用水卫生标准》的要求。

所谓水质标准就是用水对象（饮用水和工业用水对象等）所要求的各项水质参数应达到的指标和限值。不同的用水对象，要求的水质标准不同。由于科学技术的不断进步和水源污染的日益严重，水质标准总是处在不断地修改和补充之中。

（2）用水量定额

建筑物内生产用水量根据工艺过程、设备情况、产品性质、地区条件等确定。计算方法有两种：一种是按消耗在单位产品上的水量计算；一种是按单位时间内消耗在某种生产设备上的水量计算。无论哪种算法，生产用水在整个生产班期内都比较均匀而且有规律性。

建筑物内的生活用水是满足生活上的各种需要所消耗的用水，其用量是根据建筑物内卫生设备的完善程度、气候、使用者的生活习惯、水价等确定。生活用水，特别是住宅，一天中用水量的变化较大，而且随气候、生活习惯的不同，各地的差别也很大。一般来说，卫生设备越多，设备越完善，用水的不均匀性越小。

各种不同类型的建筑物的生活用水量标准及小时变化数，可按照 2003 年颁布实施的《建筑给排水设计规范》GB 50015—2003 所提供的资料选用。

2. 建筑给水系统的分类

建筑给水系统，按其用途不同可划分为生活给水系统、生产给水系统和消防给水系统三大类。

（1）生活给水系统

生活给水系统主要供居住建筑、公共建筑以及工业建筑内部的饮用、烹调、盥洗、洗涤、淋浴等用水。生活给水的水质必须严格符合国家规定的饮用水水质标准。

在淡水资源缺乏的地方可采用海水冲洗厕所便器或采用盥洗沐浴废水经过处理后的"再用水"，俗称"中水"。前者在室内尚需设置独立的海水管道系统，后者在室内尚需设置独立的中水管道系统。为了节约用水，也可设置把那些经使用后水质未受污染的水收集起来重复使用的复用水系统。

（2）生产给水系统

因各种生产的工艺不同，生产给水系统种类繁多，主要用于以下几个方面：生产设备的冷却、原料和产品的洗涤、锅炉用水和某些工业的原料用水等。生产用水对水质、水量、水压以及安全方面的要求由于工艺不同，差异较大。应根据生产性质和要求而确定。

（3）消防给水系统

消防给水系统主要供给扑救火灾的消防用水。根据《建筑设计防火规范》GB 50016—2006 的规定，对于某些层数较多的民用建筑、大型公共建筑及容易发生火灾的仓库、生产车间等，必须设置室内消防给水系统。消防给水对水质没有特殊要求，但必须保证足够的水量和水压。

上述三种给水系统，在一幢建筑物内并不一定单独设置，可以按照水质、水压和水量以及室外给水系统情况，考虑技术、经济和安全条件等方面因素，相互组成不同的共用给水系统。例如，生产、消防共用给水系统；生活、生产共用给水系统；生活、生产、消防共用给水系统。当两种或两种以上用水的水质、水压相近时，应尽量采用共用给水系统。根据具体情况，也可以将生活给水系统划分为生活饮用水系统和生活杂用水系统。

在工业企业内部，由于生产工艺的不同，生产过程中各道工序对水质、水量的要求各有不同，所以将生产给水按水质、水压要求，分别设置多个独立的给水系统也是合理的。为了节约用水、降低成本，将生产给水系统再划分为循环使用和重复使用给水系统。

对于高层建筑，由于消防灭火的特殊性，室内消防给水系统应当与生活、生产给水系统分开独立设置。

3. 建筑给水系统的组成

建筑给水系统由以下几个基本部分组成，如图 6-2 所示。

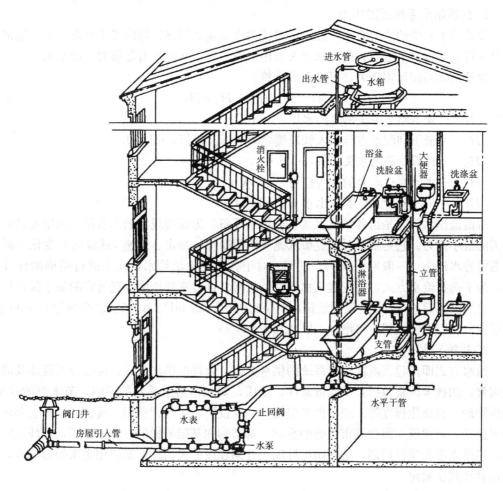

图 6-2　室内给水系统

（1）引入管　对一幢单一建筑物而言，引入管是室外给水管网与室内管网之间的联络管段，又称进户管。对于一个工厂、一个小区、一个学校区，引入管系指总进水管。

（2）水表节点　水表节点是指引入管上装设的水表及其前后设置的阀门、泄水装置的总称。设置阀门是为了维修或拆换水表；泄水装置用于检修时放空管网、检测水表精度及测定进户点压力值。为了保证水表的计量准确，翼轮式水表与阀门间应有 8～10 倍水表直径的直管段，以保证水表前水流平稳。

（3）配水管道系统　是指建筑给水水平或垂直干管、立管、配水支管等组成的管道系统。

（4）配水装置　指各类配水龙头和配水阀门等。

（5）给水附件　指为了检修和调节方便而装设在给水管道上的各类阀门等。

（6）升压与贮水设备　在室外给水管网压力不足或室内对安全供水、水压稳定有要求时，需要设置各种附属设施，如水箱、水泵、气压装置、水池和气压给水设备等。按照我国消防规范规定，室内需备消防给水时，则应在系统中增设消防给水设备。

（二）建筑给水方式

1. 建筑给水系统所需压力

建筑给水系统的压力必须保证能将需要的水量输送到建筑物内最不利配水点（通常是离引入管起端最高最远点）的配水龙头或用水设备处，并保证有足够的流出水头。

建筑给水系统所需压力，可用下式计算：

$$H = H_1 + H_2 + H_3 + H_4 \tag{6-1}$$

式中　H——建筑给水系统所需的水压，mH_2O；

H_1——最不利配水点与引入管起端之间的标高差值，mH_2O；

H_2——计算管路的水头损失，mH_2O；

H_3——水流通过水表的水头损失，mH_2O；

H_4——最不利配水点的流出水头，mH_2O。

所谓流出水头，是指各种配水龙头或用水设备，为获得规定的出水量（额定流量）而必需的最小压力。它是供水时为克服水龙头内的摩擦、冲击、流速（或流向）变化等阻力所需的静水压头。一般取 $1.5 \sim 2mH_2O$。对于住宅的生活给水，在未进行精确的计算之前，为了选择给水方式，可按建筑物的层数粗略估计自室外地面算起所需的最小保证压力值。对层高不超过 3.5m 的民用建筑，一层建筑物为 $10\ mH_2O$；二层建筑物为 $12\ mH_2O$；三层或三层以上建筑物，每增加一层增加 $4\ mH_2O$。

2. 建筑给水方式

给水方式即指建筑内部给水系统的供水方案。合理的供水方案，应综合工程涉及的各项因素，如技术因素包括：供水可靠性，水质，对城市给水系统的影响，节水节能效果，操作管理，自动化程度等。经济因素包括：基建投资，年经常费用，现值等。社会和环境因素包括：对建筑立面和城市观瞻的影响，对结构和基础的影响，占地面积，对环境的影响，建设难度和建设周期，抗寒防冻性能，分期建设的灵活性，对使用带来的影响等，采用综合评判法确定。

给水方式的基本类型有以下几种：

（1）直接给水方式

由室外给水管网直接供水，为最简单、经济的给水方式，如图 6-3 所示。适用于室外给水管网的水量、水压在一天内均能满足用水要求的建筑。

（2）设水箱的给水方式

设水箱的给水方式宜在室外给水管网供水压力周期性不足时采用。如图 6-4，低峰用水时，可利用室外给水管网水压直接供水，并向水箱进水，水箱贮备水量。高峰用水时，室外管网水压不足，则由水箱向建筑内给水系统供水。

（3）设水泵的给水方式

设水泵的给水方式宜在室外给水管网的水压经常不足时采用。当建筑内用水量大且较均匀时，可用恒速水泵供水。当建筑内用水不均匀时，宜采用一台或多台水泵变速运行供水，以提高水泵的工作效率。当采用水泵直接从室外管网抽水时，必须征得供水部门的同意，并在管道连接处采取必要的防护措施，以免水质污染。为避免上述问题，可在系统中增设贮水池，采用水泵与室外管网间接连接的方式，如图 6-5。

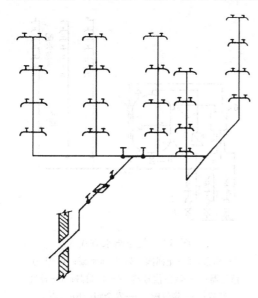

图 6-3　直接给水方式

图 6-4　设水箱的给水方式

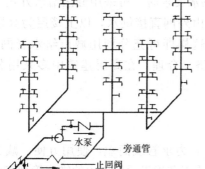

（a）

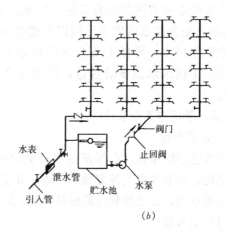

（b）

图 6-5　设水泵的给水方式

（4）设水泵和水箱的给水方式

设水泵和水箱的给水方式宜在室外给水管网压力低于或经常不能满足建筑内给水管网所需的水压，且室内用水不均匀时采用，如图 6-6 所示。该给水方式的优点是水泵能及时向水箱供水，可缩小水箱的容积，又因有水箱的调节作用，水泵出水量稳定，是常采用的给水系统。

（5）气压给水方式

气压给水方式即在给水系统中设置气压给水设备，利用该设备的气压水罐内气体的可压缩性，升压供水。气压水罐的作用相当于高位水箱，但其位置可根据需要设置在高处或低处。该给水方式宜在室外给水管网压力低于或经常不能满足建筑内给水管网所需水压，

261

室内用水不均匀，且不宜设置高位水箱时采用，如图 6-7 所示。

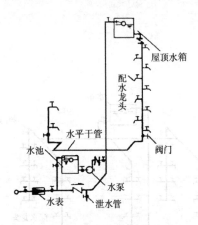

图 6-6 设水箱、水泵的给水方式

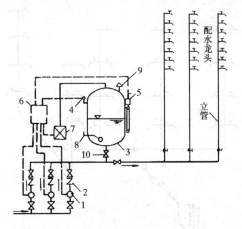

图 6-7 气压给水方式

1—水泵；2—止回阀；3—气压水罐；4—压力信号器；5—液位信号器；6—控制器；7—补气装置；8—排气阀；9—安全阀；10—阀门

（6）分区给水方式

当室外给水管网的压力只能满足建筑下层供水要求时，可采用分区给水方式，如图 6-8 所示。室外给水管网水压线以下楼层为低区由外网直接供水，以上楼层为高区由升压贮水设备供水，形成上下分区的供水形式。这样即可充分利用城市给水管网压力，又可减少上区供水设备的容量，供水安全、经济、合理。在高层建筑中多采用分区供水系统。

（三）管道布置和敷设

1. 管道布置

给水管道的布置，在保证供水安全的前提下，力求管线简短，使用方便，减少与建筑、结构、暖通及电气各方面的矛盾，并要便于施工和竣工后使用中的维修管理工作。进行管道布置时，要处理和协调好各种相关因素的关系。

（1）引入管

引入管是由配水管网引水到建筑内的总水管，应布置简短，由用水集中处进入建筑中。用水分散时，应由中间进入，可使供水均匀。一般建筑用一条引入管，要求供水不能间断的重要建筑，可设置两条或两条以上引入管，且从不同方向进入建筑物。引入管埋设于地下，应注意防冻及不受地面荷载损坏。管径大于 50mm 时，使用铸铁管。在通过基础墙处要预留孔洞，洞顶至管顶的净空不得小于建筑的最大沉降量。有地下水时，需用防水材料堵塞，以防漏水。

（2）水表

引入管上设水表，用以计量建筑的用水量。水表可设在室内外方便查表的地方，且不受冻、压、损、毁之处。水表前后装有阀门及跨越管，以便于维护。在住宅或需要分别计量水量的建筑，要装置分户水表。

（3）干管

干管的布置要根据给水系统的供水方式，可以布置在地下室、管沟内或布置在顶棚内及设备层中。尽量靠近立管，以求管线简短，供水直接，减少各部分间的矛盾。供水要求严格的系统，干管可用环形供水。

（4）立管和支管

立管靠近用水设备，并沿墙柱向上层延伸，避免弯来弯去，保持短直。立管上接出支管，直接接到用水设备，不得穿越橱柜、风道及卧室等处。支管过长，会增加与门窗、梁柱及其他管道的矛盾，还将加大管道能量损失，应根据具体情况，适当增设立管，减短支管。

2. 管道敷设

（1）敷设形式

给水管道的敷设有明装、暗装两种形式。明装即管道外露，其优点是安装维修方便，造价低。但外露的管道影响美观，表面易结露、积灰尘。一般用于对卫生、美观没有特殊要求的建筑。暗装即管道隐蔽，如敷设在管道井、技术层、管沟、墙槽、顶棚或夹壁墙中，直接埋地或埋在楼板的垫层里，其优点是管道不影响室内的美观、整洁，但施工复杂，维修困难，造

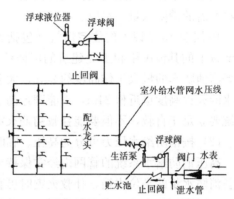

图 6-8　分区给水方式

价高。适用于对卫生、美观要求较高的建筑，如宾馆、高级公寓和要求无尘、洁净的车间、实验室、无菌室等。

（2）敷设要求

给水横管穿承重墙或基础及立管穿楼板时均应预留孔洞，暗装管道在墙中敷设时，也应预留墙槽，以免临时打洞、刨槽，影响建筑结构的强度。横管穿过预留洞时，管顶上部净空不得小于建筑物的沉降量，以保护管道不致因建筑沉降而损坏，一般不小于 0.1m。明装给水管道可沿墙壁、梁、柱、地板或在顶棚下等处敷设，并以钩钉、吊环、管卡及托架等支托物固定。给水管采用软质的胶联聚乙烯管或聚丁烯管埋地敷设时，宜采用分水器配水，并将给水管道敷设在套管内。

管道的支托距离，视管径大小和管道材料情况不同而不同。小管径及材质较软者，易弯曲变形，支托距离应短；大管径及材质硬者，刚性好，距离可增大些。一般情况下，钢管直径小于 40mm 时，可每隔 1.5～2.0m 设一个支托；直径在 50mm 以上的管道，支托距离可加大到 3～4m；塑料管或铜管等较易变形的管道材料，其支托距离按钢管距离减半为宜。

立管的固定支托距离：钢管可每层设置一个，铜管也可每层设一个支托，而塑料管易弯曲，可每隔 1.2m 设一个支承点。

二、建筑消防给水系统

建筑消防给水系统是设置在建筑物内的扑灭火灾和防止火灾蔓延的给水管道和设备。建筑防火是个极重要的问题，为保证防火安全，国家制订有《建筑设计防火规范》GB 50016—2006 及《高层民用建筑设计防火规范》GB 50045—2005，供设计采用。

（一）建筑消防给水类别

建筑消防给水可按以下不同方法分类：

（1）按目前我国消防登高设备的工作高度和消防车的供水能力可分为低层建筑消防给水系统和高层建筑消防给水系统。

10层以下的住宅建筑（包括首层设置商业服务网点的住宅）和建筑高度（指建筑室外地面到其檐口或屋面面层的高度，不包括屋顶水箱间、电梯机房等高度）不超过24m的其他民用建筑、单层厂房、库房和单层公共建筑的消防给水系统为低层建筑消防给水系统。主要用于扑救初期火灾。火灾发生时可由室内消防给水系统和市政消防车共同满足建筑物所需的消防水量、水压。

10层及10层以上的住宅建筑（包括首层设置商业服务网点的住宅）和建筑高度为24m以上的其他民用和工业建筑的消防给水系统，为高层建筑消防给水系统。因目前我国登高消防车的最大工作高度约24m，大多数通用消防车直接从室外消防管道或消防水池抽水的灭火高度也近似24m，不能满足高层建筑上部的救火要求，所以高层建筑消防给水系统要立足于自救，不但要能扑救初期火灾，还应具有扑救大火的能力。

（2）按消防给水压力可分为高压、临时高压和低压消防给水系统。

高压消防给水系统的管网内经常保持灭火所需的压力和流量，不需要设置加压水泵和贮备消防水量的高位水箱，扑救火灾时可直接使用灭火设备进行灭火，系统简单，供水安全。临时高压给水系统有两种情况，一种是管网内最不利点周围平时水压和流量不满足灭火的要求，在水泵房内设有消防水泵，火灾时需启动消防水泵，使管网内的压力、流量达到灭火要求。该系统适用于低层和多层建筑。另一种是在管网系统中设增压泵或气压给水设备等增压稳压设施，使管网内经常保持灭火所需的压力。在水泵房内设有消防水泵，火灾时起动消防水泵，满足消防水量、水压的要求。该系统适用于高层建筑。在临时高压给水系统中，均应设置高位水箱，贮存扑救初期火灾的水量。

低压消防给水系统的管网内平时水压较低（但不小于0.10MPa），火灾时由消防车或移动式消防泵加压，保证灭火所需的流量和水压。

（3）按消防给水系统的供水范围可分为独立消防给水系统和区域集中消防给水系统。

独立消防给水系统是指每栋建筑单独设置消防给水系统。该系统安全性高，但管理分散，投资较大。适用于地震区域内分散建设的高层建筑。

区域集中消防给水系统是指数栋建筑共用一套供水设施的，集中供水消防给水系统。该系统便于管理，也节省投资，适用于集中建设的建筑群。

（4）按消防给水系统的救火方式有消火栓给水系统和自动喷水灭火系统等。

消火栓给水系统由水枪喷水灭火，系统简单，工程造价低，是目前我国各类建筑普遍采用的消防给水系统。

自动喷水灭火系统由喷头喷水灭火，该系统能自动喷水，并发出报警信号，灭火，控火成功率高，是当今世界上广泛采用的固定式灭火设施。但因工程造价较高，目前我国主要用于建筑内消防要求高、火灾危险性大的场所。

（二）消火栓给水系统

1. 设置范围

根据我国《建筑设计防火规范》GB 50016—2006、《高层民用建筑设计防火规范》

GB 50045—2005 和《人民防空工程防火设计规范》GB 50098—2009 规定，应设置室内消火栓给水系统的建筑物如下：

（1）厂房、库房（某些厂房、库房除外，详见《建筑设计防火规范》）和高度不超过 24m 的科研楼（存有与水接触能引起燃烧爆炸的房间除外）；

（2）超过 800 个座位的剧院、电影院、俱乐部和超过 1200 个座位的礼堂、体育馆；

（3）体积超过 5000m³ 的车站、码头、机场建筑物以及展览馆、商店、病房楼、门诊楼、图书馆等；

（4）超过 7 层的单元式住宅，超过 6 层的塔式住宅、通廊式住宅、底层设有商业网点的单元式住宅；

（5）超过 5 层或体积 10000m³ 的办公楼、教学楼、非住宅类屋住建筑等其他民用建筑；

（6）国家级文物保护单位的重点砖木或木结构的古建筑；

（7）各类高层民用建筑；

（8）停车库、修车库；

（9）当人防建筑工程用作商场、医院、旅馆、展览厅、旱冰场、体育场、舞厅、电子游艺场，其面积超过 300m² 时；用作电影院、礼堂时和用作消防电梯间的前室等，也均应设消火栓给水系统。

2. 消火栓给水系统组成及设置

消火栓给水系统是由水枪、水龙带、消火栓、消防管道和水源等组成，它装设于壁龛中。当室外管网不能升压或不能满足室内消防水量、水压要求时，还需设置升压贮水设备。

设置消火栓给水系统的建筑，各层均应设消火栓。

消火栓的布置，应保证有两支水枪的充实水柱（即水枪喷出射流中有足够力量扑灭火焰的那段水柱）同时到达室内任何部位。只有建筑高度小于或等于 24m，且体积小于或等于 5000m³ 库房，可采用 1 支水枪的充实水柱到达室内任何部位。

高层建筑消火栓给水系统应独立设置，其管网要布置成环状，使每个消火栓得到双向供水。引入管不少于两条。

（三）自动喷水灭火系统

自动喷水灭火系统在火灾发生时，由于喷头封闭元件自动开启喷水灭火，并同时发出报警讯号，灭火及控制火势蔓延的效果好，成功率可达 95％以上，国外在一些重要的建筑中普遍采用。但该系统的管网及附属设备等复杂，造价较高，我国目前只用于易燃工厂、高级宾馆、大型公共建筑物中的重要部位，一般情况是以消火栓给水系统为主。

1. 自动喷水灭火系统的设置范围

根据高低层防火规范规定，在下列建筑部位应设置自动喷水灭火系统：

（1）大型剧院、会堂、体育馆的舞台、观众厅的上部以及化妆室、贵宾室、储藏室等；

（2）大商场、展览馆，多功能厅等公共活动用房；

（3）大型棉、毛、丝、麻、木器、火柴等厂房及产品库房；

（4）有空调的宾馆、综合办公楼等的走廊、办公室、餐厅及无服务台的客房等；

（5）Ⅰ、Ⅱ、Ⅲ类地上汽车库、停车数超过10辆的地下汽车库等等。

在大型剧院、会堂的舞台口、后台的门窗洞口及防火卷帘、防火幕上部等位置应设水幕系统。

有关喷洒灭火系统设置的详细情况，可参阅国家《建筑设计防火规范》GB 50016—2006和《高层民用建筑设计防火规范》GB 50045—2005及其他有关规定。

2. 自动喷水灭火系统的组成、布置与分类

自动喷水灭火系统由水源、加压贮水设备、喷头、管网、报警装置等组成。

喷头的布置间距要求在所保护的区域内任何部位发生火灾都能得到一定强度的水量。根据顶棚、吊顶的装修要求，喷头可布置成正方形、长方形和菱形等形式。喷头的具体位置可设于建筑的楼板下、吊顶下。自动喷水灭火管网的布置，应根据建筑平面的具体情况布置成侧边式或中央式。布置自动喷水灭火系统的喷头与管网所需吊顶高度约为150mm。

根据喷头的常开、闭形式和管网充水与否分下列几种自动喷水灭火系统。

（1）湿式自动喷水灭火系统

为喷头常闭的灭火系统，管网中充满有压水，当建筑物发生火灾，火点温度达到开启闭式喷头时，喷头出水灭火。该系统有灭火及时、扑救效率高的优点。但由于管网中充有有压水，当渗漏时会损坏建筑装饰和影响建筑的使用。该系统适用于环境温度4～70℃的建筑物。

（2）干式自动喷水灭火系统

为喷头常闭的灭火系统，管网中平时不充水，充有有压空气（或氮气）。当建筑物发生火灾火点温度达到开启闭式喷头时，喷头开启，排气，充水，灭火。该系统灭火时需先排气，故喷头出水灭火不如湿式系统及时。但管网中平时不充水，对建筑物装饰无影响，对环境温度也无要求。

（3）预作用喷水灭火系统

为喷头常闭的灭火系统，管网中平时不充水（无压），发生火灾时，火灾探测器报警后，自动控制系统控制闸门排气、充水，由干式变为湿式系统。只有当着火点温度达到开启闭式喷头时，才开始喷水灭火。该系统弥补了上述干式系统的缺点，适用于对建筑装饰要求高，灭火要求及时的建筑物。

（4）雨淋喷水灭火系统

为喷头常开的灭火系统，当建筑物发生火灾时，由自动控制装置打开集中控制闸门，使整个保护区域所有喷头喷水灭火。该系统具有出水量大，灭火及时的优点。适用于火灾蔓延快、危险性大的建筑或部位。

（5）水幕系统

该系统喷头沿线状布置，发生火灾时主要起阻火、冷却、隔离作用，该系统适用于需防火隔离的开口部位，如舞台与观众之间的隔离水帘、消防防火卷帘的冷却等。

（6）水喷雾灭火系统

该系统用喷雾喷头把水粉碎成细小的水雾滴之后喷射到正在燃烧的物质表面，通过表面冷却、窒息以及乳化、稀释的同时作用实现灭火。由于水喷雾具有多种灭火机理，使其具有适用范围广的优点。

（四）消防水泵、水箱和水池

1. 消防水泵

室内消火栓灭火系统的消防水泵房，宜与其他水泵房合建，以便于管理。高层建筑的室内消防水泵房，宜设在建筑物的底层。独立设置的消防水泵房，其耐火等级不应低于二级。在建筑物内设置消防水泵房时，应采用耐火极限不低于 2h 的隔板和 1.5h 的楼板与其他部位隔开，并应设甲级防火门。泵房应有自己的独立安全出口，出水管不少于两条，并与室外管网相连接。每台消防水泵应设有独立的吸水管。分区供水的室内消防给水系统，每区的进水管亦不应少于两条。在水泵的出水管上应装设试验与检查用的出水阀门。水泵装置的工作方式应采用自灌式。

为了及时启动消防水泵，保证火场供水，高层工业建筑应在每个室内消火栓处设置直接启动消防水泵的按钮。消防水泵应保证在火警后 5min 内开始工作，并在火场断电时仍能正常运转。消防水泵与动力机械应直接连接。消防水泵房宜有与本单位消防队直接联络的通信设备。

2. 消防水箱

室内消防水箱的设置，应根据室外管网的水压和水量来确定。设有能满足室内消防要求的常高压给水系统的建筑物，可不设消防水箱；设置临时高压和低压给水系统的建筑物，应设消防水箱或气压给水装置。消防水箱设在建筑物的最高部位，其高度应能保证室内最不利点消火栓所需水压。若确有困难时，应在每个室内消火栓处，设置直接启动消防水泵的设备，或在水箱的消防出水管上安装水流指示器，当水箱内的水一流入消防管网，立即发出火警信号报警。此外，还可设置增压设施，其增压泵的出水量不应小于 5L/s，增压设施的气压罐调节水量不应小于 450L。

消防用水与其他用水合用的水池、水箱，应有保证消防用水不作他用的技术措施。发生火灾后，由消防水泵供应的水不得进入消防水箱。消防水箱应贮存 10min 的室内消防用水量。对于低层建筑物，当室内消防用水量不超过 25L/s，储水量最大为 12m³；当室内消防用水量超过 25L/s，储水量最大为 18m³。对于高层建筑物水箱的储水量，一类建筑（住宅除外）不应小于 18m³；二类建筑（住宅除外）和一类建筑的住宅不应小于 12m³；二类建筑的住宅不应小于 6m³。高层建筑物并联给水的分区消防水箱，消防储水量与高位消防水箱相同。

3. 消防水池

当生活、生产用水量达到最大时，市政给水管道、进水管或天然水源不能满足室内外消防用水量；市政给水管网为枝状或只有一条进水管，且室内外消防用水量之和大于 25L/s 时，应设消防水池。消防水池的容量应满足在火灾延续时间室内外消防用水总量的要求。

火灾发生时，在能保证向水池连续供水的条件下，计算消防水池容积时，可减去火灾延续时间内连续补充的水量。火灾后，消防水池的补水时间，不得超过 48h。

三、建筑排水工程

（一）建筑排水系统的分类及选用

建筑排水系统的任务是接纳、汇集建筑内各种卫生器具和用水设备排放的污废水以及屋面的雨、雪水，并在满足排放要求的条件下，排入室外排水管网，经汇集处理后排至水体。根据其排除污水的性质，可归纳为以下三类：

（1）生活排水系统　排除便溺污水和盥洗、洗涤、淋浴等生活废水。

（2）工业废水系统　排除生产过程中排放的生产污水和生产废水，前者污染较重，如印染、电镀污水等；后者污染较轻，如生产设备的冷却水等。

（3）室内雨水系统　排除屋面的雨水和冰雪融化水。

以上系统可单独设置，也可将性质相近的污、废水合流，组成合流排水系统或根据实际情况及需要，进一步将生活污水和工业废水分流，分别组成生活污水系统、生活废水系统和生产污水系统、生产废水系统。

选用分流或合流的排水系统应根据污水性质、污染程度，结合室外排水制度和有利于综合利用与处理的要求确定。水质相近的生活排水和生产污、废水，可采用合流排水系统排除，以节省管材。为便于污水的处理和回收利用，含有害有毒物质的生产污水和含有大量油脂的生产废水、有回收利用价值的生产废水，均应设独立的生产污水和生产废水系统分流排放。当建筑或建筑小区设有中水系统时，生活废水与生活污水宜分流排放，以便将生活废水处理后回用，可简化处理工艺，降低中水工程的投资和经常运行费用。屋面雨水不能与生活、生产污水合流，雨水系统应独立设置，只有冷却水、冷凝水和仅含有泥砂、矿物质的工业废水，经机械处理后才能排入室内非密闭雨水管道。

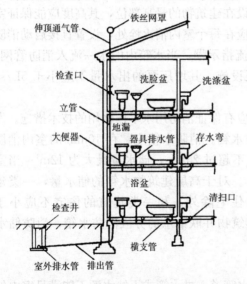

图 6-9　室内排水系统示意图

（二）排水系统的组成

排水系统由以下各部分组成（图 6-9）：

1. 污水和废水收集器具

污水和废水收集器具往往就是用水器具，如洗脸盆它是用水器具，同时也是排水管系的污水收集器具。在生产设备上，收集废水的器具是其排水设备，屋面雨水的收集器具是雨水斗。

2. 排水管道

排水管道又可分为以下几种：

（1）设备排水管：由排水设备接到后续管道排水横管之间的管道。

（2）排水横管：水平方向输送污水和废水的管道。

（3）排水立管：接受排水横管的来水，并作垂直方向排泄污水的管道。

（4）排出管：收集一根或几根立管的污水，并从水平方向排至室外污水检查井的管道。

3. 水封装置

水封装置是在排水设备与排水管道之间的一种存水设备，其作用是用来阻挡排水管道中产生的臭气，使其不致溢到室内，以免恶化室内环境。

4. 通气管

通气管的作用是保证排水管道与大气相通，以避免在排水管中因局部满流形成负压，产生抽吸作用，致使排水设备下的水封被破坏。同时通气管还有散发臭气的作用。一般建筑的通气管是将排水立管的上端伸出屋顶一定高度，并在其顶上用铅丝网球或其他格栅罩上，以防堵塞。对于排水量大的多层建筑或高层建筑，除了将立管伸出屋顶作为通气管外，还要设专门的通气立管。

5. 清通部件

一般的清通部件有：检查口、清扫口和检查井。检查口设在立管或横管上，它是在管道上有一个孔口，平时用压盖和螺栓盖紧，发生管道堵塞时可打开，进行检查或清理。

清扫口安装在排水横管的端部或中部，它像一截短管安装在承插排水管的承口中，它的端部是可以拧开的青铜盖，一旦排水横管中发生堵塞，可以拧开青铜盖进行清理。

检查井一般是设在埋地排水管的拐弯和两条以上管道交汇处，检查井的直径最小为700mm，井底应做成流槽与前后的管道衔接。

6. 提升设备

建筑物的地下室或人防建筑，其内部标高低于室外排水管网的标高，常需要用水泵将地下室的污水抽送出去，需设提升泵进行提升。

7. 污水局部处理设备

当建筑内的污水水质不符合排放标准时，需要在排放前先进行局部处理。此时在建筑排水系统内应设局部处理设备。常用的有：隔油池、酸碱中和池、化粪池等，对医院排水系统还要求有沉淀消毒设备。当医院污水直接排入水体时，要求有沉淀和生物处理，并且要求严格的消毒保证。

（三）室内排水系统的管路布置与敷设

1. 室内排水管路的布置

排水管的布置应满足水力条件最佳、便于维护管理、保护管道不易受损坏、保证生产和使用安全以及经济和美观的要求。因此，排水管的布置应满足以下原则：

（1）排出管宜以最短距离排至室外。因排水管网中的污水靠重力流动，污水中杂质较多，如排出管设置过长，容易堵塞，清通检修也不方便。此外，管道长则需要的坡降大，会增加室外排水管道的埋深。

（2）污水立管应靠近最脏、杂质最多的排水点处设置，以便尽快地接纳横支管来的水流，而减少管道堵塞的机会。污水立管的位置应避免靠近与卧室相邻的墙。

（3）排水立管的布置应减少不必要的转折和弯曲，尽量作直线连接。

（4）排水管与其他管道或设备应尽量减少互相交叉、穿越；不得穿越生产设备基础，若必须穿越，则应与有关专业协商，作技术上的特殊处理；应尽量避免穿过伸缩缝、沉降缝，若必须穿越，要采用相应的技术措施。

（5）排水架空管道不得架设在遇水会引起爆炸、燃烧或损坏的原料、产品的上方，并且不得架设在有特殊卫生要求的厂房内，以及食品和贵重物品仓库、通风柜和变配电间内。同时还要考虑建筑的美观要求，尽可能避免穿越大厅和控制室等场所。

（6）在层数较多的建筑物内，为了防止底层卫生器具因受立管底部出现过大的下压等原因而造成水封破坏或污水外溢现象，底层卫生器具的排水应考虑采用单独排除方式。

（7）排水管道布置应考虑便于拆换管件和清通维护工作的进行，不论是立管还是横支管应留有一定的空间位置。

2. 室内排水管路的敷设

室内排水管道的敷设有两种方式：明装和暗装。

为清通检修方便，排水管道应以明装为主。明装管道应尽量靠墙、梁、柱平行设置，以保持室内的美观。明装管道的优点是造价低、施工方便。缺点是卫生条件差，不美观。明装管道主要适用于一般住宅、无特殊要求的工厂车间。室内美观和卫生条件要求较高的建筑物和管道种类较多的建筑物，应采用暗装方式。暗装管道的立管可设在管道竖井或管槽内，或用木包箱掩盖；横支管可嵌设在管槽内，或敷设在吊顶内；有地下室时，排水横支管应尽量敷设在顶棚下。有条件时可和其他管道一起敷设在公共管沟和管廊中。暗装的管道不影响卫生，室内较美观，但造价高，施工和维修均不方便。

排水立管管壁与墙壁、柱等表面的净距通常为25～35mm。排水管道与其他管道共同埋设时，最小距离为：水平净距为1～3m，竖向净距为0.15～0.2m。

排水管道埋地时，应有一个保护深度，防止被重物压坏。其保护深度不得小于0.4～1.0m。排水立管穿越楼层时，应外加套管，预留孔洞的尺寸一般较通过的立管管径大50～100mm，详见表6-1。套管管径比所通过的立管管径大1～2个规格时，现浇楼板可预先镶入套管。

排水立管穿越楼板预留空洞尺寸（mm） 表 6-1

管径 DN	50	75～100	125～150	200～300
空洞尺寸	100×100	200×200	300×300	400×400

排水管在穿越承重墙和基础时，应预留孔洞。预留孔洞的尺寸应使管顶上部的净空不小于建筑物的沉降量，且不得小于0.15m。

（四）屋面排水

室内雨水系统用以排除屋面的雨水和冰、雪融化水。按雨水管道敷设的不同情况，可分为外排水系统和内排水系统两类。

1. 外排水系统

外排水系统是指屋面不设雨水斗，建筑物内部没有雨水管道的雨水排放方式。因此，该方式室内无雨水管产生的漏、冒等隐患，且系统简单，施工方便，造价低，在设置条件具备时应优先采用。根据屋面构造不同，该系统又分为檐沟外排水系统和天沟排水系统。

檐沟外排水也称普通外排水或水落管外排水。屋面雨、雪水由檐沟汇集，经沿外墙敷设的立管（又称水落管）排至地面、明沟或经雨水口流入雨水管道。立管一般采用镀锌铁皮管、铸铁管、石棉水泥管，也可采用UPVC管（塑料排水管）或玻璃钢管。管径约为75～100mm，镀锌铁皮也可制成矩形管。该系统适用于一般的居住建筑、屋面面积较小的公共建筑和单跨工业建筑。

天沟外排水系统是利用屋面构造上的长天沟本身的容量和坡度，使屋面雨、雪水由天沟汇集，经雨水立管排至地面、明沟或通过排出管、检查井流入雨水管道。为防止天沟通过伸缩缝或沉降缝漏水，天沟应以伸缩缝、沉降缝为分水线，坡向两侧。天沟坡度不宜小于0.003，单向水流长度不宜大于50m，否则上、下游高差过大，将给结构设计带来困难。为防止天沟内过量积水，使屋面负荷过大，影响结构安全或产生屋面天窗溢水，应在女儿墙、山墙上或天沟端壁设溢流口。

2. 内排水系统

内排水系统的管道敷设在室内，屋面雨、雪水由室内雨水管道汇集后，排至室外雨水管道。因雨水管设在室内，不但能排除内跨的雨、雪水，也不影响建筑立面的美观，但管道多，施工不便，安装、维修费用高。适用于壳形、锯齿形屋面或设有天窗的多跨厂房；高层建筑大面积平屋顶，特别是严寒地区的此类建筑和对建筑立面处理要求较高的建筑。

内排水系统由雨水斗、连接管、悬吊管、立管、排出管、埋地管和检查井等部分组成。根据悬吊管连接雨水斗数量的不同，内排水系统有单斗和多斗两种系统。单斗系统的悬吊管仅连一个雨水斗或将雨水斗与立管直接连接，因掺气量小，泄流能力大，所以设计时宜采用单斗系统。若采用多斗系统，则一根悬吊管上连接的雨水斗不得多于 4 个。

第三节　建　筑　供　暖

一、热源形式与热媒的选择

（一）热源形式

建筑供暖是集中供热系统的主要热用户。因此，集中供热是建筑供暖系统的主要热源形式。在集中供热系统中，热电厂与区域锅炉房是其最主要的热源形式。通常集中供热热源产生的热媒（载能体），如热水或蒸汽，通过管网输送到各热力站。集中供热系统的热力站是供热网路与热用户的连接场所。它的作用是根据热网工况和不同的条件，采用不同的连接方式，将热网输送的热媒加以调节、转换，向热用户系统分配热量，以满足用户需求。并根据需要，进行集中计量、检测供热热媒的参数和数量。根据热网输送的热媒不同，可分为热水供热热力站和蒸汽供热热力站；根据服务对象不同，可分为工业热力站和民用热力站。

根据热力站的位置和功能的不同，可分为：

（1）用户热力站（点）也称为用户引入口。它设置在单幢建筑用户的地沟入口或该用户的地下室或底层处，通过它向该用户或相邻几个用户分配热能。

（2）小区热力站　简称热力站。供热网路通过小区热力站向一个或几个街区的多幢建筑分配热能。这种热力站大多是单独的建筑物。从集中热力站向各热用户输送热能的网络，通常称为二级供热管网。与此相对应，从供热热源向集中热力站输送热能的网络，通常称为一级供热管网。因此，对于供暖用户来说，集中供热系统的热力站可看做是二级网—供暖系统的热源。

（3）区域性热力站用于特大型的供热网路，设置在供热主干线和分支干线的连接点处。

集中供热和热、电、冷联产联供技术，是国家鼓励发展的建筑节能技术之一，也是首选的供暖热源形式之一。在有条件的情况下，还可以利用工业余热、地热和太阳能等作为系统的热源。同时，根据具体情况及有关的能源政策，也可采用燃油锅炉、燃气（如天然气、煤气）锅炉、空气源热泵及水源热泵等作为供暖系统的热源。

（二）热媒的选择

集中供热系统的热媒主要是热水或蒸汽。《采暖通风与空气调节设计规范》中规定：集中采暖系统的热媒应根据建筑物的用途、供热情况和当地气候特点等条件，经技术经济比较后确定，并应按下列规定选择：

（1）民用建筑应采用热水作热媒；

（2）生产厂房及辅助建筑物，当厂区只有采暖用热或以采暖用热为主时，宜采用高温水作热媒；当厂区供热以工艺用蒸汽为主，在不违反卫生、技术和节能要求的条件下，可采用蒸汽作热媒。

以水作为热媒的供热系统，热能利用效率高，供热调节方便，可以改变供水温度来进行供热调节（质调节）。热水供热系统的蓄热能力高，可以远距离输送，供热半径大。

以蒸汽作为热媒的适用面广，能满足多种热用户的要求，特别是生产工艺用热，都要求蒸汽供热。与热水网路输送网路循环水量所耗的电能相比，汽网中输送凝结水所耗的电能少得多。因蒸汽温度和传热系数都比水高，可以减少散热设备面积，降低设备费用。

根据上述以水或蒸汽作为热媒的特点，对热电厂供热系统来说，可以利用低位热能的热用户（如供暖、通风、热水供应等），应首先考虑以热水作为热媒。因为以水为热媒，可按质调节方式进行供热调节，并能利用供热汽轮机的低压抽汽来加热网路循环水，对热电联产的经济效益更为有利。对于生产工艺的热用户，通常以蒸汽作为热媒，蒸汽通常从供热汽轮机的高压抽汽或背压排汽供热。对于一次网为蒸汽的供热系统，常常通过热力站中的换热器将蒸汽热媒转换为热水热媒，以满足供暖用户的需求。

对于以区域锅炉房作为热源的集中供热系统，在只有供暖、通风和热水供应热负荷的情况下，应采用热水为热媒，同时应考虑采用高温水供热的可能性。

二、热水供暖系统

（一）供暖系统的分类

以热水作为热媒的供暖系统，称为热水供暖系统。从设计规范、卫生条件和节能等考虑，民用建筑应采用热水作为热媒。热水供暖系统也用在生产厂房及辅助建筑物中。

热水供暖系统，可按下述方法分类：

（1）按系统循环动力的不同，可分为重力（自然）循环系统和机械循环系统。靠水的密度差进行循环的系统，称为重力循环系统；靠机械（水泵）力进行循环的系统，称为机械循环系统。

（2）按供、回水方式的不同，可分为单管系统和双管系统。热水经立管或水平供水管顺序流过多组散热器，并依次在各散热器中冷却的系统，称为单管系统。热水经供水立管或水平供水管平行地分配给多组散热器，冷却后的回水自每个散热器直接沿回水立管或水平回水管流回热源的系统，称为双管系统。

（3）按系统管道敷设方式的不同，可分为垂直式和水平式系统。

（4）按热媒温度的不同，可分为低温水供暖系统（水温低于100℃）和高温水供暖系统（水温高于100℃）。

（二）重力（自然）循环热水供暖系统

1. 重力循环热水供暖系统组成与工作原理

图 6-10 是重力循环热水供暖系统的工作原理图。假设图中整个系统只有一个放热中心 1（散热器）和一个加热中心 2（锅炉），用供水管 3 和回水管 4 把锅炉和散热器相连接。在系统的最高处连接一个膨胀水箱 5，用它容纳水在受热后而增加的体积。

在系统工作之前，先将系统中充满冷水。当水在锅炉内被加热后，密度减小，同时受着从散热器流回来密度较大的回水的驱动，使热水沿供水干管上升，流入散热器。在散热器内水被冷却，再沿回水干管流回锅炉。这样形成如图 6-10 箭头所示的方向循环流动。

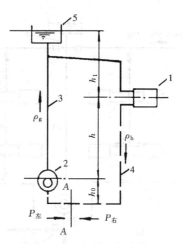

图 6-10　重力循环热水供暖系统工作原理图
1—散热器；2—锅炉；3—供水管；
4—回水管；5—膨胀水箱

由此可见，重力循环热水供暖系统的循环作用压力的大小，取决于水温（水的密度）在循环环路的变化状况。为了简化分析，先不考虑水在沿管路流动时因管壁散热而使水不断冷却的因素，认为在图 6-10 的循环环路内，水温只在锅炉（加热中心）和散热器（冷却中心）两处发生变化，以此来计算循环作用压力的大小。

假设图 6-10 的循环环路最低点的断面 A-A 处有一个阀门。若突然将阀门关闭，则在断面 A-A 两侧受到不同的水柱压力。这两方所受到的水柱压力差就是驱使水在系统内进行循环流动的作用压力。

设 P_1 和 P_2 分别表示 A-A 断面右侧和左侧的水柱压力，则：

$$P_1 = g(h_0\rho_h + h\rho_h + h_1\rho_g) \quad \text{Pa}$$

$$P_2 = g(h_0\rho_h + h\rho_g + h_1\rho_g) \quad \text{Pa}$$

断面 A-A 两侧之差值，即系统的循环作用压力为：

$$\Delta P = P_1 - P_2 = gh(\rho_h - \rho_g) \quad \text{Pa} \tag{6-2}$$

式中　ΔP——重力循环系统的作用压力，Pa；

　　　g——重力加速度，m/s^2，一般取 9.81m/s^2；

　　　h——冷却中心至加热中心的垂直距离，m；

　　　ρ_h——回水密度，kg/m^3；

　　　ρ_g——供水密度，kg/m^3。

由式（6-2）可以看出，起循环作用的只有散热器中心和锅炉中心之间这段高度内的水柱密度差。如供水温度为 95℃（对应的密度为 961.92kg/m³），回水温度为 70℃（对应的密度为 977.81kg/m³），则每米高差可产生的作用压力为：

$$gh(\rho_h - \rho_g) = 9.81 \times 1 \times (977.81 - 961.92) = 156\text{Pa}$$

2. 重力循环热水供暖系统的主要形式

重力循环热水供暖系统主要分双管和单管两种形式。图 6-11a 为双管上供下回式系统，图 6-11(b) 为单管上供下回顺流式系统。

上供下回式重力循环热水供暖系统管道布置的一个主要特点是：系统的供水干管必须有向膨胀水箱方向上升的流向。其反向的坡度为 0.5%～1.0%；散热器支管的坡度一般取 1%。这是为了使系统内的空气能顺利地排除，因系统中若积存空气，就会形成气塞，影响水的正常循环。在重力循环系统中，水的流速较低，水平干管中流速小于 0.2m/s；而在干管中空气气泡的浮升速度为 0.1～0.2m/s，而在立管中约为 0.25m/s。因此，在上供下回重力循环热水供暖系统充水和运行时，空气能逆着水流方向，经过供水干管聚集到系统的最高处，通过膨胀水箱排除。为使系统顺利排除空气和在系统停止运行或检修时能通过回水干管顺利地排水，回水干管应有向锅炉方向的向下坡度。

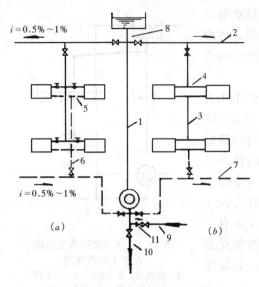

重力循环热水供暖系统是最早采用的一种热水供暖方式，已有约200年的历史，至今仍在应用。它装置简单，运行时无噪声和不消耗电能。但由于其作用压力小，管径大，作用范围受到限制。当有可能在低于室内地面标高的地下室、地坑中安装锅炉时，一些较小的独立建筑可以采用自然循环热水供暖系统。重力循环热水供暖系统通常只能在单幢建筑物中应用，其作用半径不宜超过50m。

图6-11　重力循环供暖系统

(a) 双管上供下回式系统；(b) 单管顺流式系统

1—总立管；2—供水干管；3—供水立管；4、5—散热器供、回水支管；6—回水立管；7—回水干管；8—膨胀水箱连接管；9—充水管；10—泄水管；11—止回阀

（三）机械循环热水供暖系统

机械循环热水供暖系统与重力循环热水供暖系统的主要差别是在系统中设置了循环水泵，靠水泵的机械能，使水在系统中强制循环。在机械循环系统中，设置了循环水泵，增加了系统的经常运行电费和维修工作量。但由于水泵所产生的作用压力很大，因而供暖范围可以扩大。机械循环热水供暖系统不仅可用于单幢建筑物中，也可以用于多幢建筑，甚至发展为区域热水供暖系统。机械循环热水供暖系统成为应用最广泛的一种供暖系统。

1. 机械循环热水供暖系统组成

这种系统由锅炉、输热管道、水泵、散热器以及膨胀水箱等组成。图6-12是机械循环热水供暖系统（双管上供下回式）简图。

在这种系统中，水泵装在回水干管上，水泵产生的压头促使水在系统内循环。膨胀水箱依靠膨胀管连在水泵吸入端。膨胀水箱位于系统最高点，它的作用是容纳水受热后所膨胀的体积，并且在水泵吸入端膨胀管与系统连接处维持恒定压力（高于大气压力）。由于系统各点的压力均高于此点的压力，所以整个系统处于正压下工作，保证了系统中的水不致汽化，避免了因水汽化而中断水的循环。

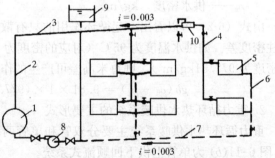

图6-12　机械循环双管上供下回式热水供暖系统

1—锅炉；2—主干立管；3—供水干管；4—供水立管；5—散热器；6—回水立管；7—回水干管；8—循环水泵；9—膨胀水箱；10—集气罐

系统的循环水在锅炉中被加热，通过总立管、干管、立管、支管到达散热器，沿途散热而有一定的温降，在散热器中放出大部分所需热量，沿回水支管、立管、干管重新回到锅炉被加热。

在这种系统中，为了顺利的排除系统中的空气，供水干管应按水流方向有向上的坡度，并在最末一根立管前的供水干管的最高点处设置集气罐。

2. 机械循环热水供暖系统的主要形式

根据管道布置方式及热水流向的不同，机械循环热水供暖系统的主要形式可分为水平式和垂直式两种；根据供回水管路与散热器之间是串联连接还是并联连接，又可分为单管式和双管式等等。

在双管上供下回式热水供暖系统中（图6-12），除了水泵造成的机械循环压力外，同时还存在重力压力，它是由于供、回水温度不同而密度不同所致，通过各层散热器的回路造成了大小不同的重力压力，重力压力的存在使得流过上层散热器的水量多于实际需要量，并使流过下层散热器的水量少于实际需要量。这样，上层房间温度会偏高，下层房间温度会偏低。

在平屋顶建筑内，当顶层的顶棚下难以布置供水干管时，或在有地下室的建筑物内，常采用机械循环双管下供下回式热水供暖系统。它可以通过空气管或顶层散热器上的跑风门进行排气。

这种系统的垂直失调现象较上供下回式要弱一些。当楼层越高时，虽然自然循环作用压力越大，但是，楼层越高管路越长，阻力越大，这样，各层环路阻力平衡起来就比上供下回式容易。

图6-13是机械循环单管热水供暖系统示意图，左侧为单管顺流式系统，右侧为单管跨越式系统。在单管式系统中，散热器以串连方式连接于立管，来自锅炉的热水顺序地流经各层散热器，逐层放热后返回到锅炉中去。

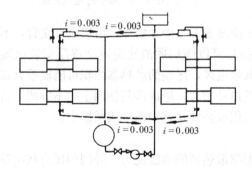

图 6-13　机械循环单管热水供暖系统

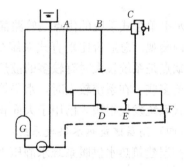

图 6-14　同程式热水供暖系统

单管式系统因为和散热器相连的立管只有一根，比双管式系统少用一根立管，立、支管间交叉减少，因而安装较为方便，不会像双管系统因存在重力压力而产生垂直失调，造成各楼层房间温度的偏差。

经单管立管流入各层散热器的水温是递减的，因而下层散热器片数多，占地面积大。采用单管跨越式系统可以消除顺流式系统无法调节各层间散热量的缺陷。一般在上面几层加装跨越管，并在跨越管上加装阀门，以调节流经跨越管的流量。

上述介绍的各种系统，通过各立管的循环环路的总长度不相等，这种系统称为"异程系统"。由于各环路总长度有可能相差很大，各立管环路的压力损失就难以平衡。有时在最靠近总立管的立管选用了最细的管径 DN15 时，仍有很多的剩余压力，这就会出现严重的水平失调现象，造成离热源近的立管所在房间温度偏高，离热源远的立管所在房间温度偏低。为了消除或减轻这种现象，可采用"同程系统"，如图6-14所示。同程系统的特点是经过各立管的循环环路的总长度近似相等，因而环路的压力损失容易平衡。在较大的建筑物内，当布置异程系统不易达到平衡时，可采用同程系统。

图 6-15 是水平顺流式系统。顺流式系统最省管材，但每个散热器不能进行局部调节，它只能用在对室温控制要求不严格的建筑物中，或大的房间中。

水平式系统的排气可以采用在散热器上部专门设一个空气管，最终集中在一个散热器上，由放气阀集中排气的方式。它适用于散热器较多的大系统。而当系统较小时，或当设置空气管有碍建筑使用和美观时，可以在每个散热器上安装一个排气阀进行局部排气。图 6-16 是水平跨越式系统。它的放空气的措施与水平顺流式系统相同。这种连接方式允许在散热器上进行局部调节，适用于需要局部调节的建筑物。

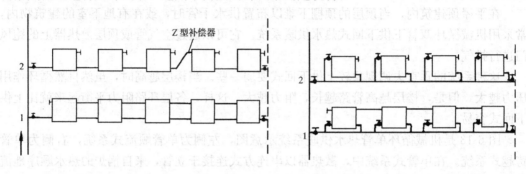

图 6-15　水平顺流式系统　　　　　图 6-16　水平跨越式系统

水平单管式系统的优点是管路简单，便于快速施工，少穿楼板，沿墙没有立管，不影响室内美观。总造价比垂直式系统少很多，并且可以随房屋的建造进度逐层安装供暖系统。缺点是系统较大时有较多的散热器处于低水温区，尾端的散热器面积可能较垂直式系统的要多些。在系统较大时，水平管道须设置热补偿器，造成房间使用上的不方便。目前水平式系统发展很快，已用于大面积、多层民用或公共建筑物的供暖系统中。

（四）高层建筑热水供暖系统

高层建筑热水供暖系统水静压力大，应根据散热器的承压能力、外网的压力状况等因素来确定系统形式和室内外管网的连接方式。在确定系统形式时，还应考虑系统垂直失调等问题。

目前国内高层建筑供暖系统可分为：分层式供暖系统、双线式系统及单、双管混合式系统。

1. 分层式供暖系统

高层建筑热水供暖系统，在垂直方向分成若干个系统称为分层式供暖系统。下层系统一般都做成与室外网路直接连接。由室外网路的压力工况和散热器的承压能力决定下层系统的高度。上层系统与外网采用间接连接（图 6-17），热能的交换是在水—水换热器中进行的，而上层系统与外网没有压力状况的联系，互不影响。当采用一般的铸铁散热器时，因为承压能力较低，多采用这种间接连接的方法。

2. 双线式供暖系统

双线式供暖系统分为垂直式和水平式两种形式。

水平双线单管供暖系统具有单管水平式供暖系统的特点，如能够进行分层调节，在热负荷计算不够准确的系统可用运行初调节来解决热量在各层的分配问题。

这种系统常在各环路上设置节流孔板，以保证各环路的阻力平衡和流量分配。

3. 单、双管混合式系统

单、双管混合式系统，在垂直方向上分为若干组，每组为若干层，每一组均为双管系统，而各组之间用单管连接。这种系统中的每一组为双管系统，只对2～3层房屋供暖，形成的自然压力仅在此2～3层中起作用，所以避免了楼层高单纯采用双管系统造成的严重竖向失调现象。在单管系统中支管约通过一半的立管流量（立管两面连接散热器），而在

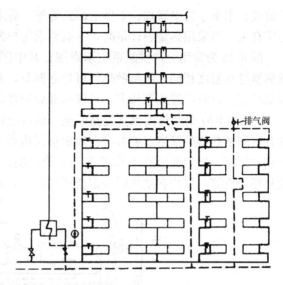

图 6-17　分层式热水供暖系统

单、双管混合式系统中，支管的流量小了许多，这一流量相应于支管所连散热器的热负荷，因此支管管径都比单管系统中的支管管径小。由于局部系统都是双管系统，宜在支管上装设调节阀门，对散热器的流量进行个别调节。因此单、双管混合式系统是应用较多的一种系统形式。

（五）供暖分户热计量与分户供暖系统

新的暖通规范修订稿规定："新建居住建筑的集中热水供暖系统应当设置室内温度调节和户用热量计量装置。"实行分户计量，有利于提高用户节能的积极性和供暖质量，同时也在一定程度上解决了供热公司收费难的问题。分户供暖系统的应用是供暖分户热计量的前提和基础。每户只设一个热入口或设独立的热源以形成单独的供暖环路，便于分户热计量的实施。

1. 分户供暖热源类型及其系统特点

目前分户供暖所用热源主要有：集中供热热源、家用燃气小锅炉，家用电锅炉等几种类型。

采用集中供热热源的分户供暖系统，一般将供暖的供回水主立管、阀门、热量表等集中设置在楼梯间一个公用管道井内，每户设置单独的进出水管和分户热量表。这种处理方式既不占楼梯间的面积，也不占用住户的面积，但相应带来的是土建费用的增加。当建筑上不便单独设置管道井时，也可将供回水主立管布置在住户的厨房、卫生间等辅助房间内。

家用燃气（电）锅炉为热源的局部供暖系统，容易实施分户热计量——一块电表或一块燃气表即可，运行调节方便——根据每户的热负荷情况自动调节燃气量（或用电量），在住宅建筑中尤其是高档住宅中得到了较多的应用。但另一方面，电锅炉运行时高品位电能转变为低品位热能过程中，做功能力的浪费，家用燃气炉使用中的排气污染及其安全性等，也是值得关注的问题。

2. 分户供暖系统形式

对于住户内的供暖系统形式，可布置成水平单管跨越式、水平双管并联式、双管上行

下给式、水平单管串联式、上供上回式等等。管道的布置方式与采用的热计量方法和系统形式有关。当采用热量表计量时，一般要求每户最好形成一个单独的环路系统。

图 6-18 为常用分户供暖系统示意图。其中图 6-18(a) 为水平双管系统。该系统每组散热器进水温度相同，每组散热器可独立调节，室内舒适度高，能实现变流量调节，节能效果显著。但室内埋地管较多，且埋地部分管件多，施工难度大。

图 6-18(b) 为散热器独立支路系统。该系统在热量表后连接一组供、回水分配器，连接各房间散热器的管道以放射状在地面垫层内敷设（也称章鱼式敷设方式），每组散热器可独立调节。但地面应有不小于 50mm 的垫层，增加了结构荷载和土建造价。在地面上大片埋设管道，用户在使用时一定要严加注意，防止装修等情况对管路的损坏。

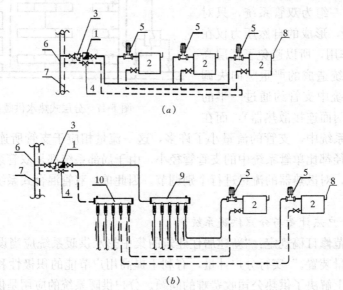

图 6-18　分户供暖系统

(a) 水平双管同程下供下回式；(b) 散热器独立支路供暖系统

1—热量表；2—散热器；3—过滤器；4—铜球阀；5—温控阀；6—供暖供水立管；
7—供暖回水立管；8—手动放气阀；9—分水器；10—集水器

下供下回供暖系统，管道（常用 PPR 管、PE 管、PB 管或 PEX 管）敷设在地面结构板槽或垫层内，室内无外露的管道，比较美观。但埋地部分的管道连接不能用管件，必须用 PPR 管热熔连接，以免渗漏。对于管道布置在顶棚下的上供式系统，其主要缺点是影响室内美观，同时对层高有一定要求。但该敷设方式维修方便，无隐患。

三、供暖热负荷与散热设备

(一) 供暖系统设计热负荷

1. 热负荷的组成

供暖系统的设计热负荷，是指在设计室外温度下，为了达到要求的室内温度，供暖系统在单位时间内向建筑物供给的热量。它是设计供暖系统的最基本的数据。

供暖系统的设计热负荷，应根据建筑物得、失热量确定。

$$Q = Q_s - Q_d \tag{6-3}$$

式中　Q——供暖系统设计热负荷，W；

Q_s——建筑物失热量，W；

Q_d——建筑物得热量，W。

对于一般民用建筑和工艺设备产生或消耗热量很少的车间，建筑物的失热量主要是围护结构传热耗热量和加热进入到室内的室外冷空气所需要的热量。建筑物的得热量只考虑太阳辐射进入室内的热量。

围护结构的传热耗热量指，当室内空气温度高于室外空气温度时，通过围护结构（门、窗、墙、地板、屋顶等）向外传递的热量。围护结构传热过程是一个不稳定传热过程，传热计算复杂。在工程设计中，供暖设计热负荷可以按稳定传热过程进行计算。

在围护结构的传热耗热量计算中，把它分成围护结构传热的基本耗热量和附加耗热量两部分。基本耗热量指在一定条件下，通过房间各部分围护结构从室内传到室外的传热量的总和。附加耗热量指由于围护结构的传热条件发生变化而对基本耗热量的修正，主要包括朝向修正、风力修正和高度修正。其中朝向修正是考虑建筑物受太阳辐射影响而对围护结构基本耗热量的修正。

（1）围护结构的基本耗热量

当室内外存在温差时，围护结构将通过导热、对流和辐射三种换热方式将热量传至室外，在稳定传热条件下，通过围护结构的基本耗热量为：

$$Q = \Sigma KF(t_n - t_w)a \qquad (6-4)$$

式中 K——围护结构的传热系数，$W/m^2 \cdot ℃$；常用围护结构的传热系数可由有关手册中查出。

F——每一计算部分的围护结构的传热面积，m^2；

t_n——供暖室内计算温度，℃；

t_w——供暖室外计算温度，℃；

a——围护结构的温差修正系数。

一些民用建筑和工业辅助建筑的室内计算温度、工业厂房工作地点的温度以及不同地区供暖室外计算温度，详见中华人民共和国国家标准《采暖通风与空气调节设计规范》（GB 50019—2003）（简称《暖通规范》，下同）。

有些围护结构的外侧并不是室外，而是不供暖的房间或空间。此时通过该围护结构的传热量的计算公式应为：

$$Q = KF(t_n - t_h)$$

式中 t_h——传热达到平衡时非供暖房间的温度。

为了计算方便，工程中可用 $(t_n - t_w)a$ 代替 $(t_n - t_h)$ 进行计算。a 称为围护结构的温差修正系数。

（2）加热进入室内的冷空气所需要的热量

在供暖期中，冷空气经窗缝、门缝或经开启的外门进入室内，供暖系统也应将这部分冷空气加热到室温，所需的量为：

$$Q = Lc\rho(t_n - t_w) \qquad (6-5)$$

式中 L——冷空气进入量，m^3/s；

c——空气的定压比热，其值为 $1.0 \mathrm{l kJ/kg} \cdot ℃$；

ρ——在室外温度下空气的密度，kg/m^3。

经门、窗缝隙渗入室内的冷空气量与冷空气流经缝隙的压力差、缝隙长度以及缝隙宽度等因素有关。在开启外门时，进入的冷空气量与外门内外空气压差及外门面积等因素有关。这些因素不仅涉及室外风向、风速，室内通风情况、建筑物的高度及形状，而且也涉及门、窗制作和安装的质量。因此计算出的冷空气进入量只能是个大致的数值。计算冷空气进入量的方法很多，详见《供暖通风设计手册》。

2. 建筑热负荷的估算方法

在对建筑物的供暖热负荷进行概算或估算时，可用热指标法。常用的热指标法有两种形式，一种是单位面积热指标法；另一种是在室内外温差为1℃时的单位体积热指标法。热指标是在调查了同一类型建筑物的供暖热负荷后，得出的该类型建筑物每 m² 建筑面积或在室内外温差为1℃时每 m³ 建筑物体积的平均供暖热负荷。

用单位面积供暖热指标法估算建筑物的热负荷时，按下式计算供暖热负荷：

$$Q = q_f F \tag{6-6}$$

式中　Q——建筑物的供暖热负荷，W；

q——单位面积供暖热指标，W/m²；

F——总建筑面积，m²。

用单位体积供暖热指标法估算建筑物的热负荷时，按下式计算供暖热负荷：

$$Q = q_v V(t_n - t_w) \tag{6-7}$$

式中　q_v——单位体积供暖热指标，W/m³·℃；

V——建筑物的体积（按外部尺寸计算），m³。

应该说明：建筑物的供暖热负荷，主要取决于通过垂直围护结构（墙、门、窗等）向外传递热量，它与建筑物平面尺寸和层高有关，因而不是直接取决于建筑平面面积。用供暖体积热指标表征建筑物供暖热负荷的大小，物理概念清楚；但采用供暖面积热指标法，比体积热指标更易于概算，所以近年来在城市集中供热系统规划设计中，无论国外还是国内，一般多采用供暖面积热指标法进行概算。

在总结我国许多单位进行建筑物供暖热负荷的理论计算和实测数据工作的基础上，我国《城市热力网设计规范》给出的供暖面积热指标的推荐值见表6-2。应当指出，随着新的民用建筑节能设计规范的实施，建筑物围护结构的保温性能进一步提高，该表中的推荐值将随之下降。一般来说，用热指标法估算建筑物的供暖热负荷，宜用于初步设计或规划设计，不宜用于施工设计。

供暖热指标推荐值　　　　　　　　　　　表 6-2

建筑物类型	住　宅	学　校 办公楼	医院托幼	旅　馆	商　店	食堂餐厅	影剧院 展览馆	大礼堂 体育馆
热指标 (W/m²)	58~64	60~80	65~80	60~70	65~80	115~140	95~115	115~165

（二）围护结构的最小传热阻与经济传热阻

围护结构既要满足建筑结构上的强度要求，也要满足建筑热工方面的要求，即建筑物要具有热稳定性。所谓热稳定性，是指由于室外空气温度或室内产生的热量发生变化而使经过围护结构的热流发生变化时，室内保持原有温度的能力。对于相同的热流变化，不同的建筑物产生不同的室温波动，室温波动越小，则建筑物的热稳定性越好。

围护结构内表面温度 τ_n 不应低于室内空气的露点温度。从卫生要求来看，多数用途的房间内表面是不允许结露的。并且，由于围护结构中所含水分增加，耗热量会增加，导致围护结构加速损坏。即使内表面不结露，过低的内表面温度也会引起人体的不舒适，人体向外辐射热增大是不舒适的根本原因。限制围护结构内表面温度过分降低而确定的外围护结构的总传热阻称为最小传热阻。在冬季正常供暖，正常使用条件下，设置集中供暖的建筑物，非透明部分外围护结构（门、窗除外）的总传热阻，在任何情况下都不得低于按冬季保温要求确定的这一最小传热阻。

在一个规定年限（建筑物使用年限、投资回收年限、或政策性规定年限等）内，围护结构单位面积的建造费用与使用费用之和达到最小值时的传热阻称为经济传热阻。建造费用（建筑造价）包括土建部分和供暖系统的建造费用。经营费用包括土建部分和供暖系统的维修费用及供暖系统的运行费用（水费、电费、燃料费、工资等）。

影响经济传热阻的因素很多，主要有以下几个方面：

（1）国家的经济政策：包括价格（能源、材料设备、劳动力价格等）、投资回收年限、贷款年限、利息等方面的政策，特别是能源价格对经济热阻影响很大。

（2）建筑设计方案：包括建筑的几何尺寸、形状、窗墙比、选用材料等。

（3）供暖设计方案：包括热媒种类及其参数，系统形式，选用设备和材料等。

（4）气候条件：气候条件直接影响到燃料费用，而在经营费用中燃料费用占较大比例，会对经济热阻产生明显的影响。

国内外许多资料分析表明，根据经济传热阻原则确定的围护结构热阻值，都比目前实际使用的热阻值大。从经济和节能角度来看，现阶段建筑外围护结构总传热阻应逐步增大。

（三）供暖系统的散热设备

散热设备是安装在供暖房间里的一种放热设备，它把热媒（热水或蒸汽）的部分热量传给室内空气，用以补偿建筑物热损失，从而使室内维持所需要的温度达到供暖目的。我国大量使用的散热设备有散热器、暖风机和辐射板三大类。

具有一定温度的热水或蒸汽在散热器内流过时，散热器内部的温度高于室内空气温度，热水或蒸汽的热量便通过散热器表面不断地传给室内空气。

1. 散热器的类型

目前，国内生产的散热器种类繁多，按其制造材质主要有铸铁、钢制散热器两大类。按其构造形式主要分为柱型、翼型、管型、平板型等。

（1）铸铁散热器

铸铁散热器长期以来得到广泛应用。它具有结构简单、防腐性好、使用寿命长以及热稳定性好的优点；但其金属耗量大，金属热强度低于钢制散热器。散热器的金属热强度是指在散热器传热温差为 1℃时，每公斤质量散热器单位时间所散出的热量。它是衡量散热器经济性的一个标志。铸铁散热器主要有翼型和柱型两种类型。

（2）钢制散热器

目前我国生产的钢制散热器主要有：闭式钢串片对流散热器、板型散热器、钢制柱型散热器和扁管型散热器等几种形式。钢制散热器与铸铁散热器相比，具有金属耗量少、耐压强度高及外形美观整洁等优点。其主要缺点是容易被腐蚀，使用寿命比铸铁散热器短。

（3）其他材质的散热器

除了铸铁及钢制散热器外,也有采用其他材质制造的散热器。这其中主要包括铝制散热器、塑料散热器、混凝土板散热器、电散热器及陶瓷散热器等。近几年来,铝合金材料的散热器已在我国正式生产,并在一定范围内使用。如上所述,以聚丙烯等增强塑料组成的辐射供暖方式已应用于许多实际供暖工程中。同时,塑料柱型散热器也已初步研制成功。

在选择散热器时,一般遵循"安全可靠,轻、薄、美、新"的原则。除要求散热器能供给足够的热量外,还应综合考虑经济、卫生、运行安全可靠以及与建筑物相协调等问题。确定供暖房间所需散热器面积及片数时,应使散热器放出的热量等于供暖热负荷。

2. 散热器的布置与安装

散热器设置在外墙窗口下较为合理。经散热器加热的空气沿外窗上升,能阻止渗入的冷空气入沿墙及外窗下降,因而防止了冷空气直接进入室内工作地区。散热器也可靠内墙壁设置。在一般情况下,散热器在房间内敞露装置,这样散热效果好,且易于清除灰尘。当建筑方面或工艺方面有特殊要求时,就要将散热器加以围挡。例如某些建筑物为了美观,可将散热器装在窗下的壁龛内（暗装）,外面用装饰性面板把散热器遮住。另外,在采用高压蒸汽供暖的浴室中,也要将散热器加以围挡,防止烫伤人体。

安装散热器时,有脚的散热器可直立在地上;无脚的散热器可用专门的托架挂在墙上,在现砌墙壁内埋托架,应与土建平行作业。预制装配建筑,应在预制墙板时就埋好托架。

楼梯间内散热器应尽量放在底层,因为底层散热器所加热的空气能够自行上升,从而补偿上部的热损失。为了防止冻裂,在双层门的外室以及门斗中不宜设置散热器。

四、供暖管路的布置和主要设备

（一）室内热水供暖系统的管路布置

1. 干管的布置与敷设

室内热水供暖系统管路布置合理与否,直接影响到系统造价和使用效果。因此,系统管道走向布置应合理,以节省管材,便于调节和排除空气,而且要求各并联环路的阻力损失易于平衡。

供暖系统的引入口宜设置在建筑物热负荷对称分配的位置,一般设在建筑物中部。系统应合理地设若干支路,而且尽量使各支路的阻力易于平衡。

室内热水供暖系统的管路应明装,有特殊要求时,方采用暗装,尽可能将立管布置在房间的角落。对于上供下回式系统,供水干管多设在顶层顶棚下。回水干管可敷设在地面上,地面上不容许敷设（如过门时）或净空高度不够时,回水干管设置在半通行地沟或不通行地沟内。地沟上每隔一定距离应设活动盖板,过门地沟也应设活动盖板,以便于检修。当敷设在地面上的回水干管过门时,回水干管可从门下小管沟内通过,此时要注意坡度,以便于排气。

为了有效地排除系统内的空气,所有水平供水干管应具有不小于 0.002 的坡度。如因条件限制,机械循环系统的热水管道可无坡度敷设,但管中的水流速度不得小于 0.25m/s。

2. 立管的布置与敷设

立管可布置在房间窗间墙内或墙身转角处,对于有两面外墙的房间,立管宜设置在温度最低的外墙转角处。楼梯间的立管尽量单独设置,以防结冻后影响其他立管的正常供暖。要求暗装时，立管可敷设在墙体内预留的沟槽中，也可以敷设在管道竖井内。管井应每层用隔板隔断，以减少井中空气对流而形成无效的立管传热损失。此外，每层还应设检修门供维修之用。

立管应垂直地面安装，穿越楼板时应设套管加以保护，以保证管道自由伸缩，且不损坏建筑结构，但套管内应用柔性材料堵塞。

3. 支管的布置与敷设

支管的布置与散热器的位置、进水和出水口的位置有关。支管与散热器的连接方式有三种：上进下出式、下进上出式和下进下出式。散热器支管进水、出水口可以布置在同侧，也可以在异侧。设计时应尽量采用上进下出、同侧连接方式。这种连接方式具有传热系数大，管路最短，美观的优点。

（二）热水供暖系统的主要设备和附件

1. 膨胀水箱

膨胀水箱是用来贮存热水供暖系统加热的膨胀水量。在自然循环上供下回式系统中，它还起着排气作用。膨胀水箱的另一作用是恒定供暖系统的压力。因此膨胀水箱一般设置在系统的最高点，如建筑物顶层或屋顶上单设的水箱间，以满足热水供暖系统定压的要求。补给水泵及组合落地式膨胀罐等也是供暖系统常用的定压装置。

膨胀水箱一般用钢板制成，通常是圆形或矩形。箱上连有膨胀管、溢流管、信号管、排水管及循环管等管路。

2. 排除空气装置

热水供暖系统的水被加热时，会分离出空气。在系统停止运行时，通过不严密处也会渗入空气，充水后，也会有些空气残留在系统内。系统中如果积存空气，就会形成气塞，影响水的正常循环。因此，系统中必须设置排除空气的设备。目前常见的排气设备，主要有集气罐、自动排气阀和手动跑风门等几种。

（1）集气罐

集气罐用直径 $D100 \sim 250mm$ 的短管制成，它有立式和卧式两种。集气罐顶部连接直径 $D15mm$ 的排气管。在机械循环上供下回式系统中，集气罐应设在系统各分支环路供水干管末端的最高处。在系统运行时，定期手动打开阀门将热水分离出来，并将聚集在集气罐内的空气排除。

（2）自动排气阀

目前国内生产的自动排气阀形式较多。它的工作原理，很多都是依靠水对浮体的浮力作用，通过杠杆机构传动力，使排气孔自动启闭，实现自动阻水排气的功能。当空气从管道进入，积聚在阀体内时，空气将水面压下，浮子的浮力减小，依靠自重下落，排气孔打开，使空气自动排出。空气排除后，水再将浮子浮起，排气孔重新关闭。

（3）手动跑风门

手动跑风门多用在水平式和下供下回式系统中，它旋紧在散热器上部专设的丝孔上，以手动方式排除空气。

3. 散热器温控阀

散热器温控阀（亦称恒温阀）是一种自动控制散热器散热量的设备，它是住宅供暖系统分户热计量的必备装置之一。它由两部分组成：一部分为阀体部分，另一部分为感温元件控制部分。当室内温度高于给定的温度值时，感温元件受热，其顶杆就压缩阀杆，将阀口关小，进入散热器的水流量减小，散热器散热量减小，室温下降。当室内温度下降到低于设定值时，感温元件开始收缩，其阀杆靠弹簧的作用，将阀杆抬起，阀孔开大，水流量增大，散热器散热量增加，室内温度开始升高，从而保证室温处在设定的温度值上。温控阀控温范围一般在 13～28℃之间，控制精度为±1℃。

第四节 建 筑 空 调

一、空调系统的组成与分类

（一）空调系统的组成

一般来说，一个完整的空调系统应由以下四部分组成（图 6-19）。

（1）被调对象 即空调空间或房间。被空调的空间可以是封闭式的，也可以是敞开式的；可以由一个房间或多个房间组成，也可以是一个房间的一部分。

（2）空气处理设备 这是空调系统的核心，室内空气与室外新鲜空气被送到这里进行热湿交换与净化，达到要求的处理后的温湿度与洁净度，再被送回到室内。

（3）空气输配系统 这是空气进入空气处理设备、送到空调空间形成的输送和分配系统，包括风道、风机、风阀、风口、末端装置等。

（4）冷热源 空气处理设备的冷源和热源。夏季降温用冷源一般由制冷机承担，而冬季加热用热源可以是蒸汽锅炉、热水锅炉、热泵或电。在有条件的地方，也可以用深井水作为自然冷源。

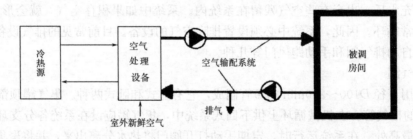

图 6-19 空调系统的组成

（二）空调系统的分类

空调系统有很多类型，其分类方法也有很多种。在此仅介绍主要的三种。

1. 按空气处理设备设置情况分类

（1）集中式空调系统 空气处理设备（过滤器、冷却器、加热器、加湿器与风机等）集中设置在空调机房内，空气经过处理后，经风道送入各房间的系统。

（2）半集中式空调系统 在空调机房集中处理部分或全部风量，然后送往各房间，再由分散在各被调房间内的二次设备（又称末端装置）进行处理的系统。

（3）分散式空调系统（也称局部系统） 不设集中的空调机房，而把整体组装的冷热源、空气处理设备与风机均具备的空调器直接设置在被调房间内，或被调房间附近，控制局部、一个或几个房间空气参数的系统。

2. 按负担室内负荷所用的介质种类分类

（1）全空气系统　　完全由处理过的空气作为承载空调负荷的介质的系统。由于空气的比热较小，需要用较多的空气才能达到消除余热、余湿的目的。因此这种系统要求风道断面较大或风速较高，从而会占据较多的建筑空间。

（2）全水系统　　完全由处理过的水作为承载空调负荷的介质的系统。由于水的热容较大，因此管道所占建筑空间较小，但不能解决房间的通风换气问题，因此通常不单独采用这种方法。

（3）空气-水系统　　由处理过的空气负担部分空调负荷，而由水负担其余部分负荷的系统。例如集中处理新风送到房间，或由处理过的新风负担部分室内负荷，再由设置在各房间的风机盘管承担其余的室内负荷的风机盘管加新风系统。这种方法可以减少集中式空调机房与风道所占据的建筑空间，又能保证室内的新风换气要求。

（4）制冷剂系统（又称直接蒸发机组系统）　　由制冷剂直接作为承载空调负荷的介质系统。分散安装的局部空调器是常见的制冷剂系统，其内部带有制冷机。制冷剂通过直接蒸发器与房间空气进行热湿交换，达到冷却除湿的目的。由于制冷剂不宜长距离输送，因此该系统不宜作为集中式空调系统来使用。

3. 根据集中式空调系统处理的空气来源分类

（1）封闭式系统　　它所处理的空气全部来自空调房间本身，没有室外空气补充，全部为再循环空气。因此房间和空气处理设备之间形成了一个封闭环路（图6-20a）。封闭系统用于密闭空间，且无法（或不需）采用室外空气的场合。这种系统冷、热消耗量最省，但卫生效果差。当室内有人长期停留时，必须考虑空气的再生。这种系统应用于战时地下庇护所等战备工程以及很少有人进出的仓库。

（2）直流式系统　　它所处理的空气全部来自室外，室外空气经处理后送入室内，后全部排出室外（图6-20b）。因此与封闭系统相比，具有完全不同的特点。这种系统适用于不允许采用回风的场合，如放射性实验室以及散发大量有害物的车间等。为了回收排出空气的热量或冷量用来加热或冷却新风，可以在这种系统中设置热回收设备。

（3）混合式系统　　从上述两种系统可见，封闭式系统不能满足卫生要求，直流系统经济上不合理，所以两者都只在特定情况下使用，对于绝大多数场合，往往需要综合两者的利弊，采用混合一部分回风的系统。这种系统既能满足卫生要求，又经济合理，应用最广。图6-20(c)就是这种系统图式。

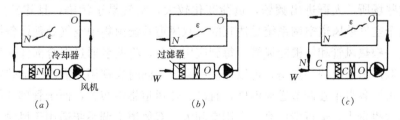

图 6-20　空调系统分类示意图

二、常用空调系统

（一）集中式空调系统

集中式空调系统属于全空气系统，其中最常用的是混合系统，即处理的空气来源一部分是新鲜空气，一部分是室内的回风，其原理示意见图6-21。

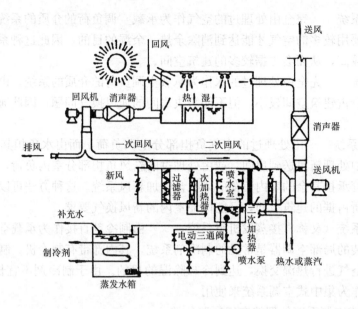

图 6-21 集中空调系统

1. 集中空调系统的主要形式

在集中式空调系统中又可分为:一次回风式系统和二次回风式系统;单风道系统和双风道系统;定风量系统和变风量系统。

一次回风式空调系统,是指新风和回风在空气冷却器(或喷水室)之前混合;二次回风式空调系统,是指部分回风与新风先在热湿处理设备前混合,经热湿处理后再次与另一部分回风混合,如图 6-21 所示。两者相比较,一次回风式的空气处理流程较为简单,操作管理方便,对于允许直接用机器露点送风的场合都可以采用;二次回风式系统通常用于室内温度场要求均匀、送风温差小、风量较大而又未采用再热器的空调系统中,如恒温恒湿的工业生产车间等。

单风道空调系统,是指经集中的空气处理后,由一根风道供给各类空调房间同样参数的空气。单风道系统是全空气空调方式中最基本、最常用的方式,广泛地应用于办公楼、会堂、影剧院,还有旅馆的餐厅、客厅、门厅、音乐厅,以及医院建筑的公共用房等场所。因为这些场所,人群进出频繁,负荷变化较大,空气易于污染,且建筑空间体积较大,所以用全空气单风道空调系统是适宜的。双风道系统由集中空气处理设备接出两根平行的风道:一根热风管和一根冷风管。每到应用点时,将两者通过混合部件向房间送出所需的空气。双风道系统的特点是,可以在同一系统中同时实现用户需要的加热或冷却,每个空调房间可以各自单独调节送风温度,且冷、热风道集中布置,便于管理和维护。但是该系统的初次投资大,运行费用高,占用空间大。双风道空调系统适用于风量大、空调用户要求的空气参数不一致、热湿负荷变化较大的场合。

定风量空调系统,是指送风量全年固定不变。该系统的送风量是按空调房间的最大热、湿负荷进行设计计算的,而实际上空调房间的热、湿负荷不可能经常处于最大工况。当室内负荷变化时,依靠调节空气的再热量来控制室内温度,这样既浪费了提高送风温度所需的热量,也浪费了制冷机的冷量。变风量系统是通过特殊的送风装置,依靠调节送风量(送风参数不变)的方法来控制室内的温度。这种送风装置通常设在房间的送风口处。它可以根据室温自动调节房间送风量,并相应地调节了送风机的总风量。由于变风量系统运行费用经济,风机功率消耗节省的特点,在目前能源日益紧张的情况下愈加显示出它的优越性。

2. 集中式空调系统的主要优缺点

(1) 主要优点

空调机房可以使用较差的建筑面积,如地下室、屋顶间等;空调设备集中设置在专门的空调机房里,管理维修方便,消声防振也比较容易;空调系统可根据季节变化调节新风量,节约运行费用;该系统使用寿命长,初投资和运行费比较小。

(2) 主要缺点

用空气作为输送冷热量的介质,需要的风量大,风道长截面大,占用建筑空间较多,施工安装工作量大,工期长;一个系统只能处理出一种送风状态的空气,当各房间的热、湿负荷的变化规律差别较大时,不便于运行调节;当只有部分房间需要空调时,仍然要开启整个空调系统,造成能量上的浪费。

从上面的阐述可知,当空调系统的服务面积大,各房间热湿负荷的变化规律相近,各房间使用时间也较一致的场合,采用集中式空调系统较合适。

(二) 半集中式空调系统

集中式空调系统由于具有系统大、风道截面大、占用建筑面积和空间较多、系统的灵活性差等缺点,在许多民用建筑,特别是高层民用建筑的应用中受到限制。风机盘管空调系统就是为了克服集中式空调系统的不足而发展起来的一种半集中式空调系统。

1. 风机盘管的构造

风机盘管是由风机和表面式热交换器(盘管)组成,其构造如图 6-22 所示。由于机组要负担大部分室内负荷,盘管的容量较大(一般 3~4 排),通常是采用湿工况运行。

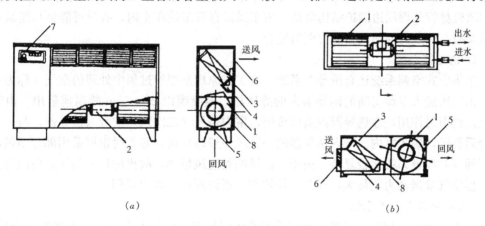

图 6-22 风机盘管机组

(a) 立式明装;(b) 卧式暗装

1—风机;2—电机;3—盘管;4—凝水盘;5—循环风进出口及过滤器;
6—出风格栅;7—控制器;8—吸声材料

风机盘管采用的电机多为单向电容调速电机,可通过调节输入电压,通过改变风机转速调节冷热量。风机盘管除了采用风量调节外,还可在盘管回水管上安装电动二通(或三通）阀，通过室温控制器调节阀门的开启度，用改变进入盘管的水量（或水温）调节空调房间的温湿度。

2. 风机盘管空调系统的组成

风机盘管可以独立地负担全部室内负荷，成为全水系统的空调方式。但由于这样解决不了房间的通风换气问题，因此，通常都是和新风系统共同运行，组成空气—水系统的空调方式，即风机盘管加新风系统。因此，概括地说，风机盘管空调系统是由风机盘管机组、新风系统和水系统三部分组成。此外，为了收集排放夏季湿工况运行时产生的凝结水，还需要设置凝结水管路系统。

风机盘管机组通常设置在需要空调的房间内，对通过盘管的空气进行冷却、减湿冷却或加热处理后送入室内，消除空调房间的冷（热）湿负荷。

新风系统是为了保证人体健康的卫生要求，给空调房间补充新风量的设施。对于集中设置的新风系统，还可以负担一部分房间的热、湿负荷。

3. 风机盘管空调系统的特点

风机盘管的优点是布置灵活，各房间可独立调节室温，而不影响其他房间；噪声较小，占建筑空间少；室内无人时可停止运行，经济节能。由于集中处理的新风量小，故集中空调机房的尺寸及风道的截面小，节省建筑空间。它的缺点是机组分散设置，台数较多时维护管理工作量大。由于有凝水产生，故防止霉菌产生是必要的工作，否则将污染室内空气；风机静压小，因此不能使用高效过滤器，故无法控制空气洁净度，而且气流分布受限制；风机盘管本身不能提供新风，故对新风量有要求的情况下需要设置新风处理系统；由于新风处理系统的风量小，故过渡季可以完全利用新风降温的时间很短。

目前风机盘管机组已广泛用于宾馆、办公楼、公寓、医院等商用或民用建筑。大型办公楼中，内区往往常年需供冷，而周边区冬季一般需要供热，因此常在周边区（如窗下）采用风机盘管处理周边围护结构负荷。由于风机盘管多设在室内，有时可能会与建筑布局产生矛盾，所以需要建筑上的协调与配合。

4. 诱导器系统

半集中式空调系统还有诱导器系统。其工作原理是把经过集中处理的空气（称为一次风）由风机送入空调房间的诱导器内的静压箱，经喷嘴以 20～30m 的高速射出。由于喷出气流的引射作用，在诱导器内造成负压，室内空气（二次风）被吸入诱导器，与一次风混合后经风口送入室内。送入诱导器的一次风一般是新风，必要时也可采用部分回风，但采用回风时风道系统比较复杂。由于一次风的处理风量小，故机房尺寸与风道截面均比较小，但空气输送动力消耗大，噪声不易控制，所以现在已较少采用。

（三）分散式空调系统

空调机组是分散式（局部）空调系统的典型代表。实际上它是一个小型的空调系统，内部带冷、热交换器（直接蒸发器）、风机、空气过滤器、冷冻机与控制设备。有的还装有电加热器与加湿器，有的冷冻机还兼有热泵功能，即冷热两用机。人们所熟悉的窗式或分体式家用空调器就属于空调机组。直接安装在空调房间或相邻房间的空调机组属于局部空调系统。

空调机组的特点是结构紧凑，体积较小，占机房面积小，安装简便，使用灵活。结构上可分为整体式与分体式两种。外形主要可分为窗式与柜式两种。窗式容量与外形尺寸较小，制冷量一般为 7kW 以下，风量在 1200m³/h 以下，适合安装在外墙或外窗上；柜式容量与外形尺寸较大，制冷量一般在 7kW 以上，风量在 1200m³/h 以上，可直接放在空调房间里，也可设置在邻室并外接风管。此外，装在室内的空调机组或分体机的室内部分的外形还有柱式、悬吊式、落地式、壁挂式、台式等等，可根据房间的使用功能、装修设计与家具布置的情况灵活选取。

空调机组内冷冻机的冷凝器分为水冷式和风冷式两种冷却方式。容量较大的机组多用水冷却冷凝器，而小型机组一般用室外空气冷却冷凝器。由于风冷式机组无须设置冷却水系统和节约冷却水的费用，故目前风冷机组在产品中所占比例越来越大，许多大、中型的空调机组也设计为风冷式。热泵式空调机组的冷冻机冬季在热泵工况下工作，为房间采暖提供热量。而普通空调机组冬季则需由电加热器或其他热源（如城市热网）供暖。

空调机组一般不带风管，必要时用户需自配风管，但风机需要有足够的输送能力。空调机组也可以提供新风，也可以单独用于处理室内循环空气。

在采用风冷式空调机组时，需要考虑外部建筑上的配合。如设置窗式空调器时，需考虑与建筑外观的配合；如设置分体式房间空调器，需要考虑室外机组（压缩机、冷凝器及冷凝器风机）的放置位置；大、中型的风冷式空调机组需要安装在屋顶或平台上，则建筑上需要留有足够的室外空间放置空调机组。

三、空调房间的建筑设计

（一）空调房间的建筑布置与热工要求

1. 空调房间的建筑布置

室内冷负荷和湿负荷是较大空调系统设备容量的重要组成部分，而负荷量的大小与建筑布置和围护结构的热工性能有很大的关系。因此在设计时，首先要使建筑布置与围护结构的热工性能合理。

空调房间不要靠近产生大量污染物或高温高湿的房间。要求振动与噪声小的空调房间不要靠近振动与噪声大的房间。

空调房间应尽量集中布置。室内温湿度基数、使用时间与噪声要求相近的空调房间宜相邻或上下对应布置。多个集中布置的空调房间共用走廊的端头，宜设置门斗和保温门。应尽量做成空调房间被非空调房间包围，室温波动范围小于或等于 ±0.5℃ 的空调房间应尽量布置在室温允许波动范围较大的空调房间之中。

对洁净度或美观要求较高的空调房间，可设技术夹层。空调房间的高度应在满足功能、建筑、气流组织、管道布置和人体舒适等要求的条件下尽可能降低。

2. 围护结构的热工要求

空调房间应尽量避免布置在有两面相邻外墙的转角处或有伸缩缝的地方，以减少围护结构（窗、墙、楼板、地板、屋顶等）传入室内的热量。工艺性空调房间应尽量减少东、西向外墙以减少传入室内的热量。尽量减少外墙，当室温允许波动范围较小时，不宜以至不应有外墙。空调房间宜设在底层，若在单层建筑物内，最好设通风屋顶。空调房间的外窗面积应尽量减少，并应采取遮阳措施。外窗的面积一般不超过房间面积的 17%。东西外窗最好采用外遮阳。内遮阳可采用窗帘或活动百叶窗。窗缝应有良好的密封，以防室外风渗透。外窗最好大部分不能开启，但应保留部分可开启的外窗以备需开窗换气时使用。空调房间的外门门缝应该严密，以防室外风侵入。当门两侧温差大于 7℃ 时，应采用保温门。总之，在建筑及结构设计中，应想方设法将室外气候条件对空调房间的干扰降低到最低程度。

围护结构的传热热阻应满足空调系统的精度要求，其最大传热系数应符合有关规定。空调房间与非空调房间之间的楼板或温差大于7℃的空调房间之间的楼板应做成保温楼板。空调房间地面一般可不作保温，但要求外墙保温延伸至墙基防潮层处。有外墙的恒温室或工艺过程对地板有较高要求时，宜在距外墙2m以内设局部保温层。

空调机房的位置在大中型建筑物中是相当重要的问题，它既决定投资的多少，又影响能耗的大小，如果处理不好，其噪声振动会严重干扰附近的房间，而且可能使某些区域的房间的送排风效果不好。

(二) 空调房间对土建的要求

1. 空调机房

(1) 空调机房的位置

空调机房应尽量靠近空调房间，尽量设置在负荷中心，目的是为了缩短送、回风管道，节省空气输送的能耗，减少风道占据的空间。但不应靠近要求低噪声的房间。例如对室内声学要求高的广播、电视、录音棚等建筑物，空调机房最好设置在地下室，而一般的办公楼、宾馆的空调机房可以分散在各楼层上（图6-23c）。

高层建筑的集中式空调系统，机房宜设置在设备技术层内，以便集中管理。20层以内的高层建筑，宜在上部或下部设置一个技术层（图6-23a）。如上部为办公室或客房，下部为商场、餐厅等，则技术层最好设在地下层。20～30层的高层建筑宜在上部和下部各设一技术层（图6-23b），例如在顶层和地下层各设一个技术层。30层以上的高层建筑，其中部还应增加一、二个技术层（图6-23d）。这样做的目的是避免送、回风干管过长、过粗而占据过多空间，并且增加风机电耗。图6-23所示是各类建筑物技术层或设备间的大致位置。

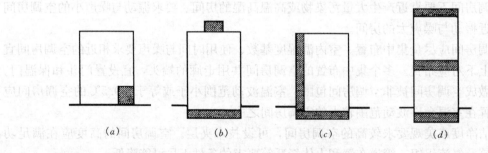

图 6-23　各类建筑物技术层或设备层的大致位置

空调机房的划分应不穿越防火区。所以大中型建筑应在每个防火区内设置空调机房，最好能设置在防火区的中心地位。

如果在高层建筑中使用带新风的风机盘管等空气—水系统，应在每层或每几层（一般不超过5层）设一个新风机房。当新风量较小，吊顶内可以放置空调机组时，也可把新风机组悬挂在走廊靠近外墙的吊顶内。

各层空调机房最好能在同一位置上垂直成一串布置，这样可缩短冷、热水管的长度，减少管道交叉，节省投资和能耗。各层空调机房的位置应考虑风管的作用半径不要太大，一般为30～40m。一个空调系统的服务面积不宜大于500m²，但有时为了减少空调机房的建筑面积，该服务面积常设计为 1000m² 左右。此时风道的断面尺寸将增大，风道占用的建筑空间加大，有可能导致建筑层高的增加。如该服务面积过大，还将对空调效果产生一定的不利影响。因此，在一定范围内增加一个空调系统的服务面积，有利有弊，应作综合的经济技术比较。

（2）空调机房的大小

空调机房的面积与采用的空调方式、系统的风量大小、空气处理的要求、空调机的数量有关。一般全空气集中式空调系统，当空气参数要求严格或有净化要求时，空调机房面积约为空调面积的 10%～20%；舒适性空调和一般降温系统，约为 5%～10%；仅处理新风的空气—水系统，新风机房约为空调面积的 1%～2%。如果空调机房、通风机房和冷冻机房统一估算，总面积约为总建筑面积的 3%～7%。

空调机房的高度应按空调箱的高度及风管、水管与电线管高度以及检修空间决定，一般净高为 4～6m。对于总建筑面积小于 3000m² 的建筑物，空调机房净高约为 4m；总建筑面积大于 3000m² 的建筑物，空调机房的净高为 4.5m；对于总建筑面积超过 20000m² 的建筑物，其集中空调的大机房净高应为 6～7m，而分层机房则可为标准层的高度，即 2.7～3.0m。

（3）空调机房的结构

空调设备设置在楼板上或屋顶上时，结构的承重应按设备重量和基础尺寸计算，而且应包括设备中充注的水（或制冷剂）的重量以及保温材料的重量等，也可粗略进行估算。按一般常用的系统，空调机房的荷载约为 500～600kg/m²，而屋顶机组的荷载重量应根据机组的大小而定。

空调机房与其他房间的隔墙以 240 砖墙为宜，机房的门应采用隔声门，机房内墙表面应粘贴吸声材料。空调机房的门和拆装设备的通道应考虑能顺利地运入最大空调构件的可能，如构件不能从门运入，则应预留安装孔洞和通道，并应考虑拆换的可能。

空调机房应有非正立面的外墙，以便设置新风口，让新风进入空调系统。如果空调机房位于地下室或大型建筑的内区，则应有足够断面的新风竖井或新风通道。

2. 机房内布置

大型机房应设单独的管理人员值班室，值班室应设在便于观察机房的位置。自动控制屏宜放在值班室内。机房最好有单独的出入口，以防止人员、噪声对空调房间的影响。

经常操作的操作面宜有不小于 1m 的净距离，需要检修的设备旁边要有不小于 0.7m 的检修距离。过滤器如需定期清洗，过滤器小室的隔间和门应考虑搬运过滤器的方便。对于泡沫塑料过滤器等还应考虑洗、晾的场地。经常调节的阀门应设置在便于操作的位置。

空调箱、自动控制仪表等的操作面应有充足的光线，最好是自然光线。需要检修的地点应设置检修照明。当机房与冷冻站分设或对外有较多联系时，应设电话。

风管布置应尽量避免交叉，以减少空调机房与吊顶的高度。放在吊顶上的阀门等需要操作的部件，如吊顶不能上人，则需要在阀门附近预留检查孔，以便在吊顶下也能操作。如果吊顶较高能够上人，则应留上人的孔洞，并在吊顶上设人行通道（固定的或可以临时搭成的）。

四、空调系统的风量与房间气流组织

（一）送风量与新风量

1. 送风量的确定

空调系统的送风量大小决定了送、回、排风管道的断面积大小，从而决定了所需占据建筑空间的大小。由于空调风道与水管、电缆等相比断面尺寸大得多，所以对于有吊顶的建筑，空调送风管道的大小是决定吊顶空间最小高度的主要因素。对于集中式空调系统的总处理风量取决于空调负荷以及送风与室内空气的温差（简称送风温差）。

在空调负荷一定时，送风温差与送风量成反比。如果减小送风量、增大送风温差，使夏季送风温度过低，则可能使人感受冷气流作用而感到不适，同时室内温湿度分布的均匀性与稳定性也会受影响。因此，夏季送风温差需受限制。舒适性空调夏季的送风温差一般为 6～10℃。工艺性空调的送风温差随室温允许波动的范围和换气次数的大小变化较大。由于冬季送热风时的送风温差值可以比送冷风时的送风温差值大，所以冬季送风量可以比夏季小。空调送风量一般是先用冷负荷确定夏季送风量，在冬季采用与夏季相同的送风量，也可小于夏季。冬季的送风温度一般以不超过 45℃为宜。

送风量除需满足处理负荷的要求外，还需满足一定的换气次数，即房间通风量与房间体积的比值，单位是次/小时。对于有净化要求的车间，换气次数有的可能高达每小时数百次。夏季送风温差的建议值与推荐的换气次数可参阅《采暖通风与空气调节设计规范》（GB 50019—2003）。由于送风温差对送风量及空调系统的初投资与运行费有显著的影响，因此宜在满足规范要求的前提下尽量采取较大的送风温差。

2. 新风量的确定

保证空调房间内有足够的新风量，是保证室内人员身体健康与舒适的必需措施。新风量不足，造成房间内空气质量下降，会使室内人员产生闷气、粘膜刺激、头痛及昏睡等症状。但增加新风量将带来较大的新风负荷，从而增加空调系统的运行费用，因此也不能无限制地增加新风在送风量中所占百分比。《采暖通风与空气调节设计规范》（GB 50019—2003）给出了空调系统最小新风量的规定。表 6-3 是民用建筑的最小新风量的规定值。如果旅馆客房等的卫生间排风量大于按此表所确定的数值时，新风量应按排风量计算。而工艺性厂房应按补偿排风、保持室内正压与保证室内人员每人不小于 30m³/h 新风量的三项计算结果中的最大值来确定。

民用建筑最小新风量   表 6-3

房间类型	新风量（m³/h·人）
大堂、四季厅、咖啡厅	10
多功能厅、理发室、宴会厅、餐厅	20
办公室、客房、游艺厅	30
美容室	45

（二）空调房间的气流组织

经处理后的空气送入空调房间，在与周围空气进行热质交换后又被排出，在此过程中形成了一定的温湿度、洁净度与流速的分布场。送风口的形式、数量、位置、排（回）风口的位置、送风参数、风口尺寸、空间的几何尺寸等均对房间内气流参数的分布场有显著的影响。

不同用途的空调工程，对气流的分布形式有不同的要求。如恒温恒湿空调要求在工作区内保持均匀、稳定的温、湿度；有高度净化要求的空调工程，则要求工作区内保持要求的洁净度和室内正压；对空气流速有严格要求的空调工程如舞台、乒乓球赛场等，需要保证工作区内的气流流速符合要求。因此合理组织气流，使其形成的气流分布满足被调房间的设计要求是必要的。

目前，国内空调房间常用气流组织的送风方式，按其特点主要可归纳为侧送、孔板送风、散流器送风、条缝送风、喷口送风等。孔板送风常在室温允许波动范围要求较严格的空调房间内应用。

1. 侧送

侧送是一种最常用的气流组织方式，它具有结构简单、布置方便和节省投资等优点。一般采用贴附射流形式，工作区通常处于回流中。常用的贴附射流形式有下列几种（图6-24）：

（1）单侧上送、下回，或走廊回风；

（2）单侧上送上回；

（3）双侧外送上回风；

（4）双侧内送下回或上回风；

（5）中部双侧内送上、下回或下回、上排风。

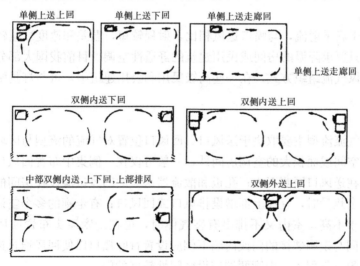

图 6-24 侧送方式气流组织

一般层高空调房间，面积小的宜采用单侧送风。若房间长度较长，单侧送风射程不能满足要求时，可采用双侧送风。中部双侧送、回风适用于高大厂房。

2. 孔板送风

孔板送风是将空调送风送入顶棚上的稳压层中，通过顶棚上设置的穿孔板均匀送入室内。在整个顶棚上全面布置穿孔板，称为全面孔板。在顶棚上局部布置穿孔板，称为局部孔板。可利用顶棚上的整个空间作为稳压层，也可设置专用的稳压箱。穿孔板可用金属板、塑料板或木制板等制作。

孔板送风的特点是射流的扩散和混合较好，工作区温度和速度分布较均匀。因此，对于区域温差与工作区风速要求严格、单位面积风量比较大、室温允许波动范围较小的空调房间，宜采用孔板送风的方式。全面孔板在一定设计条件下可形成送单向平行流或不稳定流，前者适用于有高洁净度要求的房间，后者适用于室温允许波动范围较小且气流速度较低的空调房间。

3. 散流器送风

散流器是装在顶棚上的一种送风口，有平送与下送两种方式。它的送风射流射程和回流的流程都比侧送短，通常沿着顶棚和墙形成贴附射流，射流扩散比较好。平送方式一般适用于对室温波动范围有要求，层高较低且有顶棚或技术夹层的空调房间，能保证工作区稳定而均匀的温度与风速。下送方式要求一定的布置密度，以便能较好的覆盖工作区，所以单位面积风量一般比较大，管道布置比较复杂。

散流器有盘式散流器、圆形直片散流器、方形片式散流器与直片形送吸式散流器及流线型散流器。常用的是结构简单、投资较省的盘式或方形片式散流器。

4. 喷口送风

喷口送风是大型体育馆、礼堂、剧院、通用大厅以及高大空间的工业厂房或公用建筑等常用的一种送风方式。由高速喷口送出的射流带动室内空气进行强烈混合，在室内形成大的回旋气流，工作区一般处于回流中。这种送风方式射程远，系统简单，节省投资，一般能够满足工作区舒适条件，因此广泛应用于高大空间以及舒适性空调建筑中。

5. 条缝送风

条缝送风属于扁平射流，与喷口送风相比，射程较短，温差和速度衰减较快。因此适用于散热量大的只要求降温的房间或民用建筑的舒适性空调。目前我国大部分的纺织厂空调均采用条缝送风气流组织方式。在一些高级民用和公用建筑中，可与灯具配合布置条缝送风口。

6. 回风口

空调房间的气流流型主要取决于送风口。回风口位置对气流的流型与区域温差影响很小。因此除高大空间或面积大的空调房间外，一般可仅在一侧集中布置回风口。侧送方式的回风口一般设在送风口同侧下方；孔板和散流器送风的回风口应设在房间的下部；高大厂房上部有一定余热量时，宜在上部增设排风口或回风口；有走廊的多个空调房间，如对消声、洁净度要求不高，室内又不排出有害气体时，可在走廊端头布置回风口，集中回风；而各空调房间与走廊邻接的门或内墙下侧应设置百叶栅口以便回风通过进入走廊。走廊回风时为防外界空气侵入，走廊两端应设密闭性较好的门。

回风口的构造比较简单，类型也不多。常用的回风口形式有单层百叶风口、固定格栅风口、网板风口、箅孔或孔板风口等。也有与粗效过滤器组合在一起的网格回风口。

第五节　建　筑　通　风

一、建筑通风与通风量

（一）建筑通风的意义

通风就是把室内被污染的空气直接或经净化后排出室外，把新鲜的空气补充进来，从而保证室内的空气环境符合卫生标准和满足生产工艺的要求。

通风与空气调节的区别在于空调系统往往把室内空气循环使用,把新风与回风混合后进行热湿处理和净化处理,然后再送入被调房间。而通风系统不循环使用回风,对送入室内的室外新鲜空气并不作处理或仅作简单加热或净化处理,并根据需要对排风进行除尘净化处理后排出或直接排出室外。

一般的民用建筑和一些发热量小而且污染轻微的小型工业厂房,通常只要求保持室内空气新鲜清洁,并在一定程度上改善室内空气温湿度和流速。这种情况下往往可以采用通过门窗换气、穿堂风降温等手段就能满足要求,不需要对进、排风进行处理。

许多工业生产厂房中,工艺工程可能散发大量热、湿、各种工业粉尘以及有害气体和蒸汽。这些污染物若不排除,必然危害工作人员身体健康,影响正常生产过程与产品质量,损坏设备和建筑结构。此外,大量工业粉尘和有害气体排入大气,势必导致环境污染,但又有许多工业粉尘和气体是值得回收的原材料。因此这时通风的任务就要用新鲜空气替代室内污染空气,消除其对工作人员和生产过程的危害,并尽可能对污染物进行回收,化害为宝,防止环境污染。这种通风工程称为"工业通风",一般必须采用机械的手段才能进行。

（二）通风方式

根据通风的工作动力不同,建筑通风可分为自然通风和机械通风两种。自然通风是借助自然压力"风压"或"热压"促使空气流动的。而机械通风是依靠机械系统产生的动力强制空气流动的。自然通风所利用的风压是由于室外气流会在建筑物的迎风面上造成正压区,并在背风面上造成负压区。在风压的压差作用下,室外气流通过建筑物迎风面上的门窗、孔口进入室内,室内空气则通过建筑物背风面及侧面的门窗、孔口排出。热压是由于室内外空气温度不同,因而存在空气密度差,形成室内外空气重力压差,驱使密度较大的空气向下方流动而密度较小的空气向上方流动,即所谓的"烟囱效应"。如果室内空气温度高于室外,则室外空气会从建筑物下部的门窗进入室内,室内空气会从建筑物上部的门窗排出,反之亦然。

自然通风有两种方式:有组织的自然通风和渗透通风。前者通过精确设计确定建筑围护结构的门窗大小与方位,或通过管道输送空气来有计划地获得有组织的自然通风,并可通过改变孔口面积大小的方法调节通风量。渗透通风是在风压、热压或人为形成的室内正压或负压的作用下,通过围护结构的孔口缝隙进行室内外空气交换的过程。这种方法不能有计划地组织室内气流,也不能控制换气量,因此只能作为一种辅助性的通风措施。

自然通风的突出优点是不需要动力设备,不需要消耗能量。缺点是通风量受自然条件和建筑结构的约束难以有效控制,通风效果不够稳定。而且除管道式自然通风可以对空气进行加热处理外,其他方式均不能对进、排风进行有效处理。

与自然通风不同,机械通风不受自然条件限制,可根据需要来确定、调节通风量和组织气流,确定通风的范围,并对进、排风进行有效的处理。但机械通风需要消耗电能,风机和风道等设备需要占用一定的建筑空间,因此初投资和运行费都比较高,安装和维护管理都比较复杂。机械通风分为局部通风和全面通风两种形式。局部通风即在有害物产生地点把它们直接捕集,排至室外,或直接向有害物产生地点送新鲜空气,降低局部有害物浓度。这种通风系统需要的风量小,效果好,设计时应优先考虑。如果因条件所限不能采用局部通风,或采用局部通风后,室内有害物浓度仍然超过卫生标准,此时可采用全面通风。全面通风即对整个房间进行通风换气，所需通风量大大超过局部排风，相应设备也比较庞大。

（三）通风量

从上述的通风或空调原理可以看出，无论是对室内进行通风还是空调，都要保证将足够的室外新鲜空气（新风）引入室内，置换室内已被污染的空气，以稀释和排除室内空气污染物，改善和维持良好的室内空气品质。

对于过渡季（春、秋季），室内外空气参数比较接近，通风换气除通风机械所需能量外，无其他能量消耗。而对于冬、夏季，室内外状态参数相差很大，此时对供暖或供冷的建筑物进行通风换气，就要支付能量费用了。为减少通风所需能源消耗，就应降低通风换气量。同时应保证将室内的空气污染物稀释到卫生标准规定的最高允许浓度以下所必需的通风换气量。

1. 根据卫生标准确定通风换气量

在体积为 V 的房间内，污染源单位时间内散发的污染物量为 M，通风系统开动一段时间后，室内空气中污染物的浓度为 C_2，如果采用全面通风稀释室内空气中的污染物，通风量为 G，那么，在稳定状态条件下，根据质量守恒定律，可建立室内污染物进出平衡方程。

$$GC_0 + M = GC_2 \tag{6-8}$$

整理得：

$$G = \frac{M}{C_2 - C_0} \quad \text{m}^3/\text{s} \tag{6-9}$$

式中　G——全面通风量，m^3/s；

　　　C_0——送风空气中污染物的浓度，g/m^3；

　　　C_2——稳定状态下室内空气中污染物浓度，g/m^3；

　　　M——室内污染物散发量，g/s。

式（6-9）表明换气量主要取决于：（1）室内污染物允许浓度；（2）室外空气污染物浓度；（3）室内污染物发生量。通常情况下，多种污染物同时在室内放散，换气量应按各种气体分别稀释至允许浓度所需空气量的总和计算。实际上，通风能同时稀释各种污染物，因此，理论上换气量应分别计算稀释各污染物所需的风量，然后取最大值。工程实践中，根据通风房间的具体特点，选取其中一个有代表性的污染物允许浓度标准，作为确定换气量的依据。

2. 消除余热或余湿所需的全面通风换气量

如果室内产生热量或水蒸气，为了消除余热或余湿所需的全面通风换气量，可按下式计算。

消除余热：

$$G = \frac{Q}{c(t_n - t_w)} \quad \text{kg/s} \tag{6-10}$$

式中　Q——室内余热量，kJ/s；

　　　c——空气的质量比热，其值为 $1.01\text{kJ/kg} \cdot \text{℃}$；

　　　t_n——排出空气的温度，℃；

　　　t_w——进入空气的温度，℃。

消除余湿：

$$G=\frac{W}{d_n-d_w} \quad kg/s \tag{6-11}$$

式中　W——室内余湿量，g/s；

d_n、d_w——分别为排出空气和进入空气的含湿量，g/kg。

当缺乏计算通风量的资料，如散入室内的污染物量无法具体计算，或有其他困难时，全面通风量可按类似房间换气次数的经验数值进行计算。这也是工程上常用的估算方法。各种房间的换气次数详见表6-4。根据换气次数和房间体积，便可计算出房间的通风换气量。

居住及公用建筑物通风换气次数　　　　　　　　　　　表 6-4

房间名称	换气次数（次/h）	房间名称	换气次数（次/h）
住宅、宿舍的卧室	1.0	托儿所活动室	1.5
一般饭店、旅馆的卧室	0.5～1.0	学校教室	3
高级饭店、旅馆的卧室	1.0	图书室、阅览室	1
住宅厨房	3	学生宿舍	2.5
商店营业厅	1.5	图书馆报告厅	2
档案库	0.5～1	图书馆书库	1～3
候车（机）厅	3	地下停车库	5～6

二、自然通风作用原理

房间所需的通风换气量，可以通过机械通风、自然通风和空调新风系统输送到室内。机械通风和空调新风系统均设有风机等动力装置，以强迫空气流动，因此它们的运行需要消耗能量，运行管理较为复杂。自然通风是一种比较经济的通风方式，不消耗动力，也可以获得较大的通风换气量。自然通风换气量的大小与室外气象条件、建筑物自身结构密切相关，难以人为地进行控制。但由于自然通风简便易行，节约能源，且有利于环境保护，其广泛应用于工业与民用建筑的全面通风中。

如果建筑物外墙上的窗孔两侧存在压力差 ΔP，就会有空气流过该窗孔，空气流过窗孔时的阻力就等于 ΔP。根据窗孔两侧的压力差 ΔP 和窗孔的面积 F，就可以确定通过该窗孔的空气量。空气量的大小是随 ΔP 的增加而增加的。下面简要分析在自然通风条件下，ΔP 产生的原因和提高的途径。

（一）热压作用下的自然通风

有一建筑物如图6-25所示，在外围护结构的不同高度上设有窗孔 a 和 b，两者的高差为 h。假设窗孔外的静压力分别为 P_a、P_b，窗孔内的静压力分别为 P'_a、P'_b，室内外的空气温度和密度分别为 t_n、ρ_n 和 t_w、ρ_w。由于 $t_n>t_w$，所以 $\rho_n<\rho_w$。

如果我们首先关闭窗孔 b，仅开启窗孔 a_0，不管最初窗孔 a 两侧的压差如何，由于空气的流动，P_a 将会等于 P'_a。当窗孔 a 的内外压差 $\Delta P = (P'_a - P_a) = 0$ 时，空气停止流动。在 $\Delta P_a = 0$ 的情况下，只要 $\rho_w>\rho_n$（即 $t_n>t_w$），则 $\Delta P_b>0$。因此，如果窗孔 b 和窗孔 a 同时开启，空气将从窗孔 b 流出。随着室内空气的向外流动，室内静压逐渐降低，(P'_a-P_a) 由等于零变为小于零。这时室外空气就由窗孔 a 流入室内，一直到窗孔 a 的进

风量等于窗孔 b 的排风量时，室内静压才保持稳定。由于窗孔 a 进风，$\Delta P_a < 0$；窗孔 b 排风，$\Delta P_b > 0$。

如果室内外没有空气温度差或者窗孔之间没有高差，就不会产生热压作用下的自然通风。实际上，如果只有一个窗孔也仍然会形成自然通风，这时窗孔的上部排风，下部进风，相当于两个窗孔紧挨在一起。

（二）余压的概念

为便于分析，我们把室内某一点的压力和室外同标高未受扰动的空气压力的差值称为该点的余压。仅有热压作用时，窗孔内外的压差即为窗孔内的余压，该窗孔的余压为正，则窗孔排风。如该窗孔的余压为负，则窗孔进风。

在热压作用下，余压沿房间高度的变化如图 6-26 所示。余压值从进风窗孔 a 的负值逐渐增大到排风窗孔 b 的正值。在 0—0 平面上，余压等于零，我们把这个平面称为中和面。位于中和面的窗孔上是没有空气流动的。

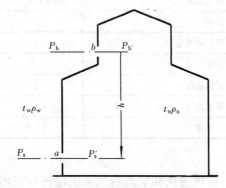
图 6-25 热压作用下的自然通风

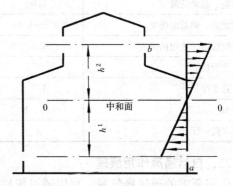
图 6-26 余压沿房间高度的变化

对于多层和高层建筑，在热压作用下室外冷空气从下部门窗进入，被室内热源加热后由内门窗缝隙渗入走廊或楼梯间，在走廊和楼梯间形成了上升气流，最后从上部房间的门窗渗出到室外。

无论是楼梯间内还是在门窗处的热压，均可认为是沿高度线性分布的，见图 6-27。沿高度方向有一个分界面，上部空气渗出，下部空气渗入。这个分界面即上述的中和面，中和面上既没有空气渗出，也没有空气渗入。如果沿高度方向上的门窗缝隙面积均匀分布，则中和面应位于建筑物或房间高度的 1/2 处。如果外门窗上的小中和面移出了门窗的上下边界，则该外门窗就是全面向外渗出或全面向内渗入空气。

（三）风压作用下的自然通风

室外气流与建筑物相遇时，将发生绕流，经过一段距离后，气流才恢复平行流动，见图 6-28。由于建筑物的阻挡，建筑物四周室外气流的压力分布将发生变化，迎风面气流受阻，动压降低，静压增高，侧面和背风面由于产生局部涡流静压降低。和远处未受干扰的气流相比，这种静压的升高或降低统称为风压。静压升高，风压为正，称为正压；静压下降，风压为负，称为负压。风压为负值的区域称为空气动力阴影。

某一建筑物周围的风压分布与该建筑的几何形状和室外的风向有关。风向一定时，建筑物外围护结构上某一点的风压值可用下式表示：

$$P_f = K \frac{v_w^2}{2} \rho_w \quad \text{Pa} \tag{6-12}$$

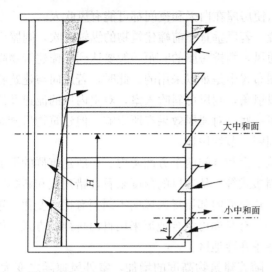

图 6-27 多层建筑的热压引起的空气渗透

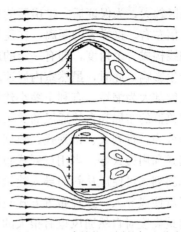

图 6-28 建筑物四周的气流分布

式中 K——空气动力系数；

υ_w——室外空气速度，m/s；

ρ_w——室外空气密度，kg/m³。

K 值为正，说明该点的风压为正值；K 值为负，说明该点的风压为负值。不同形状的建筑物在不同方向的风力作用下，空气动力系数分布是不同的。空气动力系数要在风洞内通过模型试验求得。

同一建筑物的外围护结构上，如果有两个风压值不同的窗孔，空气动力系数大的窗孔将会进风，空气动力系数小的窗孔将会排风。

三、建筑设计与自然通风的配合

在工业和民用建筑设计中，应充分利用自然通风来改善室内空气环境，以尽量减少室内环境控制的能耗。只有在自然通风不能满足要求时，才考虑采用机械通风或空气调节。而自然通风的效果是与建筑形式密切相关的。所以通风设计必须与建筑及工艺设计互相配合，综合考虑，统筹安排。

（一）自然通风的组织

房间要取得良好的自然通风，最好是组织穿堂风。所谓穿堂风，是指风从迎风面的进风口吹入，穿过建筑物房间从背风面的出风口吹出。穿堂风的气流路线应流过人经常活动的范围，而且要造成一定的风速，风速以 0.3～1.0m/s 为最好。对有大量余热和污染物产生的房间，组织自然通风时，除保证必需的通风量外，还应保证气流的稳定性和气流线路的短捷。

1. 建筑朝向、间距及建筑群的布局

建筑朝向选择的原则是：既要争取房间的自然通风，也要考虑防止太阳辐射以及暴雨的袭击等。因为建筑物迎风面最大的压力是在与风向垂直的面上，所以在夏季有主导风向的地区，对单独的或在坡地上的建筑物，应使房屋纵轴尽量垂直于夏季主导风向。夏季，我国大部分地区的主导风向都是南、偏南或东南。因而，在传统建筑中，朝向多偏南。从防太阳辐射角度来看，也以将建筑物布置在偏南方向较好。在有水陆风、山谷风等地方风的地区，应争取建筑朝向地方风向,或把它引导入室,使房屋在白天和夜间都可能有风吹入。

实际上,建筑物都是多排、成群的布置。若风垂直于前幢建筑物的纵轴正吹,则屋后的漩涡区较大,为保证后一排房屋的良好通风,两排房屋的间距一般要达到前幢建筑物高度的 4 倍左右。这样大的距离,在建筑总图布置中是难以采用的。此时,若风向与建筑物的纵轴线构成一个角度,即有一定的风向投射角,则风可斜吹入室,对室内风的流速及流场都产生影响,此时,虽然室内风速降低了一些,对通风效果有所影响,但建筑物后漩涡区的长度却大为缩短,有利于缩小建筑物间距,节约用地。

建筑群的布局和自然通风的关系,可从平面和空间两个方面考虑。一般建筑群的平面布局可分为:行列式、错列式、斜列式及周边式等。从通风的角度来看,错列式和斜列式较行列式和周边式好。当用行列式布置时,建筑群内部流场因风向不同而有很大变化。错列式和斜列式可使风从斜向导入建筑群内部,有时亦可结合地形采用自由排列的方式。周边式很难使风导入,这种布置方式只适于冬季寒冷地区。

建筑高度对自然通风也有很大的影响。随着建筑物高度的增加,室外风速随之变大。而门窗两侧的风压差与风速的平方成正比。另一方面,热压与建筑物的高度也成正比。因此,自然通风的风压作用和热压作用随着建筑物高度的增加而增强。这对高层建筑自身的室内通风有利。

伴随着超高层建筑的出现,产生了"楼房风"的危害。原因是这种高大建筑会把城市上空的高速风能引向地面。大约在其迎风面高度 2/3 处的以下部分形成风的涡流区,对周围低层建筑的风向影响较大。在建筑物的两侧与顶部则因流道变窄,而使流速大大增加,形成"强风"。这将对自然通风的稳定性和控制产生不利影响。

2. 建筑的平面布置与剖面处理

建筑物的平、剖面设计,也在很大程度上影响房间的自然通风。因此,在满足使用要求的前提下,应尽量做到有利于自然通风。

建筑物主要的房间应布置在夏季的迎风面,背风面则布置辅助用房。当房间进气口位置不能正对夏季风向时,可用台阶式平面组合,以及设置导流板、绿化等方法。改变气流的方向,引风入室,甚至使热空气的温度在吹入房间前,就略有降低。利用天井、楼梯间等,增加建筑物内部的开口面积,并利用这些开口引导气流,组织自然通风。开口位置的布置应使室内流场分布均匀。改进门、窗及其他构造,使其有利于导风、排风和调节风量、风速。例如采用漏空隔断、屏门、推窗、格窗、旋窗等;在屋顶上设置撑开式或拉动式天窗扇,水平或垂直翻转的老虎窗等,都可起导风、透风的作用。

(二)气流分布的定性分析

自然通风与建筑结构密切相关。房间的开口和通风构造措施等,影响着通风气流的组织,同时也决定了房间自然通风的气流分布。现对此作一定性分析。

房间开口尺寸的大小,直接影响风速及进风量。开口大,则流场较大;缩小开口面积,流速虽相对增加,但流场缩小,如图 6-29 中 a、b 所示。因此,开口大小与通风效率之间并不存在正比关系。据测定,当开口宽度为开间宽度的 1/3~2/3,开口的大小为地板总面积的 15%~25%时,通风效率最佳。图 6-29c 表示进风口面积大于出风口,结果加大了排出室外的风速。要想加大室内风速,应加大排气口面积,如图 6-29d 所示。

开口的相对位置直接影响气流路线,应根据房间的使用功能来设置。通常在相对两墙面上开进、出风口。若进、出风口正对风向，则主导气流就由进风口笔直流向出风口。除了在出风口那边两个墙角会引起局部流动外，对室内其他地点的影响很小，而沿着两侧墙的气流微弱，特别是在进风口一边的两个墙角处。此时，若错开进、出风口的位置，或使进、出风口分设在相邻的两个墙面上，利用气流的惯性作用，使气流在室内改变方向，可能会获得较好的室内通风条件，如图 6-29e 所示。

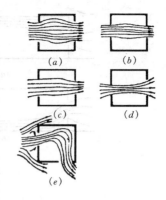

图 6-29　室内气流
分布图示

在建筑剖面上，开口高低与气流路线亦有密切关系。图 6-30 说明了这一关系。图中 a、b 为进气口中心在房间高度的离地面 1/2 以上的气流分布示意图。图 6-30c、d 为进气口中心在房间高度的 1/2 以下的气流分布示意图。图 6-30 表示出口位置对气流速度的影响。由图可知，出口在上部时室内各点的气流速度均比出口在下部时各相应点的气流速度要小些。

遮阳设施也在一定程度上影响室内气流分布的形态。图 6-31 为遮挡 45°太阳高度角的各种水平遮阳板对室内气流分布的影响。

门窗装置的方法对室内自然通风的影响很大。窗扇的开启有挡风或导风作用，装置得宜，则能增加通风效果。一般房屋建筑中的窗扇常向外开启成 90°角。这种开启方法，当风向入射角较大时，使风受到很大的阻挡（图 6-32a），如增大开启角度，则可改善室内的通风效果（图 6-32b）。中轴旋转窗扇的开启角度可以任意调节，必要时还可以拿掉．导风效果好，可以促进气量增加。百叶窗、上悬窗及可部分开启的卷帘等不同窗户形式对室内气流分布的影响见图 6-33。

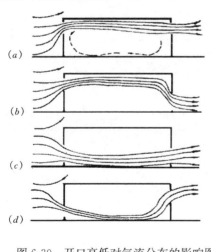

图 6-30　开口高低对气流分布的影响图

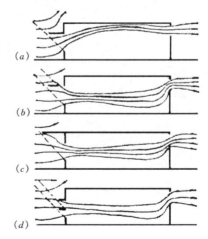

图 6-31　水平遮阳板对气流分布的影响

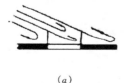

（a）

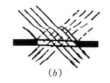

（b）

图 6-32　窗扇对气流流动的影响

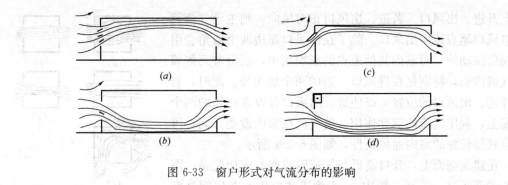

图 6-33　窗户形式对气流分布的影响

第七章　建筑节能技术与设计

目前，我国南方地区夏季空调用电量大、北方地区采暖耗能高，而且普遍存在建筑单位面积能耗大、效率低、围护结构的保温隔热性能不高等问题。因此，随着我国建设资源节约型、环境友好型社会和节能减排工作的不断深入，建筑节能的重要性和紧迫性还将日益凸显。

第一节　我国建筑节能的基本概况

一、建筑节能的含义

建筑节能是指在建筑中合理使用或有效利用能源，积极主动地节省在采暖、通风、空调、照明、炊事、家用电器和热供应等方面的能源消耗。

建筑节能不能简单的认为是少用能，应该节流开源与提高效率并举。节流即减少对常规能源的浪费；开源即合理使用可再生能源；提高效率即改进设备，严格管理，高效用能。

建筑节能主要通过采取技术上可行、经济上合理及环境和社会可以承受的措施，提高使用效率，加强用能管理，从而减少从能源生产到消费各个环节中的损失和浪费，更加有效、合理地利用能源。

二、建筑节能的政策要求

我国的建筑节能工作始于 20 世纪 80 年代。建设部于 1986 年制定了第一部旨在推动建筑节能工作的行业法规《民用建筑节能设计标准（采暖居住建筑部分）》JGJ 26—86，节能率要求 30％。该标准于 1995 年进行了修订，即《民用建筑节能设计标准（采暖居住建筑部分）》JGJ 26—95，节能率要求 50％。1998 年开始实施的《中华人民共和国节约能源法》规定：建筑物的设计与建造应当依照有关法律、行政法规的规定，采用节能型建筑结构、材料、器具和产品，提高保温隔性能，减少采暖、制冷、照明的能耗。

2005 年 7 月 1 日实施的《公共建筑节能标准》，适用于新建、扩建和改建的公共建筑节能设计。通过改善建筑围护结构保温、隔热性能，提高供暖、通风和空调系统的能效比，采取增进照明设备效率等措施，在保证相同的室内热环境舒适参数条件下，与 20 世纪 80 年代初设计建成的公共建筑相比，全年供暖、通风、空调和照明的总能耗可减少 50％。

2006 年 1 月 1 日起实施的《民用建筑节能管理规定》指出，鼓励民用建筑节能的科学研究和技术开发，推广应用节能型的建筑、结构、材料、用能设备和附属设施及相应的施工工艺、应用技术和管理技术，促进可再生能源的开发利用。新建民用建筑应当严格执行建筑节能标准要求，民用建筑工程扩建和改建时，应当对原建筑进行节能改造。

2007 年 6 月 3 日国务院印发《节能减排综合性工作方案》，并发出通知，必须充分认识节能减排工作的重要性和紧迫性，狠抓节能减排责任落实和执法监管，建立强有力的节能减排责任落实和执法监管，建立强有力的节能减排领导协调机制。

2007 年 10 月 26 日，建设部、财政部发布《国家机关办公建筑和大型公共建筑节能监管体系建设实施方案》，决定从能耗监测、能耗统计、能源审计等方面对大型公建用能进行审查和定额管理。

2008 年，国家新修订和出台了《中华人民共和国节约能源法》、《公共机构节能条例》和《民用建筑节能条例》等一系列节能法规和条例，把建筑节能作为节能减排的重要抓手。

2013 年 1 月 1 日，国务院办公厅以国办发〔2013〕1 号转发国家发展改革委、住房城乡建设部制订的《绿色建筑行动方案》，要求城镇新建建筑严格落实强制性节能标准，"十二五"期间，完成新建绿色建筑 10 亿平方米，到 2015 年末，20％的城镇新建建筑达到绿色建筑标准要求；"十二五"期间完成北方采暖地区既有居住建筑供热计量和节能改造 4 亿平方米以上，夏热冬冷地区既有居住建筑节能改造 5000 万平方米，公共建筑和公共机构办公建筑节能改造 1.2 亿平方米，实施农村危房改造节能示范 40 万套。到 2020 年末，基本完成北方采暖地区有改造价值的城镇居住建筑节能改造。

三、建筑节能工作的进展情况

1. 新建建筑执行节能设计标准情况有较大进步。新建建筑已基本上实现按节能设计标准设计，节能建筑的比例不断提高。截至 2006 年年底，全国共建成节能建筑面积 10.6 亿平方米，占全国城镇既有建筑面积比例的 7％，比重逐步增加。北京、天津、山东、河南、沈阳、大连等省市已率先执行节能 65％的设计标准。

2. 可再生能源在建筑中规模化应用势头逐步显现，应用面积不断扩大。全国大部分省市都对本地区可再生能源资源和利用条件进行了调查研究，制定了可再生能源"十二五"规划目标，出台了推广应用的标准规范，研发和集成了技术产品，制定了经济激励政策，并结合建设部、财政部可再生能源在建筑中应用示范工作，组织了本地区的可再生能源建筑应用的推广。截至 2006 年年底，全国城镇太阳能光热应用建筑面积为 2.3 亿平方米，浅层地能热泵技术应用建筑面积达 2650 万平方米。

3. 城镇供热体制改革工作稳步推进。各地紧紧围绕建筑节能主体，开展了供热计量试点示范，在提高供热效率、节能降耗、创新管理机制方面进行了有益的探索。

4. 建筑节能体制机制建设取得明显进展。大部分省市均出台了地方法规规章，在建筑节能管理机构、制度、责任等方面作了规定。

5. 新建节能建筑设计文件质量总体水平较高。

第二节　建筑节能技术设计

建筑节能技术包括建筑围护结构节能、新能源利用、良好环保技术、供热采暖的计量控制、新型空调技术等，以上技术措施都能起到降低建筑能耗的作用。

一、建筑围护结构节能技术

建筑的围护结构主要指的是外墙、外门窗、屋顶等。它们的设计对建筑耗能、环境性能、室内空气质量与用户所处的视觉和热舒适环境有很大的影响。

1. 墙材节能技术

墙体节能技术分为单一节能墙体和复合节能墙体。

单一节能墙体使用的是新型墙体材料。新型墙材以非黏土为原料，具有轻质、高强、节土、节能、利废、隔热、保温、保护环境、改善建筑功能等特点。根据新型墙体材料的特点，通过改善材料主体结构本身的热工性能能够达到墙体节能效果。

复合节能墙体通过多种材料按照一定的构造形式组合在一起，能够实现保温、隔热、承重、美观的功能，应用范围很广，主要有以下三种类型：

（1）内保温复合墙体

它是在外墙内侧（室内）粘贴保温材料（图7-1）。其优点是内保温投资少、构造相对简单，施工可在室内进行，施工时不受气候条件影响。但由于保温层内侧的保温层热容较低，室内温度波动较大，冬季宜采用低温连续供暖；在保温层覆盖不到位的部位（如过梁、窗台板）容易产生热桥而结露。

（2）夹心保温复合墙体

它是把保温材料（聚苯板、玻璃棉板或岩棉板）放在墙体中间。这种做法的优点是墙体和保温层同时完成，对保温材料的保护

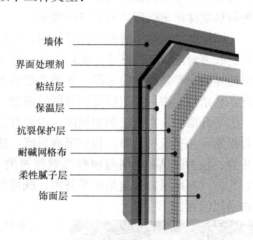

图7-1 墙体内保温构造示意

墙体
界面处理剂
粘结层
保温层
抗裂保护层
耐碱网格布
柔性腻子层
饰面层

较为有利。但由于保温材料把墙体结构分成内外"两层皮"，因此内外层墙体之间必须采取可靠的拉结措施。其常见类型有预制混凝土岩棉复合外墙、砖砌体中间保温墙体（图7-2）等。另外目前彩钢岩棉夹心板、GRC夹心板、硅钙石膏复合夹心板等将结构、保温、装饰为一体的复合板材也在广泛使用。它具有轻质、保温效果好、施工效率高等优点。

（3）外保温复合墙体

它是在外墙外侧粘贴保温材料。基底为结构承重墙体，如黏土多孔砖、混凝土空心砌块、灰砂砖、炉渣砖等新型墙材砌块。保温材料为膨胀型聚苯乙烯板、挤塑型聚苯乙烯板、岩棉板、玻璃棉粘等，以EPS板最为普遍（图7-3）。目前我国旧房节能改造以及新建住宅多采用墙体外保温形式。

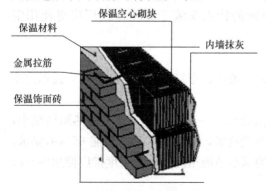

图7-2 墙体夹心保温构造示意

保温材料
保温空心砌块
金属拉筋
内墙抹灰
保温饰面砖

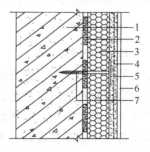

图7-3 EPS板薄抹灰系统

1—基层；2—胶粘剂；3—EPS板；4—玻纤网；
5—薄抹面层；6—饰面涂层；7—锚栓

2. 门窗节能技术

常用的门窗保温隔热技术途径主要有做好外门窗与墙体之间的保温、密封缝隙和选择节能窗型、使用节能材料三种。

（1）做好外门窗与墙体之间的保温和密封外门窗框与墙体间的缝隙。

（2）合理选择节能窗型

①推拉窗——在窗框下设置滑轨来回滑动，上部有较大的空间，下部有滑轮间的空隙，窗扇上下形成明显的对流交换，热冷空气的对流形成较大的热损失。此时，不论采用何种隔热型材作窗框都达不到节能效果。

②固定窗——由于窗框嵌在墙体内，玻璃直接安装在窗框上，玻璃和窗框采用胶条或者密封胶密封，空气很难通过密封胶形成对流，很难造成热损失。在固定窗上，玻璃和窗框热传导为主要热损失的来源，如果在玻璃上采取有效措施，就可以大大提高节能效果。因此，从结构上讲，固定窗是最节能的窗型。

③平开窗——在窗扇和窗框间一般设有橡胶密封压条，在窗扇关闭后，密封橡胶压条压得很紧，几乎没有空隙，很难形成对流，热量流失主要是玻璃、窗扇和窗框型材本身的热传导、辐射散热和窗扇与窗框接触位置的空气渗漏，以及窗框与墙体之间的空气渗漏等。北方严寒地区，普遍采用平开窗。既可有效解决空气渗漏造成的热量损失，又可解决室内通风问题。

图 7-4　平开下悬窗

平开悬窗——具有良好的密闭、保温及一定的防雨、导风性能。它又分为下悬窗、上悬窗、中悬窗和立转窗等类型。下悬窗窗扇上端开启，高缝位置一般高于室内活动人员的头部约 300～700mm，可以将室外相对强劲的硬风经过下悬窗面的缓冲形成不直接对人体形成冲击的平缓的新风气流，在起到室内换气通风目的的同时，又充分考虑到人性化的身体感受（图7-4），适合我国北方多风少雨的气候条件。出于建筑节能和高层建筑安全方面的考虑，北方地区的政策性法规也要求在新建和改造建筑中使用平开下悬窗。而上悬窗比较符合降雨天气的通风和防雨水的需求，因此在南方建筑项目中应用较多。中悬窗和立转窗主要根据建筑空间的特点安装于坡屋顶或厂房等使用空间中。

（3）合理选用节能材料

由于新型材料的发展，组成窗的主材（框料、玻璃、密封件、五金附件等）技术进步很快，使用节能材料是门窗节能的有效途径。

①玻璃——在窗户中，玻璃面积占窗户面积的 65%～75%。普通玻璃的热阻值很小，单层玻璃和普通单框双层玻璃，无法达到保温节能效果，满足不了目前节能 65% 的要求，在严寒地区属于淘汰产品。用于解决门窗能耗的基本节能措施是加大力度推广使用中空玻璃，尽快减少和杜绝使用单层玻璃或双玻窗。

②框料——窗用型材约占外窗洞口面积的 15%～30%，是建筑外窗中能量流失的另

一个薄弱环节。因此，窗用型材的选用也是至关重要的。目前节能窗的框架类型很多，如断热铝材、断热钢材、塑料型材、玻璃钢型材及复合材料（铝塑、铝木等）。目前，广泛应用的节能门窗根据框料的类型主要有塑钢门窗、隔热铝门窗和玻璃钢门窗三种，其传热系数见表7-1。

各类窗户传热系数对比 表7-1

窗框材料	窗户类型	传热系数 $[W/(m^2 \cdot K)]$
断热铝合金窗	单玻窗	5.7
	一般中空玻璃窗	2.7～3.5
塑料窗	单框单玻窗	4.7
	单框单玻窗	3.0～3.5
	单框中空玻璃窗	2.6～3.0
玻璃钢窗	单框单玻窗	4.0
	单框中空玻璃窗	2.3～2.8

③密封材料——应用较多的密封材料有硅胶、三元乙丙胶条。密封胶条用于玻璃、扇及框之间的密封，起着水密、气密及节能的重要作用。密封胶条必须具有足够的拉伸强度、良好的弹性、良好的耐温性和耐老化性，断面结构尺寸要与门窗型材匹配。

3. 屋面节能技术

屋顶作为一种建筑物外围护结构所造成的室内外温差传热、耗热量，大于任何一面外墙或地面的耗热量。因此，提高建筑屋面的保温隔热能力，能有效地抵御室外热空气传递，减少空调能耗，也是改善室内热环境的一个有效途径。通过运用保温隔热材料，改善屋面的热工性能，阻止热量的传递；隔离太阳辐射热，减少阳光直射，对屋顶可采用架空通风屋面（图7-5）；对屋面进行绿色覆盖既可遮阳又能隔热，而且通过光合作用，可消耗或转换部分能量，也起到美化环境的作用（图7-6）。

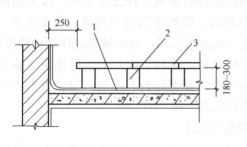

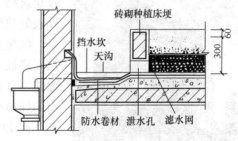

图7-5 架空隔热屋面构造
1—防水层；2—支座；3—架空板

图7-6 种植隔热屋面构造

屋面保温材料的选择应注意两个方面：1）保温材料要轻，导热系数要低；2）不应采用吸水率较大的保温材料。目前一些建筑的屋面保温采用岩棉板，大大改善了屋面的保温性能。

二、新能源利用技术

太阳能利用技术是指通过转换装置将太阳能源转换成热能、电能，并全方位地解决建筑内热水、采暖和照明用能的技术。例如，通过转换装置，把太阳辐射能转换成热能利用的属于太阳能热利用技术，再利用热能进行发电的称为太阳能热发电技术；通过转换装置把太阳辐射能转换成电能利用的属于太阳能光发电技术，又叫太阳能光伏技术（图 7-7）。

在太阳能照射和地心热产生的大地热流的综合作用下，地壳近表层数百米内恒温带中的土壤、砂石和地下水里蕴藏着丰富的低温地热能。热泵是一种把热量从低温端送向高温端的专用设备。热泵有空气源热泵、土壤源热泵（图 7-8）、水源热泵。

图 7-7　光伏发电屋面

图 7-8　地埋管式土壤源热泵示意

三、环境与环保技术

1. 立体绿化技术

立体绿化是选择攀缘植物及其他植物栽植并依附，或者铺贴于各种构筑物及其他空间结构上的绿化方式。立体绿化对建筑节能的作用更直接，主要表现在夏季，通过植物冠盖、叶片的这样作用减少建筑物对太阳辐射热的吸收，通过蒸腾作用吸收建筑物围护结构的热量，释放水蒸气，改善建筑物外表的热湿环境，降低建筑空调负荷，实现节能；冬季，绿化主要起屏蔽作用，减小风压对建筑物的作用，从而降低供热负荷，达到节能目的。对建筑实施立体绿化，具有不占用宝贵的地表面积，却能大大提高城市的绿地率的优点（图 7-9）。

图 7-9　立体绿化实例

2. 垃圾处理技术

城市垃圾成分复杂，并受经济发展水平、能源结构、自然条件及传统习惯等因素的影响，很难有统一的处理模式。对城市垃圾的处理一般是随国情而异，不管采用哪种处理方式，但最终都是以无害化、资源化、减量化为处理目标。我国城市垃圾处理起步较晚，目前我国多数城市垃圾不太适宜焚烧用于发电，而填埋又受土地资源限制，采用经济高效与纳米碳酸钙联产技术的处理城市垃圾是值得推广应用的有效方法。其直接利用热能作为微生物农药与纳米碳酸钙生产的热源与冷源（通过吸收式制冷系统转换）。考虑到能源平衡问题，将剩余的热能用于制冰，生产有保鲜杀菌功能的"超级冰"，可广泛用于鱼肉保鲜业的卫生用冰。从而实现垃圾高价值利用与完全无害化处理，不但减轻城市市政负担，还为社会创造财富，这种方法可实现垃圾的"减量、再用、循环"的无害化处理。

3. 城市污水处理与回用技术

我国属世界 12 个贫水国家之一，人均水资源占有量仅 $2400m^3$，尤其北方地区人均水资源占有量仅 $200\sim400m^3$，水资源的紧缺状况在一定程度上限制了工农业生产和城市的发展，许多城市不得不到几十公里以外开辟水源，其投资在 1000 元/m^3 以上，制水成本高达 1.0 元/m^3 以上。相比之下，城市污水处理厂二级处理的尾水，是一种稳定的水资源，其投资约 $200\sim300$ 元/m^3，制水成本在 0.30 元/m^3 左右。我国的天津、大连、太原、青岛、泰安等地污水回用的工程实践，充分证明了城市污水回用的经济性。

处理污水的方法有物理处理法、物理化学法、生物处理法等。处理完后的再生水还可进行利用，因地制宜根据需要确定利用途径，如农业用水、市政园林用水、生活杂用水、城市二级河道景观用水等。而城市污水处理厂产生的大量污泥也应妥善处理和处置，避免产生二次污染，危害城市环境。目前较多的是将污泥填埋，这不但需要大量的土地，而且废弃了大量污泥资源。因此污泥处置的最终出路应该是作为农业肥料———充分利用污泥中富含的氮、磷、钾等营养物质，既可避免污染，又可创造经济效益。

四、空调节能技术

空调节能技术主要着重点在：一是节能元件与节能技术的应用；二是改善空调设计，优化结构参数；三是运行中的节能控制，即变容量控制技术。

1. 储能技术

储能技术又包括显热蓄能技术、潜热蓄能技术、蓄冷空调技术、蓄热空调技术。

2. 热回收技术

如何充分利用排风的能量，对新风进行预冷或预热，从而减小新风负荷，是暖通空调节能的重要途径。此外，有的建筑物内需要全年供冷，而制冷机的冷凝热通过冷却塔排放到大气中，如何利用冷凝热以提高能源的利用效率也是需要注意的问题。暖通空调中的热回收技术就是在这样的背景下产生和发展的。热回收技术包括热管技术和冷凝热回收技术。

3. 变频技术

变频空调采用变频调速技术控制压缩机和风机运转，轻载时自动以低频维持，不需开停控制，可以省电 20%～70%。变频空调通过压缩机转速的变化，可以实现制冷量随室外温度的上升而上升、下降而下降，这样就实现了制冷量与房间热负荷的自动匹配，改善了舒适性，也节省了电力。

五、供暖系统技术

供暖系统节能技术要考虑的因素有：平衡供暖、热量按户计量收费及室温控制调节、管道保温等。由于供暖管道保温不良，输送中热能散失过多，造成很大的浪费。现在许多工程已采用预制保温管，即内管为钢管，外套聚乙烯或玻璃钢管，中间用泡沫聚氨酯保温，不设管沟，直埋地下，管道热损失小，施工维修方便。

第三节　太阳能建筑设计概述

高效利用太阳能提供给建筑的复合能量，能够减少常规能源消耗，满足建筑的使用需求，实现安全、便利、舒适、健康的环境。

一、规划设计要求

对于太阳能建筑来说，符合生态理念的规划设计是良好的开端，能够为建筑自身充分利用太阳能或使太阳能光热、光电设备提高效率打下坚实的基础。

1. 合理的基地选择与场地规划。

建筑基地应当选择在向阳的平地或坡地上，以争取尽量多的日照，为建筑单体的热环境设计和太阳能应用创造有利的条件；不宜布置在山谷、洼地、沟底等凹形场地中。

建筑组团相对位置的合理布局，可以取得良好的日照，同时还能利用建筑阴影达到夏季遮阳的目的。

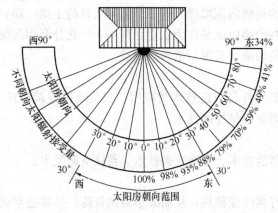

图 7-10　不同方向的太阳辐射

2. 确定建筑物的朝向。

朝向的选择应能充分考虑到冬季利用太阳能采暖并有效防止冷风侵袭，夏季利用阴影和空气流动降低建筑物表面和室内温度。

为了尽可能多的接收太阳热，应使建筑物的方位限制在偏离正南±30°以内。最佳朝向是南向，以及东西15°朝向范围。建筑物应满足最佳朝向范围，并使建筑内的各主要空间尽可能有良好的朝向，以使建筑争取更多的太阳辐射（图 7-10）。

3. 合理设计日照间距

日照间距是指前后两排建筑之间，为保证后排建筑在规定的时日获得所需日照量而保持的一定建筑间距。一定的日照间距是建筑充分得热的条件，但是间距太大又会造成用地浪费。一般以建筑类型的不同来规定不同的连续日照时间，以确定建筑的最小间距。

常规建筑一般按冬至日正午的太阳高度角确定日照间距，这就会造成冬至前后持续较长时间的日照遮挡。通常冬季 9 点至 15 点间 6 小时中太阳所产生的辐射量占全天辐射总量的 90％左右，若前后各缩短半小时（9：30～14：30），则降为 75％左右。因此，太阳能建筑日照间距应保证冬至日正午前后共 5 小时的日照，并且在 9 点至 15 点间没有较大遮挡。

4. 设置冷风屏障，减少热能损失

冬季防风不仅能提高户外活动空间的舒适度，同时也能减少建筑由冷风渗透引起的热损失。研究表明，当风速减小一半时，建筑由冷风渗透引起的热损失减少到原来的 25％。因此，室外冬季防风很关键。

在冬季上风向处，利用地形或周边建筑物、构筑物及常绿植被为建筑物竖立起一道风屏障，避免冷风的直接侵袭，有效减少冬季的热损。一个单排、高密度的防风林（穿透率36%），距4倍建筑高度处，风速会降低90%，同时可以减少被遮挡的建筑物60%的冷风渗透量，节约常规能源的15%。适当布置防风林的高度、密度与间距会收到很好的挡风效果。

5. 利用自然环境调节微气候

利用现有地形、水资源、植被，并加以改造和利用，调节场地中的微气候，在夏季提供阴影，利用蒸腾作用产生凉爽的空气流。利用不同的介质和界面反射或吸收太阳光。

二、建筑设计要求

在建筑设计的过程中，要自始至终地贯彻生态理念，不仅要有机的结合太阳能各项技术措施，更要让建筑本身节能、绿色、环保。

1. 门窗的保温隔热设计

除按照节能要求设计门窗外，还应合理控制各立面的窗墙面积比，确定门窗的最佳位置、尺寸和形式。南向窗户在满足夏季遮阳要求的条件下，面积尽量增大，以增加吸收冬季太阳辐射热；北向窗户在满足夏季对流通风要求的条件下，面积尽量减小，以降低冬季的室内热量散失。尽量限制使用东西向门窗。

2. 活动保温装置

活动保温装置按其安装位置，可分为装在玻璃外侧、内侧及两层玻璃之间三种。按其材料和构造，主要分为保温窗和保温帘两类。保温窗由硬制复合保温窗扇和窗框组成。保温窗扇由面料和心料复合而成。面料具有保护心料和装饰作用，有塑料壁纸、胶合板、装饰板、镀锌薄钢板、铝板等。心料有纤维状、粒状、块状三种，常用的有玻璃棉、矿渣棉、岩棉、膨胀珍珠岩、聚苯乙烯泡沫塑料（板或散粒）、聚氨酯泡沫塑料（硬制或软质）。保温帘由软质或硬制复合帘、启闭装置和密封导槽组成。

3. 充分利用日照环境，进行合理构造设计

对于向阳部分，可结合建筑造型利用垂直绿化遮阳，以减少炎热夏季的阳光直射（建筑遮阳可减少夏季空调能耗23%~32%），而且还能够创造丰富的建筑肌理形象，创造宜人的建筑光影环境，以符合和尊重人体的生物节奏。

对于背阴部分，则应该有效降低能耗，改善环境。如果北侧的次要房间面积都不大，则尽量降低北侧房间层高，使纯失热面的北墙面积减小；减小北侧房间的开窗面积，由于这些房间对自然采光的要求相对较低，故应大大减小其窗面积，以减少冬季冷风的渗透；在地下水位低的干燥地区，北侧房间可以卧入土中，或者在外侧堆土台，或利用向阳坡地形，将北墙嵌入土坡，以取得减小北墙面积及北侧阴影区的效果，有利于北墙的保温（图7-11）。

在建筑内部，如果建筑进深较大，则应设置风口，利用天井、楼梯、烟囱、中厅等加强热压通风或风压通风，

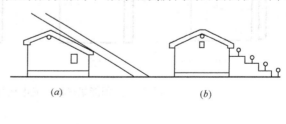
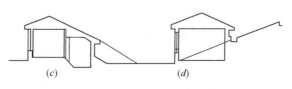

图7-11　建筑北侧的处理

实现夏季降温。

三、太阳能与建筑一体化设计

太阳能系统与建筑的结合需做到同步设计、同步施工，至少有四个方面的要求：在外观上，合理摆放光伏电池板和太阳集热器，无论是在屋顶还是在立面墙上，应实现两者的协调与统一；在结构上，要妥善解决光伏电池板和太阳集热器的安装问题，确保建筑物的承重、防水等功能不受影响，还要充分考虑光伏电池板和太阳集热器抵御强风、暴雪、冰雹等的能力；在管路布置上，要在建筑物中事先留出所有管路的通口，合理布置太阳能循环管路以及冷热水供应管路，尽量减小在管路上的电量和热量的损失；在系统运行上，要求系统可靠、稳定、安全，易于安装、检修、维护，合理解决太阳能与辅助能源的匹配以及与公共电网的并网问题，尽可能实现系统的智能化全自动控制。

太阳能集热板、光电板与建筑结合有如下几种形式（图 7-12）：

1. 采用普通太阳电池组件或集热器，安装在倾斜屋顶原来的建筑材料之上（图 7-12a）。

2. 采用特殊的太阳电池组件或集热器，作为建筑材料安装在斜屋顶上（图 7-12b）。

3. 采用普通太阳电池组件或集热器，安装在平屋顶原来的建筑材料之上（图 7-12c）。

4. 采用特殊的太阳电池组件或集热器，作为建筑材料安装在平屋顶上（图 7-12d）。

5. 采用普通或特殊的太阳电池组件或集热器，作为幕墙安装在南立面上（图 7-12e）。

6. 采用特殊的太阳电池组件或集热器，作为建筑幕墙镶嵌在南立面上（图 7-12f）。

7. 采用特殊的太阳电池组件或集热器，作为天窗材料安装在屋顶上（图 7-12g）。

8. 采用普通或特殊的太阳电池组件或集热器，作为遮阳板安装在建筑上（图 7-12h）。

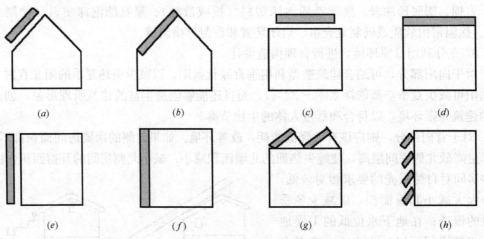

图 7-12　太阳能集热板、光电板与建筑结合的几种形式

附录 工程实例
——山东建筑大学生态学生公寓设计

山东建筑大学生态学生公寓 2005 年被建设部授予建筑节能科技示范工程，其综合运用多种技术手段，实现了建筑节能的目标。

一、项目概述

生态学生公寓所在地济南地处黄河下游，北纬 36 度 41 分，东经 116 度 59 分，在我国热工气候分区中属于寒冷地区，是暖温带大陆性季风气候区，四季分明，日照充分，冬季寒冷，夏季炎热。

在生态公寓的建设实践中，自然、人类及建筑被纳入统一的研究视野，旨在通过引进国际先进的节能技术，达到对太阳能多途径的利用、提高室内空气品质、保护环境的目的；并结合生态的设计方法，建立一个利用适宜技术提升建筑品质的生态建筑示范项目，推动我国建筑的可持续发展（图 1、图 2）。

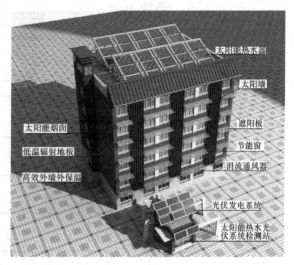

图 1　生态公寓　　　　　　　　　　　图 2　生态公寓综合技术示意图

二、建筑节能的总体策略

1. 建筑设计

生态公寓建筑面积 2300m²，长 22m，进深 18m，高 21m，共 6 层，72 个房间，均为四人间。该部分通过楼梯间与东部普通公寓相连接。外墙平直，体形系数为 0.26。

内廊式布局，北向房间的卫生间布置于房间北侧，作为温度阻尼区阻挡冬季北风的侵袭，有利于房间保温；南向房间的卫生间于房间内侧沿走廊布置，南向外窗的尺寸得以扩大，便于冬季室内能够接受足够的太阳辐射热（图 3、图 4）。

2. 围护结构

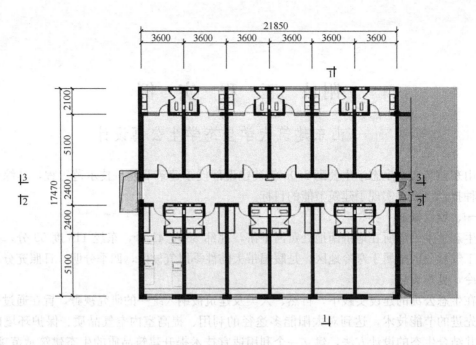

图 3　生态公寓标准层平面

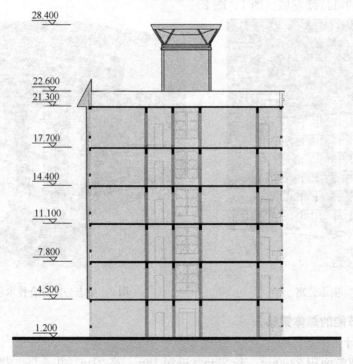

图 4　生态公寓剖面

采用砖混结构，使用黄河淤泥多孔砖、外墙外保温。西向、北向外墙在 370mm 厚多孔砖基础上敷设 50mm 厚挤塑板。南外墙窗下墙部分采用 370mm 厚多孔砖加 20mm 厚水泥珍珠岩保温砂浆，安装了太阳墙板的窗间墙部分外挂 25mm 厚挤塑板。楼梯间墙增加了 40mm 厚憎水树脂膨胀珍珠岩。屋顶保温层采用 50mm 厚聚苯乙烯泡沫板。外窗全部采用平开式真空节能窗。

3. 供暖形式

采用常规能源与太阳能相结合的供暖方式：南向房间采用被动式直接受益窗采暖，北向房间采用太阳墙系统；常规能源作补充，即房间配备低温辐射地板采暖系统，设有计量表和温控阀，实现了有控制有计量。将温控阀设置在室内舒适温度18℃，先充分利用太阳提供的热能，如果室内达不到设定温度，温控阀自动打开，由常规采暖系统补上所需热量，达到节约常规能源的目的。

4. 中水系统

卫生间冲刷用水采用学校统一处理的中水。

三、太阳能综合利用策略

1. 太阳能采暖

南向房间采用了比值为0.39的窗墙面积比，以直接受益窗的形式引入太阳热能，白天可获得采暖负荷的25%~35%。北向房间采用加拿大技术太阳墙系统采暖（图5）。建筑南向墙面利用窗间墙和女儿墙的位置安装了157m²的深棕色太阳墙板。太阳墙加热的空气通过风机和管道输送到各层走廊和北向房间，有效解决了北向房间利用太阳能采暖的问题。太阳墙系统的总供风量为6500m³/h，每年可产生212GJ热量，9月到第二年5月可产生182GJ热量。夏季白天，太阳墙系统不运行，南向外窗受铝合金遮阳板遮蔽，能够防止过度辐射（图6）。

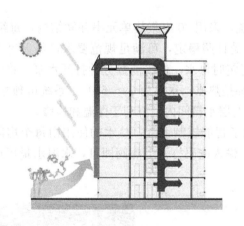

图5　太阳墙系统供暖示意图　　　　图6　太阳墙与遮阳板

太阳墙系统送风风机的启停由温度控制器控制，其传感器位于风机进风口处。当太阳墙内空气温度超过设定温度2℃时，风机启动向室内送风，低于设定温度1℃时关闭风机，这样能够保证送入室内的新风温度，并且允许空气温度在小范围内波动，避免风机频繁启停。

2. 太阳能通风

设置太阳能烟囱利用热压加强室内自然通风是生态公寓的一个重要技术措施。通风烟囱位于公寓西墙外侧中部（图7），与每层走廊通过6扇下悬窗连接，由槽型钢板围合而成，总高度27.2m，风帽高出屋面5.5m。充足的高度是足够热压的保证，而且宽高比接近 1：10，通风量最大，通风效果最好。

夏季，烟囱吸收太阳光热，加热空腔内的空气，热空气上升，从顶部风口流出；在压力作用下各层走廊内的空气流入烟囱，房间内的空气通过开向走廊的通风窗流入走廊，如此加强了室内的自然通风，有利于降温（图8）。冬季，走廊开向通风烟囱的下悬窗关闭，烟囱对室内不再产生影响。

图 7　太阳能烟囱外观

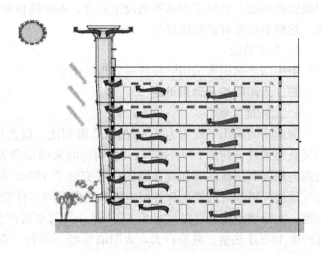

图 8　太阳能烟囱通风示意图

3. 太阳能热水

学生公寓屋顶上安装了太阳能热水系统，采用30组集热单元串并联结构，每组由40支 Φ47×1500 的横向真空管组成，四季接受日照稳定，可满足规范要求，每天每个房间连续 45 分钟提供 120 升热水（图9）。实行定时供水，供水前数分钟打开水泵，将管网中的凉水打回蓄热水箱，保证使用时流出的都是热水，水温为 50～60℃。系统可独立运行，也可以辅以电能。10 吨的蓄热水箱放置于七层水箱间内，有利于保温和检修。

为控制和平衡各房间的用水量，采用了智能控制系统，热水的使用由每个房间的热水控制器控制（图10）。使用时在控制器上输入密码打开电磁阀即可，水温水量可通过混水阀调节。密码需向公寓管理部门购买。

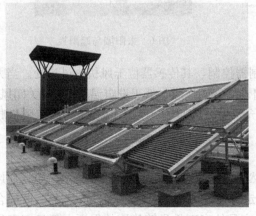

图 9　屋面上的太阳能热水系统

图 10　淋浴器及热水控制器

四、室内环境控制策略

1. 对流通风及新风系统

房间向走廊开有通风窗（图11），位于分户门上方，尺寸为900mm×300mm，安全性能比门上亮子好。通风窗与房间外窗形成穿堂形布局，结合太阳能烟囱，有较广的通风覆盖面，通风直接、流畅，室内涡流区小，通风质量很好。

图11 北向房间太阳墙系统出风口及通风窗

另外，对于北向房间来说，冬季太阳墙系统为其提供了预热新风；夏季，将太阳墙系统风机的温度控制器设定在较低温度，当室外气温低于设定温度时风机运转，把室外凉爽空气送入室内，能够加快通风降温。

南向房间采用VFLC涓流通风器过滤控制新风（图12）。通风器安装在窗框上，有3个开度，用绳索手动控制，可以为房间提供持续的适量新风，送风柔和，满足卫生要求，四季适用。

2. 卫生间背景排风

卫生间的排风道按房间位置分为南北两组，每组用横向风管在屋面上把各个出风口连接起来，最终连到一个功率在1.5~2.2kW之间的2级变速风机上。室内的排风口装有可调节开口大小的格栅（图13）。平时格栅开口较小，室外风机低速运行，为房间提供背景排风。卫生间有人使用时开启排风开关，格栅开口变大，风机高速运行，将卫生间中的异味抽走，有效降低卫生间对室内空气的污染。排风开关由延时控制器控制，可根据需要设定延迟时间，防止使用者忘记关闭开关造成能源浪费。

图12 窗上涓流通风器

图13 卫生间排气格栅

主要参考书目

1.《建筑设计资料集》编委会. 建筑设计资料集. 北京：中国建筑工业出版社，2003

2. 陈保胜. 建筑构造资料集. 北京：中国建筑工业出版社，1994

3. 南京工学院建筑系编写组. 建筑构造. 北京：中国建筑工业出版社，1996

4. 刘建荣. 房屋建筑学. 武汉：武汉大学出版社，1992

5. 同济大学等. 房屋建筑学. 北京：中国建筑工业出版社，1997

6. 王崇杰. 房屋建筑学. 北京：中国建筑工业出版社，1997

7. 单层厂房建筑设计编写组. 单层厂房建筑设计. 北京：中国建筑工业出版社，1992

8. 郑忱主编. 房屋建筑学. 北京：中央广播电视大学出版社，1994

9. 崔艳秋. 房屋建筑学课程设计指导. 北京：中国建筑工业出版社，1999

10. 宋安平主编. 建筑制图. 北京：中国建筑工业出版社，1997

11. 清华大学建筑系制图组编. 建筑制图与识图. 北京：中国建筑工业出版社，1986

12. 姚自君，徐淑常. 王玉生主编. 建筑新技术、新构造、新材料. 北京：中国建筑工业出版社，1991

13. 金招芬，刁乃仁等编著. 建筑环境学. 北京：中国建筑工业出版社，2001.5

14. 王继明等编. 建筑设备. 北京：中国建筑工业出版社，1997.2

15. 万建武主编. 建筑工程设备. 北京：中国建筑工业出版社，2000.10

16. 高明远主编. 建筑设备技术. 北京：中国建筑工业出版社，1998.3

17. 王增长等编. 建筑给水排水工程. 北京：中国建筑工业出版社，1998.6

18. 周查理，庾莉萍，我国建筑节能立法成就及国外立法经验借鉴，《建材发展导向》2009 年第 7 卷第 5 期

19. 薛一冰，杨倩苗，王崇杰，建筑节能及节能改造技术. 北京：中国建筑工业出版社，2012

20. 李汉章，建筑节能技术指南. 北京中国建筑工业出版社，2006

21. 张雄，张永娟，建筑节能技术与节能材料. 北京：化学工业出版社，2009

22. 郑天辉，城市垃圾处理技术，http://www.studa.net/huanjing/101227/10580536.html

23. 李年军，城市污水处理与回用技术的探讨，民营科技，2008.7

24. 王崇杰，薛一冰，太阳能建筑设计. 北京：中国建筑工业出版社，2007

25. 王崇杰，何文晶，薛一冰，我国寒冷地区高校学生公寓生态设计与实践——以山东建筑大学生态学生公寓为例，建筑学报，2006.11